"高等学校计算机类专业本科应用型人才培养研究"项目规划教材

软 件 工 程

Ruanjian Gongcheng

舒 坚 陈斌全 主编
张恒锋 杨丰玉 樊 鑫 编著

U0364335

高等教育出版社·北京

内容提要

本书由浅入深、系统地介绍了软件工程的基本概念、基本原理、软件开发方法和技术、软件测试与维护、软件项目管理与质量保证，重点介绍了面向对象分析与面向对象设计。配合知识点的介绍，全书各章有简洁的举例，并以一个规模和难度适中的项目为例贯穿书中的主要章节，将软件工程的概念、理论和技术融入实践当中，加深读者对软件工程知识的认识和理解。同时，在每章后有与之对应的习题，供读者复习巩固。

本书可作为高等院校软件工程、计算机及相关专业软件工程课程的教材或教学参考书，也可供程序员、软件测试工程师、软件项目管理人员及其他专业技术人员参考。

图书在版编目（CIP）数据

软件工程 / 舒坚，陈斌全主编 . --北京：高等教育出版社，2015.3（2021.7 重印）

ISBN 978-7-04-041960-3

Ⅰ . ①软…　Ⅱ . ①舒…　②陈…　Ⅲ. ①软件工程-高等学校-教材　Ⅳ. ①TP311.5

中国版本图书馆 CIP 数据核字（2015）第 024040 号

策划编辑	倪文慧	责任编辑	倪文慧	封面设计	张　志	版式设计	杜微言
插图绘制	宗小梅	责任校对	刘　莉	责任印制	赵　振		

出版发行	高等教育出版社	咨询电话	400-810-0598
社　　址	北京市西城区德外大街 4 号	网　　址	http://www.hep.edu.cn
邮政编码	100120		http://www.hep.com.cn
印　　刷	北京虎彩文化传播有限公司	网上订购	http://www.landraco.com
开　　本	787mm×1092mm　1/16		http://www.landraco.com.cn
印　　张	17.5	版　　次	2015 年 3 月第 1 版
字　　数	380 千字	印　　次	2021 年 7 月第 6 次印刷
购书热线	010-58581118	定　　价	28.00 元

前言

为了解决软件危机，北大西洋公约组织（NATO）于 1968 年首次提出了"软件工程"这一概念，软件开发开始了从"艺术""技巧"和"个体行为"向"科学与工程"和"群体协同工作"转化的历程。"软件工程"如一线霞光，使软件发展步入了一个新的时代。经过 40 多年，特别是 20 世纪 90 年代以来的迅速发展，软件工程的研究和实践取得了很大的进步，经历了从结构化到面向对象的发展过程。

作者以教育部"卓越工程师教育培养计划"为指导，在参考了大量国内外教材与文献的基础上，结合多年从事本科生和研究生软件工程课程教学经验及软件项目开发的体会，针对应用型、工程型大学本科软件工程课程教学的特点编写了本书。

本书定位于应用型、工程型大学本科生，面向软件工程技术发展的需要，围绕结构化软件工程和面向对象软件工程方法，以软件生命周期为线索，以一个规模和难度适中的项目贯穿书中的主要章节，较为系统地介绍了计算机科学技术、软件工程等相关专业必需的软件工程知识。全书共 10 章。第 1 章介绍软件工程的相关概念、基本原理和软件工程知识体，第 2 章介绍软件开发中常用的开发模型，第 3 章介绍结构化软件工程开发方法，第 4、6、7 章介绍面向对象软件工程开发方法，第 5 章介绍可行性分析与项目计划制定，第 8 章介绍编码规范和软件测试方法，第 9 章介绍软件维护，第 10 章介绍软件项目管理与质量保证。

本书由南昌航空大学软件工程课程组完成，舒坚组织了本书的编写工作，并对全书进行了统稿。第 1、2、3 章由陈斌全编写，第 4、6、7 章由张恒锋编写，第 5、9、10 章由杨丰玉编写，第 8 章由樊鑫编写。

感谢南昌航空大学对本书出版给予的支持。

云南大学李彤教授认真地审阅了书稿，提出许多宝贵意见，指正了书稿中的不足之处，在此表示衷心的感谢。

由于时间仓促，水平有限，诚恳欢迎各位读者批评指正。

编 者

2014 年 12 月

目录

第 1 章　概论 ················· 1
　1.1　计算机软件 ············· 1
　　1.1.1　计算机软件的定义 ······· 1
　　1.1.2　计算机软件的特征 ······· 2
　　1.1.3　计算机软件的分类 ······· 3
　　1.1.4　计算机软件的发展历程 ····· 4
　1.2　软件危机的表现及产生的原因 ··· 6
　　1.2.1　软件危机的表现 ········· 6
　　1.2.2　软件危机产生的原因 ····· 8
　1.3　软件危机解决之道：软件工程 ··· 8
　　1.3.1　软件工程的定义 ········· 9
　　1.3.2　软件工程的基本原理 ···· 10
　1.4　软件工程知识体 SWEBOK V3.0 ··· 12
　　1.4.1　SWEBOK V3.0 的组成 ···· 13
　　1.4.2　SWEBOK 指南的特点 ···· 16
　本章小结 ················· 17
　习题 ···················· 17
第 2 章　软件工程过程模型 ······· 18
　2.1　软件生命周期 ··········· 18
　　2.1.1　软件定义期 ··········· 18
　　2.1.2　软件开发期 ··········· 19
　　2.1.3　软件运行与维护期 ······ 20
　2.2　建造-修补模型 ·········· 20
　2.3　瀑布模型 ·············· 21
　2.4　快速原型开发模型 ········ 23
　2.5　增量模型 ·············· 24
　2.6　极限编程 ·············· 26
　2.7　同步-稳定模型 ·········· 27
　2.8　螺旋模型 ·············· 28

　2.9　面向对象的生命周期模型 ···· 30
　2.10　Rational 统一过程 ······· 31
　2.11　案例引入 ············· 35
　本章小结 ················· 36
　习题 ···················· 36
第 3 章　传统软件工程 ········· 38
　3.1　结构化方法概述 ········· 38
　3.2　结构化需求分析方法 ······ 39
　　3.2.1　需求分析的重要性 ······ 39
　　3.2.2　需求分析的困难 ········ 39
　　3.2.3　软件需求分析的任务 ···· 41
　　3.2.4　软件需求过程 ········· 42
　　3.2.5　软件需求获取 ········· 44
　　3.2.6　结构化分析方法 ········ 46
　　3.2.7　数据流图 ············ 46
　　3.2.8　数据字典 ············ 50
　　3.2.9　数据加工逻辑说明 ······ 54
　　3.2.10　系统动态分析 ········· 57
　　3.2.11　数据及数据库需求 ······ 60
　　3.2.12　原型化方法 ·········· 62
　　3.2.13　软件复用 ············ 66
　　3.2.14　需求文档的编写与审查 ··· 68
　3.3　结构化设计方法 ········· 69
　　3.3.1　软件设计的概念和原则 ··· 69
　　3.3.2　结构化设计的目标和任务 ··· 70
　　3.3.3　结构化设计基础 ········ 73
　　3.3.4　模块独立性 ··········· 77
　　3.3.5　概要设计 ············ 82
　　3.3.6　详细设计 ············ 88

本章小结 ················· 90
习题 ····················· 90

第 4 章　面向对象基础 ········· 93
4.1　面向对象概述 ············ 93
4.2　面向对象的基本概念 ····· 95
4.3　UML 基础 ················ 100
　　4.3.1　软件架构的 "4+1"
　　　　　视图模型 ········· 101
　　4.3.2　UML2 的图形 ········· 102
4.4　模式 ··················· 114
　　4.4.1　模式概述 ········· 114
　　4.4.2　模式的分类 ······· 115
　　4.4.3　运用模式的意义 ··· 116
本章小结 ················· 117
习题 ····················· 117

第 5 章　可行性分析与项目计划制定 ···· 118
5.1　可行性分析的内容 ······ 118
5.2　经济可行性 ············ 119
5.3　技术可行性 ············ 120
5.4　风险分析 ·············· 121
　　5.4.1　风险标识 ········· 122
　　5.4.2　风险估算 ········· 122
　　5.4.3　风险评价和管理 ··· 124
5.5　方案选择 ·············· 125
5.6　规模及成本估算 ········ 127
　　5.6.1　软件规模估算 ····· 127
　　5.6.2　软件成本估算 ····· 130
5.7　软件项目计划 ·········· 133
　　5.7.1　进度安排 ········· 133
　　5.7.2　甘特图 ··········· 134
　　5.7.3　项目计划工具 ····· 135
本章小结 ················· 136
习题 ····················· 137

第 6 章　面向对象分析 ········· 138

6.1　面向对象分析过程 ······ 138
6.2　需求获取 ·············· 139
　　6.2.1　项目需求的来源 ··· 139
　　6.2.2　需求获取技术 ····· 140
6.3　面向对象的需求分析 ···· 145
　　6.3.1　分析问题定义 ····· 146
　　6.3.2　标识参与者和用例 · 146
　　6.3.3　复查参与者和用例 · 148
　　6.3.4　建立用例图 ······· 150
　　6.3.5　编写用例描述 ····· 151
　　6.3.6　建立领域模型 ····· 153
6.4　需求规格说明与评审 ···· 157
　　6.4.1　需求规格说明书 ··· 157
　　6.4.2　需求评审 ········· 159
本章小结 ················· 161
习题 ····················· 161

第 7 章　面向对象设计 ········· 163
7.1　面向对象设计简介 ······ 163
　　7.1.1　面向对象分析与设计
　　　　　之间的关系 ······· 163
　　7.1.2　面向对象设计的内容 · 164
　　7.1.3　面向对象设计基本原则 ··· 166
　　7.1.4　GRASP 模式 ········· 168
7.2　软件体系结构设计 ······ 169
7.3　问题域设计 ············ 170
　　7.3.1　完善域模型 ······· 171
　　7.3.2　职责分配 ········· 173
　　7.3.3　业务规则验证 ····· 174
　　7.3.4　状态建模 ········· 176
　　7.3.5　交互建模 ········· 177
　　7.3.6　类的组织 ········· 179
7.4　持久化设计 ············ 180
　　7.4.1　问题域模型到关系
　　　　　模型的转换 ······· 180

7.4.2　持久化策略 ·················· 182

7.5　用户界面设计 ····················· 183

　　7.5.1　用户界面设计的基本原则 ····· 183

　　7.5.2　用户界面的形式 ·············· 185

　　7.5.3　用户界面设计过程 ··········· 188

　　7.5.4　用户界面设计内容 ··········· 188

　　7.5.5　用户界面接口 ··············· 191

7.6　任务管理设计 ····················· 191

本章小结 ····························· 192

习题 ································· 193

第 8 章　软件编码与测试 ············· 194

8.1　软件编码 ························· 194

　　8.1.1　程序设计语言的分类
　　　　　 与选择 ···················· 194

　　8.1.2　编码规范 ··················· 197

　　8.1.3　代码分析 ··················· 207

8.2　代码复审 ························· 212

8.3　软件测试 ························· 214

　　8.3.1　软件测试的概念与原则 ······· 214

　　8.3.2　软件测试的方法与过程 ······· 216

　　8.3.3　软件测试级别 ··············· 219

　　8.3.4　软件测试技术 ··············· 223

　　8.3.5　面向对象的软件测试 ········· 233

　　8.3.6　软件测试文档 ··············· 237

　　8.3.7　软件测试工具 ··············· 240

本章小结 ····························· 241

习题 ································· 241

第 9 章　软件维护 ··················· 242

9.1　软件维护的概念 ··················· 242

9.2　软件维护的特点 ··················· 243

9.3　软件维护的过程 ··················· 245

9.4　软件的可维护性 ··················· 246

9.5　软件再工程 ······················· 247

本章小结 ····························· 250

习题 ································· 250

第 10 章　软件项目管理与质量保证 ···· 251

10.1　软件人员组织 ···················· 251

10.2　软件配置管理 ···················· 253

　　10.2.1　软件配置 ·················· 254

　　10.2.2　软件配置管理过程 ········· 255

　　10.2.3　配置管理工具 ············· 257

10.3　软件质量保证 ···················· 258

　　10.3.1　软件质量度量 ············· 258

　　10.3.2　软件质量保证体系 ········· 260

　　10.3.3　软件的可靠性 ············· 262

10.4　软件工程标准 ···················· 262

　　10.4.1　ISO 9000.3 质量标准 ······· 264

　　10.4.2　IEEE 1058 软件项目管理
　　　　　　计划标准 ················· 264

　　10.4.3　能力成熟度集成
　　　　　　模型 CMMI ················ 266

本章小结 ····························· 269

习题 ································· 269

参考文献 ·························· 270

第 1 章　概论

　　软件工程是一门指导大中型计算机软件系统开发和维护的工程学科，它是在克服 20 世纪 60 年代末所出现的"软件危机"的过程中逐渐形成和发展的。本章介绍软件和软件工程的相关概念、发展历程，软件工程的基本原理、软件工程知识体等，使读者对软件工程的总体框架有初步的了解，便于以后各章的学习。

1.1　计算机软件

　　在计算机发展早期，软件被等同于程序，开发软件也就是编写程序。但是，随着软件应用的推广与规模的扩大，软件由程序发展成为软件产品，软件项目成为软件开发中的工程任务计量单位，软件作为工程化产品则被理解为程序、数据、文档等诸多要素的集合。应该说，软件工程是为适应软件的产业化发展需要而逐步发展起来的一门有关软件项目开发和维护的工程方法学。

1.1.1　计算机软件的定义

　　计算机软件是用户与硬件之间的接口，用户主要通过软件与计算机进行交流，软件是计算机系统设计的重要依据。为了方便用户，使计算机系统具有较高的总体效用，在设计计算机系统时，必须通盘考虑软件与硬件的结合，以及用户的要求和软件的要求。

　　计算机科学对计算机软件（Computer Software）的定义是："软件是在计算机系统支持下，能够完成特定功能和性能的程序、数据和相关的文档"。程序是对计算任务的处理对象和处理规则的描述；数据指的是程序能够适当操作的信息；文档是为便于了解程序所需的阐明性资料。程序必须装入机器内部才能工作，文档一般是给人看的，不一定装入机器。

　　计算机软件可以形式化地表示如下：

软件=程序+数据（库）+文档+知识

　　计算机软件虽然由程序、数据和文档组成，但软件蕴含着"完成特定功能和性能"的知识和经验。软件的功能和性能除了取决于软件自身的质量外，还取决于软件描述的领域知识和经验。软件具有文化和技术双重属性。很难想象一个结构良好、不能解决实际问题的软件会有什么社会和经济价值。软件开发团队在注重软件开发方法的同时，更要注重求解问题的领域知识和经验，没有相关的领域知识和经验，软件就不能完成预定的功能和性能。因此，软件开发团队必须善于与领域专家合作、妥善处理知识产权问题；同时，应有自己的特色和定位，长期在某一领域进行软件开发，掌握核心技术，提供优质服务，将会在竞争中形成明显的优势，如石油地震数据处理、中长期天气预报、银行业务处理、医疗器械控制等领域的软件。

1.1.2　计算机软件的特征

软件是计算机系统中的逻辑成分。相对于硬件的有形物理特性，软件是抽象的，具有无形性。例如，程序是操纵计算机工作的指令集合，但它并不能以一种特殊的物理形态独立存在，而必须通过它之外的物理存储介质，如磁盘、U 盘等，才能得以保存；当需要它工作时，又需要将它调入计算机的内部存储器中，通过计算机的中央处理器控制并进行相应运算才能工作。

软件的无形特性使得人们只能从软件之外去观察、认识软件。可以把计算机系统与人的大脑进行比较，计算机硬件如同人脑的生理构造，软件则如同基于人脑而产生的知识、思想等，具有与硬件完全不同的特征。软件的特征主要表现在以下几个方面。

（1）软件是硬件的灵魂，硬件是软件的基础

计算机硬件必须靠软件实现其功能，如果没有软件，硬件就好比一堆废铁，所以说软件是硬件的灵魂；同时，软件必须依赖于硬件，只有在特定的硬件环境上才能运行。

虽然“软件工厂”的概念已被引入，这并不是说硬件生产和软件开发是一回事，而是引用“软件工厂”这个概念促进软件开发中模块化设计、组件复用等意识的全面提升。

（2）软件是智慧和知识的结晶

软件是完全的智力产品，是通过开发人员的大脑活动创造的结果。软件属于高科技产品，软件产业是一种知识密集型产业。

软件的主要成本在于先期的开发人力。软件成为产品之后，其后期维护、服务成本也很高。而软件载体的制作成本很低，如 U 盘、光盘的复制是比较简单的，所以软件也易于成为盗版的主要目标。

（3）软件不会“磨损”，而是逐步完善

随着时间的推移，硬件构件会由于各种原因而受到不同程度的磨损，但软件不会。新的硬件故障率很低，经过长时间的使用，硬件会老化，故障率会越来越高；对软件来说则相反，隐藏的错误会使软件在其生命初期具有较高的故障率，随着使用的不断深入，所发现的问题会慢慢地被改正，其结果是软件越来越完善，故障率会越来越低。

硬件可用另外一个备用零件替换，但对于软件，不存在替换，而是通过开发补丁程序不断地解决适用性问题，或扩充其功能。一般来说，软件维护要比硬件维护复杂得多，而且软件的维护周期要长得多。正是通过不断地维护、改善或增加新功能，来提高软件系统的稳定性和可靠性。

1.1.3　计算机软件的分类

计算机系统往往需要许多不同种类的软件协同工作，软件工程人员也可能会承担各种不同种类的软件开发、维护任务。因此，可以从多个不同的角度来划分软件的类别。

（1）按软件功能划分

① 系统软件：计算机系统的必要成分，它跟计算机硬件紧密配合，以使计算机系统的各个部分协调、高效地工作。如操作系统、数据库管理系统等。

② 支撑软件：用于协助用户开发与维护系统的一些工具性软件。如程序编译器、源程序编辑器、错误检测程序、程序资源库等。

③ 应用软件：用于为最终用户提供数据服务、事务管理或工程计算的软件。如商业数据处理软件、工程设计制图软件、办公管理自动化软件、多媒体教学软件等。

（2）按软件工作方式划分

① 实时处理软件：能够及时进行数据采集、反馈和迅速处理数据的软件，其主要用于特殊设备的监控。如自动流水线监控程序、飞机自动导航程序。

② 分时处理软件：能够把计算机 CPU（Central Processing Unit，中央处理器）工作时间轮流分配给多项数据处理任务的软件。如多任务操作系统。

③ 交互式软件：能够实现人机对话的软件。这类软件往往通过一定的操作界面接收用户给出的信息，并由此进行数据操作；其在时间上没有严格的限定，但在操作上给予了用户很大的灵活性。如商业数据处理系统中的客户端程序。

④ 批处理软件：能够把一组作业按照作业输入顺序或作业优先级别进行排队处理，并以成批加工方式处理作业中的数据。如汇总报表打印程序。

（3）按软件规模划分

① 微型软件：一个人几天内即可完成的、源程序在 500 行语句以内的软件。这种软件主要供个人临时性使用，软件任务单一，操作简单，没有必要建立专门的软件系统文档。

② 小型软件：一个人半年之内即可完成的 2 000 行语句以内的软件。这种软件通常没有与其他软件的数据接口，主要用于用户企业内部的专项任务，大多由最终用户自主开发，软件使用周期短，但软件运行过程中产生的数据则可能在今后软件系统扩充中有一定的价值。考虑到软件系统今后有扩充的可能性，软件创建过程中应该提供必要的软件系统文档支持。

③ 中型软件：由一个项目小组在一年时间内完成的 5 万行源程序以内的软件系统。中型软件在项目实施过程中有了软件人员之间、软件人员与用户之间的通信，软件开发过程中需要进行资源调配。因此，软件开发过程中需要系统地采用软件工程方法，如项目计划、技术手册、用户手册等文档资源，以及技术审查制度等，都需要比较严格地建立起来。

④ 大型软件：由一个或多个项目小组在两年时间内完成的 5 万行源程序以上的软件系统。当多个项目小组共同参与开发时，需要对参加软件开发的软件工程人员实施二级管理，一

般将项目按功能子系统分配到各个项目小组，然后在项目小组内将具体任务分配到个人。由于项目周期较长，在项目任务完成过程中，人员调整往往不可避免，可能会出现对新手的培训和新手需要逐步熟悉工作环境的问题。对于这样大规模的软件，采用统一的标准，实行严格的审查是绝对必要的。由于软件的规模庞大以及问题的复杂性，往往在开发过程中会出现一些事先难以预料的事件，对此需要有一定的思想与工作准备。

（4）按软件服务对象划分

① 通用软件：由软件开发机构开发出来的直接提供给市场的软件。例如，通用财务软件、通用字处理软件、杀毒软件等。这类软件通常由软件开发机构自主进行市场调查与市场定位，并由此确定软件规格，大多通过一定的商业渠道进行软件销售。

② 定制软件：受某个或少数几个特定客户的委托，由一个或多个软件开发机构在合同的约束下开发出来的软件。如某专门设备的控制系统、某特定企业的业务管理系统、某智能大厦的监控与管理系统、某城市的交通监管系统等。这类软件通常由用户进行软件描述，并以此为基本依据确定软件规格。作为软件开发机构，则必须按照用户要求进行开发。

1.1.4　计算机软件的发展历程

计算机系统总是离不开软件的。早期的硬件、软件融于一体，为了使某台计算机设备能够完成某项工作，不得不给它专门配置程序。但是，随着计算机技术的快速发展和计算机应用领域的迅速拓宽，自 20 世纪 60 年代中期以来，软件需求迅速增长，软件数量急剧膨胀，于是软件从硬件设备中分离了出来，不仅成为独立的产品，并且逐渐发展成为一个专门的产业领域。

纵观软件的发展，可以发现软件生产有三个发展时代，即程序设计时代、程序系统时代和软件工程时代。

（1）程序设计时代（20 世纪 50 年代）

20 世纪 50 年代是软件发展的早期时代，计算机主要应用于科研机构的科学工程计算，软件则是为某种特定型号的计算机设备而专门配置的程序。这时的软件工作者以个体手工的方式制作软件，他们使用机器语言、汇编语言作为工具，直接面对机器编写程序代码。这时的硬件设备不仅价格昂贵，而且存储容量小、运行速度慢、运行可靠性差。尽管程序要完成的任务在今天看来是简单的，但由于受计算机硬件设备条件的限制，程序设计者也就不得不通过编程技巧来追求程序的运行效率。这个时期的程序大多是自用，程序的编写者往往就是使用者，软件还没有成为产品。

由于早期程序大多是为某个具体应用而专门编写的，程序任务单一，因此，对程序的设计也就仅仅体现在单个程序的算法上。早期程序还往往只能在某台专门的计算机上工作，很难将程序从一台设备移植到另一台设备。

（2）程序系统时代（20 世纪 60 年代）

20 世纪 60 年代，计算机技术迅速发展。在硬件技术上，由于半导体材料、集成电路的出现，计算机设备不仅在运行速度、可靠性和存储容量上有了显著的改善，而且价格也大大降低，这使得计算机得到了更加广泛的应用。例如，一些大型商业机构已经开始使用计算机进行商业数据处理。

在软件技术上，高级语言的诞生显著提高了程序编写的效率，这使得一些更大规模的具有综合功能的软件被开发出来。在该阶段出现了操作系统，它有效地改善了应用软件的工作环境，使应用软件具有了可移植性。在这个时期出现了"软件作坊"，伴随着"软件作坊"还产生了具有一定通用性的软件产品。

"软件作坊"已开始生产具有工业化特征的软件产品，并且此时的软件工作者已开始使用系统的方法设计、制作软件，而不是孤立地对待每个程序。但是，"软件作坊"是一种比较疏散的组织机构，这使得软件开发还不能形成工业流程。

这个时期的软件开发更多地依赖于个人创作。由于软件开发的主要内容仍然是程序编写，软件开发的核心问题仍是技术问题，于是用户的意图被忽视了，除了程序之外的其他文档、技术标准、软件在今后运行过程中的维护等问题，也往往被忽视了。

由于软件已经开始成为产品，但软件的生产方式却是与产品并不适宜的作坊创作方式。于是，随着软件规模的不断扩大，"软件危机"（Software Crisis）现象在这个时期最终爆发出来，即软件开发的质量、效率等均不能满足应用的需求。

（3）软件工程时代（20 世纪 70 年代起）

为了解决软件危机，北大西洋公约组织（North Atlantic Treaty Organization，NATO）于 1968 年首次提出了"软件工程"这一概念，软件开发开始了从"艺术""技巧"和"个体行为"向"科学与工程"和"群体协同工作"转化的历程。"软件工程"如一线霞光，使软件发展步入了一个新的时代。

经过 40 多年，特别是 20 世纪 90 年代以来的迅速发展，软件工程的研究和实践取得了很大的进步，主要历程包括以下几个阶段。

① 20 世纪 60 年代末～20 世纪 70 年代中期，在一系列高级语言应用的基础上，出现了结构化程序设计技术，并开发了一些支持软件开发的工具。

② 20 世纪 70 年代中期～20 世纪 80 年代中期，计算机辅助软件工程（Computer Aided Software Engineering，CASE）成为研究热点，并开发了一些对软件技术发展具有深远影响的软件工程环境。

③ 20 世纪 80 年代中期～20 世纪 90 年代，出现了面向对象语言和方法，并逐渐成为主流的软件开发技术，开展了软件过程及软件过程改善的研究，注重软件复用和软件构件技术的研究与实践。

④ 20 世纪 90 年代以来，统一建模语言（Unified Modeling Language，UML）的提出和应

用，为开发团队提供了标准、通用的设计语言来开发和构建计算机应用。通过 UML，软件开发人员可以使用统一的语义和符号表示进行交流。

软件工程的发展史，反映了软件从简单到复杂，软件开发从个人行为到大型团队分工合作开发，软件开发工具和开发模式从粗糙到完善的发展历程。

在开发更多更强大软件的同时，对原有软件的纠错、优化和根据环境变化而调整也成为一项重要的工作，这些工作统称为维护。业界数据表明，60%～80%的工作耗费在软件首次交付给用户使用以后，因此在开发软件时就考虑到将来的软件维护可以有效地减少软件开发和维护的总时间。软件行业也一直致力于更加容易、快捷、低成本地开发和维护软件，如采用各种软件开发框架技术。

软件用于对信息的处理，如前所述，软件不仅仅意味着程序，也包含数据结构和文档。程序是开发语言指令的集合，通过执行这些指令可以满足预期的特征、功能和性能需求；数据结构指信息及信息的组织方式；文档指开发、维护和使用软件所必需的文字、图表等，它是软件工程的基础，为软件开发、维护和使用提供指导。

软件在功能越来越强大的同时，复杂性也急剧增加，从 DOS 1.0 的 4 000 行代码到 Vista 的 5 000 万行代码，软件开发早已从个人单打独斗过渡到团队作战。制定和实施开发计划，选用统一的开发规范与过程，协调用户、团队成员的沟通与合作，检查整个团队的开发进度，保证最终软件产品的质量等工作在软件开发中占有越来越重要的地位。

"软件工程"自产生以来，人们就寄希望于它去冲破"软件危机"这朵乌云。但是，软件危机现象并没有得到彻底排除，特别是一些老的危机问题可能解决了，但接着又出现了许多新的危机问题，于是不得不去寻找一些更新的工程方法。应该说，正是危机问题的不断出现，推动了软件工程方法学的快速发展。

1.2　软件危机的表现及产生的原因

1.2.1　软件危机的表现

某公司的一位主管收到了一张由计算机开出的零美元的账单，嘲笑了"愚蠢的计算机"后他将账单丢进了垃圾桶。一个月后，又一张标志着 30 天逾期的账单寄来了，这样的情形持续了 4 个月后，零美元账单带来了一封信，警告如果再不付账的话将会采取法律行动。由于担心自己的信用，这个主管在一个软件工程师的建议下，寄出了一张 0 美元的支票，最后一张 0 美元的收据送到了，该主管小心翼翼地将这张不同寻常的收据保存起来以备将来查询。

1991 年海湾战争中，一枚飞毛腿导弹穿过了爱国者反导弹的防御，击中了沙特阿拉伯 Dhahran 附近的一个兵营，造成 28 名美国人死亡，98 人受伤。这个错误是由累积的定时错误引起的，爱国者导弹每次只能工作几小时，超过这个时间后，系统时钟就会复位。可悲的是新的软件第二天才运到。

20 世纪 90 年代，美国国内税收处让 Sperry 公司建立一套联邦税收表格自动处理系统，该系统被证明不适合当前的工作量，花费几乎是预算的两倍。到 1996 年，开发该系统共花费了 40 亿美元，但情况并没有得到改善，原因是"没有充分计划就错误行事"。

以上 3 个例子不过是失败的软件开发项目的冰山一角。总结起来，软件危机的主要表现如下。

（1）超出预算时间和成本

研究表明，每 8 个新的大型软件中就有两个会被取消，软件开发时间平均超出计划的 50%，而软件开发中的主要成本是人力资源成本，进度的落后意味着成本的增加。

（2）客户对生产出的软件不满意

开发人员往往不注重或不善于和客户交流，找出客户真正需要的东西，而是匆忙地进行开发，在开发过程中又不能从客户那里得到反馈信息，最后生产出的软件和客户想要的相差很远，难免出现纠纷。

（3）软件有残存的错误

研究表明，所有的大型软件系统中，大约 3/4 的软件系统有运行问题，不像预料的那样工作，或者根本不能使用。

（4）软件产品不可维护

由于设计时考虑不周和开发方法的原因，软件提交使用后不能改正错误，或在原有模块上不能增加新的功能，不能增加新的模块。

（5）文档资料不完整

软件文档是客户和开发人员之间的交流平台，也是软件开发团队的管理工具，必须和软件同步更新。但现实的情况是更改设计和修改代码时，有意无意地不对文档进行更新，造成文档和实际的代码不一致。

（6）软件生产率的提高跟不上硬件的发展速度

根据摩尔定律，每隔 18 个月计算机硬件的运算速度提高一倍，价格下降一半。但对于软件而言，现在的软件开发虽然引入了不少设计和开发的辅助工具，但总体而言仍以手工开发为主，与硬件的发展速度和对高质量软件的需求严重不符。

（7）软件成本在计算机系统总成本中的比例不断提高

软件开发成本变化规律如图 1.1 所示。

从图 1.1 可以看出，软件在整个计算机系统中所占的成分百分比从初期的不足 20%，到 20 世纪八九十年代超过 80%，呈逐年上升趋势；另一个需要注意的现象是，软件维护成本在软件开发总成本中的比例也越来越高。

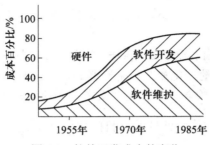

图 1.1　软件开发成本的变化

1.2.2　软件危机产生的原因

引起软件危机的主要原因如下。

（1）软件开发无计划性

开发者没有经过仔细考虑就匆忙动手，出现问题时才想办法补救，不能保证软件开发的进度和预算，不能保证软件质量，在进度落后时盲目增加人手，结果适得其反。《人月神话》一书生动地描述了这种情况："史前史中，没有别的场景比巨兽在焦油坑中垂死挣扎的场面更令人震撼。上帝见证着恐龙、猛犸象、剑齿虎在焦油中挣扎。它们挣扎得越是猛烈，焦油纠缠得越紧，没有任何猛兽足够强壮或具有足够的技巧能够挣脱束缚，它们最后都沉到了坑底"。

（2）软件需求不充分

开发者没有将需求弄清楚就匆忙上马，在开发过程中又不能和客户有效地沟通，许多问题在交付软件时才集中地爆发出来，这时已经是大势已去，难以挽回了。与数值计算软件和平时学习语言编写的程序不同，在实际软件开发中，首先应该满足客户的需要，而不是为了展示个人的技巧。

（3）软件开发过程无规范

开发过程没有统一的方法和规范，也不重视文档，各开发人员之间的接口没有统一规划，开发人员各自为战，导致最后软件不能融合成一个整体，在查找错误时也不能准确地定位。

（4）软件产品无评测手段

编程人员提交产品时没有进行测试，将软件测试看作是测试人员的事；模块之间的接口没有测试，模块间互相调用，出现错误时程序员互相推诿；整个软件系统没有进行整体测试，程序员只关心自己负责的部分；忽略压力及性能测试，整个软件系统效率低下或在大吞吐量动作时出现系统崩溃。

1.3　软件危机解决之道：软件工程

1968 年，北大西洋公约组织的计算机科学家们在联邦德国小城 Garmisch 召开的国际学术会议上，第一次提出了"软件危机"这个名词，如图 1.2 所示。

图 1.2   1968 年 Garmisch 软件工程会议

1968 年秋季，北大西洋公约组织的科技委员会召集了近 50 名一流的编程人员、计算机科学家和工业界巨头，讨论和制定摆脱"软件危机"的对策。在此次会议上第一次提出了软件工程（Software Engineering，SE）概念，它是一门研究用工程化方法构建和维护有效、实用和高质量的软件的学科，它涉及程序设计语言、数据库、软件开发工具、系统平台、标准、设计模式等方面。

1.3.1   软件工程的定义

软件工程一直以来都缺乏一个统一的定义，很多学者、组织机构纷纷给出了自己的定义。

① 著名软件工程专家 Barry W. Boehm 定义软件工程：运用现代科学技术知识来设计并构造计算机程序及为开发、运行和维护这些程序所必需的相关文件资料。

② 美国电气电子工程师学会（Institute of Electrical and Electronics Engineers，IEEE）在 1993 年定义：软件工程就是将系统的、规范的、可度量的方法应用于软件的开发、运行和维护的过程，以及对该方法的研究。

③ 计算机科学家 Fritz Bauer 在 NATO 会议上给出的定义：建立并使用完善的工程化原则，以较经济的手段获得能在实际机器上有效运行的可靠软件的一系列方法。

④《计算机科学技术百科全书》中的定义：软件工程是应用计算机科学、数学及管

理科学等原理开发软件的工程。软件工程借鉴传统工程的原则、方法，以提高质量、降低成本。其中，计算机科学、数学用于构建模型与算法，工程科学用于制定规范、设计范型（Paradigm）、评估成本及确定权衡，管理科学用于计划、资源、质量、成本等的管理。

目前比较认可的一种定义为：软件工程是研究和应用如何以系统性的、规范化的、可定量的过程化方法开发和维护软件，以及如何把经过时间考验而证明正确的管理技术和当前能够得到的最好的技术方法结合起来。

1.3.2　软件工程的基本原理

1983 年，Barry W. Boehm 综合学者们的意见，并总结了美国汤普森·拉莫·伍尔德里奇公司（Thompson-Ramo-Wooldridge Inc.，TRW 公司）多年开发软件的经验，提出了软件工程的 7 条基本原理。他认为这 7 条原理是确保软件产品质量和开发效率的最小准则集合，这些原理是互相独立的，其中任意 6 条原理的组合都不能代替另一条原理，因此它们是缺一不可的最小集合，然而这 7 条原理又是相当完备的，人们虽然不能用数学方法严格证明它们是一个完备的集合，但是可以证明在此之前已经提出的 100 多条软件工程原理都可以由这 7 条原理的任意组合蕴含或派生。

（1）用分阶段的生命周期计划严格管理

经统计发现，在不成功的软件项目中有一半左右是由于计划不周造成的。可见，把建立完善的计划作为第一条基本原理是吸取了前人的教训。在软件开发与维护的漫长生命周期中，需要完成许多性质各异的工作。这条基本原理意味着应该把软件生命周期划分成若干个阶段，并相应地制定出切实可行的计划，然后严格按照计划对软件的开发与维护工作进行管理。

Barry W. Boehm 认为，在软件的整个生命周期中应该制定并严格执行 6 类计划，它们是：项目概要计划、里程碑计划、项目控制计划、产品控制计划、验证计划和运行维护计划。不同层次的管理人员都必须严格按照计划各尽其职地管理软件开发与维护工作，绝不能受客户或上级人员的影响而擅自背离预定计划。

（2）坚持进行阶段评审

应当认识到，软件的质量保证工作不能等到编码阶段结束之后再进行。至少有两个理由可以支持这个观点：第一，大部分错误是在编码之前造成的，例如，根据 Barry W. Boehm 等人的统计，设计错误占软件错误的 63%，编码错误仅占 37%；第二，错误发现与改正得越晚，所需付出的代价也越高。同一错误在各阶段改正错误的相对花费如图 1.3 所示。因此，在每个阶段都进行严格的评审，以便尽早发现在软件开发过程中所犯的错误，是一条必须遵循的重要原则。

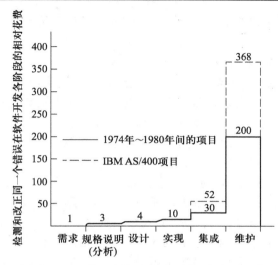

图 1.3　同一错误在各阶段改正错误的相对花费

（3）实行严格的产品控制

在软件开发过程中不应随意改变需求，因为改变一项需求往往需要付出较高的代价。但是，在软件开发过程中改变需求又是难免的，由于外部环境的变化，客户相应地改变需求是一种客观需要，显然不能硬性禁止客户提出改变需求的要求，只能依靠科学的产品控制技术来顺应这种要求。当改变需求时，为了保持软件各个配置成分的一致性，必须实行严格的产品控制，其中主要是实行基准配置管理。

基准配置又称基线配置，它们是经过阶段评审后的软件配置成分（各个阶段产生的文档或程序代码）。基准配置管理也称为变动控制，指一切有关修改软件的建议，特别是涉及对基准配置的修改建议，都必须按照严格的规程进行评审，获得批准以后才能实施修改。绝对不能想修改软件（包括尚在开发过程中的软件）就随意进行修改。

（4）采用现代程序设计技术

从提出软件工程的概念开始，人们一直把主要精力用于研究各种新的程序设计技术。20世纪 60 年代末提出的结构化程序设计技术已经为绝大多数人所接受和采用，之后又进一步提出结构化分析（Structured Analysis，SA）技术、结构化设计（Structured Design，SD）技术、面向对象的分析与设计技术等。实践表明，采用先进的技术既可以提高软件开发的效率，又可以提高软件维护的效率。

（5）结果应能清楚地审查

软件产品不同于一般的物理产品，它是看不见摸不着的逻辑产品。软件开发人员（或开发小组）的工作进展情况可见性差，难以准确度量，从而使得软件产品的开发过程比一般产品的开发过程更难于评价和管理。为了提高软件开发过程的可见性，更好地进行管理，应该根据软件开发项目的总目标及完成期限，规定开发组织的责任和产品标准，从而使得所得到的结果能够清楚地审查。

（6）开发小组的人员应该少而精

软件开发小组人员的素质应该好，人数不宜过多。开发小组人员的素质和数量是影响软件产品质量和开发效率的重要因素。高素质人员的开发效率比低素质人员的开发效率可能高几倍甚至几十倍，而且高素质人员所开发软件的错误明显少于低素质人员所开发软件的错误。此外，随着开发小组人员数目的增加，因为交流情况、讨论问题而造成的通信开销也急剧增加。当开发小组人员数为 N 时，可能的通信路径有 $N(N-1)/2$ 条，可见，随着人数 N 的增大，通信开销将急剧增加。如图 1.4 所示，当开发小组成员从 3 人增加到 4 人后，通信路径从 3 条变为 6 条，如果增加到 5 人，则通信路径变为 10 条。因此，组成少而精的开发小组是软件工程的一条基本原理。

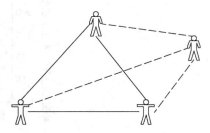

图 1.4　开发小组成员从 3 人增加到
4 人后的通信路径变化

（7）承认不断改进软件工程实践的必要性

遵循上述 6 条基本原理就能够按照当代软件工程基本原理实现软件的工程化生产，但是，仅有上述 6 条原理并不能保证软件开发与维护的过程能赶上时代前进的步伐，能跟上技术的不断进步。因此，Barry W. Boehm 提出：应把承认不断改进软件工程实践的必要性作为软件工程的第 7 条基本原理。按照这条原理，不仅要积极主动地采纳新的软件技术，而且要注意不断总结经验。例如，收集进度和资源耗费数据，收集出错类型和问题报告数据等。这些数据不仅可以用来评价新的软件技术的效果，而且可以用来指明必须着重开发的软件工具和应该优先研究的技术。

1.4　软件工程知识体 SWEBOK V3.0

为了建立一组标准和规范，作为软件工程专业实践中进行产业决策、专业认证和制定教育课程计划的基础，1999 年，成立了软件工程协调委员会（Software Engineering Coordinating Committee，SWECC），专门负责研究软件工程知识体（Software Engineering Body of Knowledge，SWEBOK）。软件工程知识体指南（Guide to SWEBOK）分三个阶段完成，分别称为草人（Straw Man）阶段（1998 年以前）、石人（Stone Man）阶段（1998 年～2001 年）和铁人（Iron man）阶段（2001 年～2004 年），先后于 2001 年和 2004 年发布了第 1 版和第 2 版，2009 年 IEEE 启动了 SWEBOK 版本升级项目，并于 2014 年 2 月正式发布了 SWEBOK 指南第 3 版（SWEBOK 3.0）。

SWEBOK 是在软件工程 30 多年实践过程中发展而形成的产物，其目的如下：

① 促进世界范围内对软件工程形成一致的观点。

② 阐明软件工程相对其他学科（如计算机科学、项目管理、计算机工程和数学等）的位置，并确立它们的分界。

③ 刻画软件工程学科的内容。

④ 提供使用知识体系的主题。

⑤ 为开发课程表和个人认证与许可材料提供基础。

SWEBOK 对各类企业组织就软件工程达成共识、满足它们在教育与培训方面的需求、进行工作分类和发展性能评估策略等方面都有所帮助，并为软件工程师的专业实践、软件工程的专业认证、大学课程计划的制定与评估、学生学习提供指南。

1.4.1　SWEBOK V3.0 的组成

SWEBOK V3.0 对软件工程知识体进行了分层描述，将软件工程知识分解成"知识域"和"知识域组成部分"，并将该知识体组织成多级层次结构，以此确定软件工程学科的内容和边界。SWEBOK V3.0 中，软件工程知识体被分解成 15 个知识域，包括 11 个软件工程实践知识域和 4 个软件工程教育基础知识域。

1. SWEBOK V3.0 的软件工程实践知识域

如图 1.5 和图 1.6 所示，SWEBOK V3.0 的 11 个软件工程实践知识域包括软件需求、软件设计、软件构造、软件测试、软件维护、软件配置管理、软件工程管理、软件工程过程、软件工程模型与方法、软件质量及软件工程职业实践。

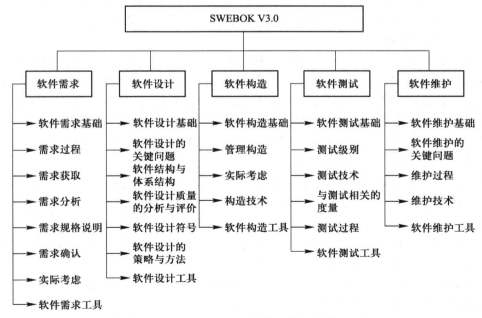

图 1.5　SWEBOK 的前 5 个知识域

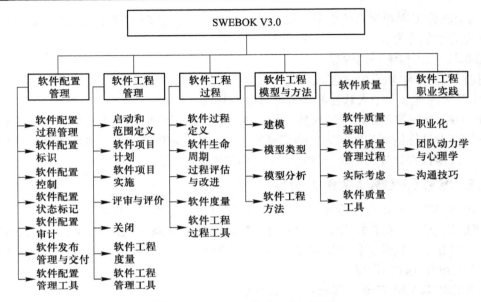

图 1.6   SWEBOK 的后 5 个知识域

（1）软件需求（Software Requirements）

软件需求是为解决现实世界中的一些问题所必须展示的特性，包括软件需求基础、需求过程、需求获取、需求分析、需求规格说明、需求确认、实际考虑及软件需求工具等。

（2）软件设计（Software Design）

软件设计是软件工程最核心的内容。IEEE 认为，软件设计是定义一个系统或子系统的结构、组成部分、接口和其他特征的过程，也是该过程的结果。如果把软件设计看成过程，则它是一种活动。该活动的任务是分析软件需求并生成对软件系统内部结构和组成的说明作为软件构造的依据。如果把软件设计看成结果，则它是一个说明文档，该文档描述系统分解和组成的方式、各组成部件之间的接口，并对各组成部件进行足够详细的描述，以便于其构造。

（3）软件构造（Software Construction）

软件构造是软件工程的基本活动，其任务是通过编码、验证和单元测试构造出有意义的、可工作的软件产品。分解软件构造知识域时，最重要的一点是认识对软件构造影响最强的四项原则。

① 复杂度消减原则。包括软件构造期间用于减小复杂度的三个主要技术：复杂度消除、复杂度自动化消减和复杂度局部化。

② 变化预估原则。对软件在生存期间发生各种变化的预测。在构造软件时预测变化的三个主要技术是：普遍化、实验法和局部化。

③ 结构化验证原则。以结构化方式建立软件，能够容易地在单元测试和后续的测试活动

期间检测出错误和遗漏。

④ 使用外部标准原则。专用语言建立的软件在被长期使用的过程中会遇到诸多问题，如难以理解进而难以维护等。因此，应当采用符合外部标准的构造语言，如一般编程语言所用的标准，否则须提供足够详细的"语法"说明，使该构造语言能被其他人所理解。

（4）软件测试（Software Testing）

软件测试是软件生命周期的重要部分。软件测试是用有限的测试用例集合，对照预期指定的行为对程序实际的行为进行动态证明的过程，测试用例通常从无限执行域中适当挑选。

（5）软件维护（Software Maintenance）

软件维护是软件进化的继续。一旦软件交付使用，软件生命期的维护阶段即开始。维护活动的任务包括发现软件运行中的错误，响应运行环境变化和客户新的要求。基于服务的软件维护越来越受到重视。

（6）软件配置管理（Software Configuration Management）

软件配置管理是在明确的时间节点上确定软件系统配置的方法，其目的是在整个软件系统生命期中系统地控制配置的变化，并维护配置的完整性和可跟踪性。

（7）软件工程管理（Software Engineering Management）

运用管理活动，如计划、协调、度量、监控和报告，确保软件开发和维护是系统的、规范的、可度量的。软件工程管理包括项目启动和范围定义、软件项目计划、软件项目实施、项目评审与评价、关闭、软件工程度量、软件工程管理工具。

（8）软件工程过程（Software Engineering Process）

软件工程过程关注软件工程的定义、实施、度量、管理、变更和改进，包括软件过程定义、软件生命周期、软件过程评估与改进、软件度量、软件工程过程工具。

（9）软件工程模型与方法（Software Engineering Models and Methods）

软件工程模型与方法包括软件生命周期各阶段使用的模型和方法。软件工程模型提供了解决问题的办法、符号以及构建和分析模型的步骤，软件工程方法为系统的定义、设计、构建、测试、最终产品和相关产品的确认等提供了支持。

（10）软件质量（Software Quality）

软件质量管理贯穿整个软件生命周期（Software Life Cycle），包括软件质量基础、软件质量管理过程、实际考虑、软件质量工具等。

（11）软件工程职业实践（Software Engineering Professional Practice）

软件工程职业实践包括软件工程师应该具备的知识、技能和从事软件行业应有的态度，软件工程师应具备专业知识、有责任心、有职业道德。该知识域包括三个子域：职业化、团队动力学和心理学、沟通技巧。

2. SWEBOK V3.0 的软件工程教育基础知识域

软件工程教育基础知识域是 SWEBOK V3.0 中新增的内容，如图 1.7 所示，包括软件工程经济学、计算基础、数学基础及工程基础。

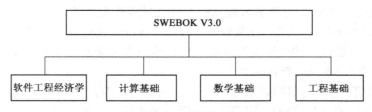

图 1.7　SWEBOK V3.0 的软件工程教育基础知识域

（1）软件工程经济学（Software Engineering Economics）

软件产品、服务或解决方案的成功取决于对商业环境的了解，取决于理解工程决策对商业活动的影响；反之，软件工程师也需要理解商业活动对软件需求和设计的影响。

（2）计算基础（Computing Foundations）

计算基础主要包括计算机科学是如何支持软件产品的设计和构建，以及在将软件设计转化为实际的软件产品过程中所使用的工具和各种软件开发方法。

（3）数学基础（Mathematical Foundations）

数学基础提供了软件工程中使用的各种数学知识、软件开发和修改时所需要的明确的规则和逻辑。

（4）工程基础（Engineering Foundations）

软件工程属于工程学科，该领域主要包括对软件工程师有用的工程技能和技术。

1.4.2　SWEBOK 指南的特点

SWEBOK 指南对软件工程学科的特征范围提供了一致而有效的描述，并提供了查找支持该学科知识体的参考文献的线索，它不仅反映了软件工程发展的状态和成果，而且指出了该学科发展的方向，此外，该指南强调软件工程基础知识和实践性，强调实施方法和标准，对我国软件产业和软件工程教育的发展均具有很大的参考价值。

SWEBOK 的主要特点如下。

① 软件工程应当以计算机科学为基础，强调的是构造有用的软件产品。

② 特定技术的变化太快，因此该指南并没有包括许多对构成软件工程知识可能很重要的信息技术，而只说明了必须掌握的一些基础知识。

③ 该指南包括的软件工程知识对软件工程师来说是必备的但未必是足够的，但该指南提供其他学科相关信息的参考资料的目录。

④ 该指南强调工程实践。

⑤ 该指南遵循两个原则："透明"和"共识"。"透明"是指该指南的开发过程本身可以用文档描述；"共识"是指实现软件工程学科专业合法化的实际方法须通过广泛的参与并使各

方重要人士和团体取得一致意见。

　　⑥ 该指南描述被广泛接受的软件工程核心知识。

　　⑦ 该指南确认了与软件工程密切相关的 7 个学科，包括认知科学和人类因素、计算机工程、计算机科学、管理和管理科学、数学、工程管理和系统工程。

本章小结

　　本章介绍了软件、软件危机、软件工程的概念、软件工程学科；软件开发中出现的种种问题促进了软件工程理论、技术和工具的发展，并逐渐使软件开发从一种艺术变成了一种科学；SWEBOK 描述了软件工程的概貌，指出了学习软件工程的方向。

习题

　　1.1　什么是软件？软件产品的特性是什么？

　　1.2　软件可分为几类？如何划分？

　　1.3　试比较软件发展不同时期的特点，从软件工作的范围、软件开发组织、决定质量的因素、开发技术和手段等几个方面说明它们的差别。

　　1.4　软件危机主要表现在哪几个方面？

　　1.5　软件危机产生的原因是什么？某软件公司抢时间为某单位开发了一个人事管理软件，但软件交付用户使用一段时间之后，用户有了抱怨，原因是单位里某个职工改了名字，但人事管理软件却不允许修改姓名，而只能删除整条记录以后重新输入。试从软件危机角度对这个问题进行评论。

　　1.6　有人说：软件开发时，一个错误发现得越晚，为改正它所付出的代价就越大。请问对否？试说明之。

　　1.7　什么是软件工程？它包括哪些要素？试说明之。

　　1.8　软件工程学的基本原理有哪些？试说明之。

　　1.9　软件工程的目标是什么？

　　1.10　你认为一个好的软件开发人员应具备哪些基本素质？

　　1.11　什么是 SWEBOK？SWEBOK V3.0 由哪些知识域组成？

　　1.12　阅读《人月神话》，谈谈你对软件危机和软件工程发展历程的理解。

第2章　软件工程过程模型

软件开发是一系列严谨的工程活动，必须有计划、有步骤，按照一定规范进行。本章主要介绍瀑布模型、快速原型开发模型、螺旋模型等过程模型，通过对这些经典软件工程过程模型的学习，可以了解软件开发的一般流程，并在将来的实际软件开发中根据不同情况，选择较合适的开发模型。

2.1　软件生命周期

如同任何事物都有一个发生、发展、成熟，直至衰亡的全过程一样，系统或软件产品也有一个定义、开发、运行维护，直至被淘汰的全过程，人们把软件将要经历的这个全过程称为软件生命周期。

根据我国国家标准《计算机软件开发规范》（GB 8566−1988），软件生命周期包含软件定义、软件开发、软件运行维护三个时期，可以细分为可行性研究、项目计划、需求分析、概要设计、详细设计、编码实现与单元测试、系统集成测试、系统确认验证、系统运行与维护等几个阶段。应该说，这是软件生命周期的基本构架，在实际软件项目中，根据所开发软件的规模、种类，软件开发机构的习惯做法，以及软件开发中所采用的技术方法等，可以对各阶段进行必要的合并、分解或补充。

为了使软件生命周期中的各项任务能够有序地按照规程进行，需要一定的工作模型对各项任务给以规程约束，这样的工作模型被称为软件工程过程模型，或软件生命周期模型（Software Life Cycle Model）。它是一个有关项目任务的结构框架，规定了软件生命周期内各项任务的执行步骤与目标。

2.1.1　软件定义期

软件定义是软件项目的早期阶段，主要由系统分析人员和用户合作，针对待开发的系统进行分析、规划和规格描述，确定软件是什么，为今后的软件开发做准备。这个时期往往需要分阶段地进行以下几项工作。

（1）软件任务立项

软件项目往往开始于任务立项，并需要以"软件任务立项报告"的形式针对项目的名称、性质、目标、意义和规模等作出回答，以此获得对准备着手开发的软件系统的最高层描述。

（2）项目可行性分析

在软件任务立项报告被批准以后，需要进行项目可行性分析。

可行性分析是针对准备开发的软件项目的可行性进行风险评估。因此，需要对准备开发的软件系统提出高层模型，并根据高层模型的特征，从技术可行性、经济可行性和操作可行性三个方面，以"可行性研究报告"的形式，对项目作出是否值得往下进行的回答，由此决定项目是否继续进行下去。

（3）制定项目计划

在确定项目可以进行以后，需要针对项目的开展，从人员、组织、进度、资金、设备等多个方面进行合理的规划，并以"项目开发计划书"的形式提交书面报告。

（4）软件需求分析

软件需求分析是软件规格描述的具体化与细节化，是软件定义时期需要达到的目标。需求分析要求以用户需求为基本依据，从功能、性能、数据、操作等多个方面，对软件系统给出完整、准确、具体的描述，用于确定软件规格，其结果以"软件需求规格说明书"的形式提交。

在软件项目进行过程中，需求分析是从软件定义到软件开发的最关键步骤，其结论不仅是今后软件开发的基本依据，同时也是今后用户对软件产品进行验收的基本依据。

2.1.2 软件开发期

在对软件规格完成定义以后，可以按照"软件需求规格说明书"的要求对软件实施开发，并由此制作出软件产品。软件开发期需要分阶段地完成以下几项工作。

（1）软件概要设计

概要设计是针对软件系统的结构设计，用于从总体上对软件的构造、接口、全局数据结构和数据环境等给出设计说明，并以"概要设计说明书"的形式提交书面报告，其结果将成为详细设计与系统集成的基本依据。

模块是概要设计时构造软件的基本元素。因此，概要设计中软件主要体现在模块的构成与模块接口这两个方面上。结构化设计中的函数、过程与面向对象设计中的类、对象都是模块。概要设计时并不需要说明模块的内部细节，但是需要进行有关其构造的定义，包括功能特征、数据特征和接口等。

在进行概要设计时，模块的独立性是一个关乎质量的重要技术性指标，可以使用模块的内聚、耦合这两个定性参数对模块独立性进行度量。

（2）软件详细设计

设计工作的第二步是详细设计，它以概要设计为依据，用于确定软件结构中每个模块的内部细节，为编写程序提供最直接的依据。

详细设计需要对实现每个模块功能的程序算法和模块内部的局部数据结构等细节内容给出设计说明，并以"详细设计说明书"的形式提交书面报告。

（3）编码和单元测试

编码是对软件的实现，一般由程序员完成，并以获得源程序基本模块为目标。

编码必须按照"详细设计说明书"的要求逐个模块地实现。在基于软件工程的软件开发过程中，编码往往只是一项语言转译工作，即把详细设计中的算法描述语言转译成某种适当的高级程序设计语言或汇编语言。

为了方便程序调试，针对基本模块的单元测试也往往和编码结合在一起进行。单元测试也以"详细设计说明书"为依据，用于检验每个基本模块在功能、算法与数据结构上是否符合设计要求。

（4）软件系统集成测试

所谓软件系统集成也就是根据概要设计中的软件结构，把经过测试的模块，按照某种选定的集成策略，如渐增集成策略，将软件系统组装起来。

在组装过程中需要对整个软件系统进行集成测试，以确保软件系统在技术上符合设计要求，在应用上满足需求规格要求。

（5）软件系统确认验证

在完成对软件系统的集成之后，还要对软件系统进行确认验证。

软件系统确认验证需要以用户为主体，以需求规格说明书中对软件的定义为依据，对软件的各项规格逐项确认，以确保已经完成的软件系统与需求规格的一致性。为了方便用户在软件系统确认期间能够积极参与，也为了软件系统在以后的运行过程中能够被用户正确使用，这个时期往往还需要以一定的方式对用户进行必要的培训。

在完成对软件的验收之后，软件系统可以交付用户使用，并需要以"项目开发总结报告"的书面形式对项目进行总结。

2.1.3　软件运行与维护期

软件系统的运行是一个比较长久的过程，与软件开发机构有关的主要任务是对软件系统进行经常性的有效维护。

软件的维护过程，也就是修正软件错误，完善软件功能，由此使软件不断进化、升级的过程，以使软件系统更加持久地满足用户的需要。因此，对软件的维护也可以看成是对软件的再一次开发。

在这个时期，对软件的维护主要涉及三个方面的任务，即改正性维护、适应性维护和完善性维护。

2.2　建造-修补模型

建造-修补模型也可以称为没有模型的模型或"边做边改"模型。学生在学习编程语言时常会不自觉地使用这样的模型，即编程开始前不做通盘考虑，拿到题目就开始编写程序。早期的软件开发也常使用这样的模型，在构建产品时不使用需求规格说明书、不进行设计；开发者只是简单地开发了一个软件产品以满足客户的要求，并多次改写该软件，如图 2.1 所示。

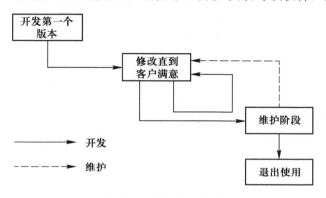

图 2.1　建造-修补模型

建造-修补模型对于 100 行或 200 行的短程序可以做得很好，因为这样的程序的功能很简单，需要考虑的问题很少，程序员有时为了试验某个函数或类的用法时常使用这样的方法，但如果将这样的模型应用于实际的软件开发则存在致命的缺点，主要原因如下。

①　对没有需求规格说明书和设计文档的产品进行维护相当困难，而且发生回归错误的可能性也相当大。

②　从整个软件过程来说，特别是考虑到维护阶段的情况，实际上建造-修补模型的花费远远大于有正规的需求规格说明、经过详细设计的产品所需要的花费。

2.3　瀑布模型

瀑布模型由 Royce 于 1970 年提出，直到 20 世纪 80 年代早期，它一直是唯一被广泛采用的软件开发模型。瀑布模型将软件生命周期划分为需求分析、规格说明、软件设计、程序实现、软件集成和运行维护等 6 个基本活动，并且规定了它们自上而下、相互衔接的固定次序，如同瀑布流水，逐级下落。从本质上讲，瀑布模型的开发过程是通过一系列阶段顺序展开的，从一个阶段"流动"到下一个阶段，这也是瀑布模型名称的由来。从软件系统需求分析开始直到产品发布和维护，每个阶段都会产生循环反馈，因此，如果有信息未被覆盖或者发现了问题，那么最好"返回"上一个阶段并进行适当的修改。

瀑布模型的核心思想是按工序将问题化简，将功能的实现与设计分开，便于分工协作，即采用结构化的分析与设计方法将逻辑实现与物理实现分开。采用瀑布模型的软件过程如图 2.2 所示。

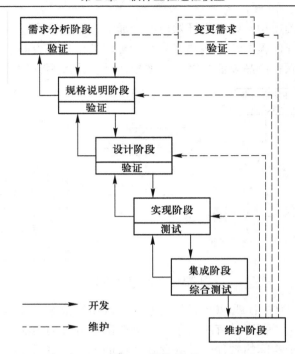

图 2.2 瀑布模型

瀑布模型是最早出现的软件开发模型，在软件工程中占有重要地位，它提供了软件开发的基本框架，本章后面提到的其他软件开发生命周期模型均以瀑布模型为基础。其过程是从上一项活动接收该项活动的工作对象作为输入，利用这一输入实施该项活动应完成的内容，给出该项活动的工作成果，并作为输出传给下一项活动，同时评审该项活动的实施，若确认则继续下一项活动，否则返回前一阶段，甚至更前阶段的活动。

当产品移交给客户后，对产品的修改和加强构成了维护，维护可能修改从需求开始所有阶段的文档。瀑布模型是一个动态的模型，反馈环在这个动态过程中起着重要的作用，另一方面，文档的维护必须和代码的维护同步。

作为第一个投入实际开发的有效模型，瀑布模型的成功主要得益于以下原则。

① 强制性原则。阶段产品与文档在确认之前不进入下一个阶段。采用瀑布模型时，开发团队内部成立软件质量保证（Software Quality Assurance，SQA）小组，对每一个阶段的成果进行评审，只有评审通过后才允许进入下一个阶段，这样的措施能及时发现错误，有效地防止错误累积到软件开发的最后阶段，导致无法改正错误。

② 文档驱动原则。瀑布模型强调文档必须与产品同步，开发过程中和每个阶段的结束都要求有规范的文档。文档是维护的重要依据，瀑布模型的成功归功于它在本质上是一个文档驱动的模型。

瀑布模型的缺点也是显而易见的，由于文档驱动原则，客户只能在整个产品完成编程之后才能首次看到工作的产品，说明按文档描述所理解的产品与实际产品有很大的差距，需求规格说明文档只存在于纸面上，客户因而不能真正理解产品本身会是什么样子（即软件的不可见性）。对比建筑模型可以发现，建筑模型设计完毕后，客户通过图纸和微缩模型很容易想象建筑完成后的样子，但即使是软件开发人员也很难做到通过一大堆的软件文档而想象出软件的全貌，更不用说一个对软件开发术语和开发过程不熟悉的客户了。

另一方面，瀑布模型的开发过程如同它的名字一样，只能按阶段顺序向下进行，而很难回溯到以前的阶段。虽然有强制性原则，但由于软件开发的不可见性，软件分析、设计和开发中的错误不可避免，如在编码阶段发现了错误，则必须先回到设计阶段对所有相关设计过程和文档进行查找，如果发现是需求阶段的问题，则还要再次回溯到需求阶段查找。找到问题后，还需要对每个阶段进行重新分析与设计，为防止连带性的错误，还需要对每个阶段的文档再次进行评审，其进度会被严重拖延，最终导致成本和质量的失控。

2.4　快速原型开发模型

有统计表明，开发过程中使用瀑布模型，客户与开发人员对于需求的不同理解是造成软件开发失败的最大因素。如果在正式开发前能够在需求方面达成一致，可有效地提高客户的满意度和软件的可用性。快速原型开发模型正是基于这样的思想而设计的，是一个与产品子集功能相同的工作模型，类似于房屋销售中的样板间。

在初步了解客户的需求后，建造一个软件产品的原型，并让客户经培训后试用该原型，收集客户的意见后立刻根据客户的意见进行修改，再次让客户试用，反复循环，直到客户认为原型确实满足了大多数要求为止，从而最大可能地避免需求阶段的错误。

快速原型开发模型如图 2.3 所示，其优点如下。

① 从快速原型到交付产品基本上是线性的。因为在与客户讨论的过程中，一方面确认了原型，另一方面需求分析人员也加深了对客户需求的理解，设计和开发的软件更能满足客户的需要，思路更加清晰和完整，设计和编程过程也更流畅，可最大程度地避免回溯开发。

② 开发进度快。因为在正式设计和编程前做了大量沟通和准备工作，在开发过程中回溯较少，因此整体上提高了开发的速度。

快速原型开发模型的缺点在于需求人员和将来的设计人员之间没有很完整的交流，因此在某种程度上，这个由需求人员和客户确定的展示性原型不利于设计人员的创新。

对快速原型开发模型的一般性用法是，将快速原型开发模型和瀑布模型结合使用，把快速原型开发模型用作需求分析的工具。

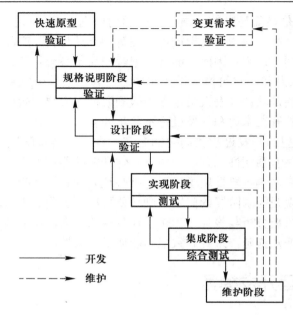

图 2.3   快速原型开发模型

2.5   增量模型

增量模型融合了瀑布模型的基本成分和原型实现的迭代特征，采用随着日程时间的进展而交错的线性序列，每一个线性序列产生软件的一个可发布的阶段性产品。采用该模型时，软件在工程上渐增实现，产品以一系列增量构件的形式设计、实现、集成和测试，每个构件（Builds）由一些代码块组成，这些代码块来自多个相互作用的模块，完成特定的功能。在增量模型的每一个阶段，编写出一个新构件的代码后，集成到已完成的软件中，作为一个整体进行测试，当产品达到功能目标时，即满足了需求规格说明后，这个进程停止。

开发者可以将目标产品分成构件，但必须服从以下约束：由于每个构件都集成到目前的软件中，生成的产品必须是可测试的。如果将产品分成太少的构件，则增量模型退化成建造-修补模型；相反，如果产品由太多的构件组成，则在每个阶段将把大量的时间花费在少量增加功能的集成测试上。

以开发一个文字处理软件为例，可以先将该软件的功能分为文档的编辑与排版、文档的打印与格式转换、文档的文字与图表混版、文档的拼写和语法检查、软件第三方接口等，每一功能用一个构件完成，按照各功能的优先级别决定完成构件的顺序，以迭代的方式最终完成整个软件的开发。

增量模型的优点如下。

① 增量模型在每个阶段交付一个可用的产品,从第一个构件交付开始,客户即可开始工作,而瀑布模型是最后一次性交付。

② 减少一个全新产品对客户组织所带来的心理上的影响,采用增量模型时,客户可逐步学习和使用新软件,而不需要最后专门留出时间培训和进行业务平台转换工作。

③ 分阶段交付产品对客户的资金压力较小。在使用增量模型时,第一个增量往往是实现基本需求的核心产品,然后可以根据产品的重要性来安排交付产品的顺序,客户可以根据产品交付的进度来支付开发经费,从而减轻了经费的压力。另一方面,随着最早交付的产品开始被客户接受和使用,也会开始产生效益。

④ 客户可以在任何时候停止产品的开发。如果客户对软件公司交付的产品不满意或由于客户的原因想停止开发,开发工作可以随时停下来,但由于产品是分期交付的,可以最大限度地减少客户的开发费用损失。

增量模型的缺点如下。

① 增量模型面临的困难是,每个增加的构件必须能合并到已有的结构中去,而不破坏原来的结构,因此软件设计必须是可扩展的,软件必须要有很好的可维护性。对比硬件设计中"即插即用"的概念可知,不同构件间必须事先设计好相应的接口,并为将来可能的扩展预留空间。

② 增量模型容易退化成建造-修补模型。由于必须同时考虑整体性与可扩充性,增量模型本身就是一个矛盾的术语,一方面要求软件系统要作为一个整体来设计,另一方面构件是单独提交的,而且一旦提交后就很难做出较大的修改。

并行增量模型是对增量模型的进一步扩展,如图 2.4 所示。

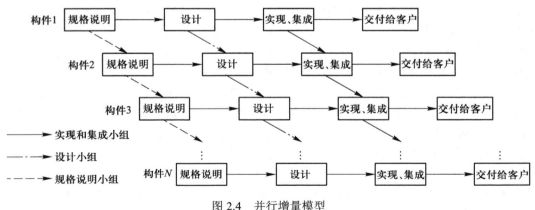

图 2.4 并行增量模型

将软件开发人员分成需求规格说明小组、设计小组、实现与集成小组、客户交付小组等,每个小组只完成一项任务;当设计小组设计第一个构件的同时,需求规格说明小组已转向第二个构件的需求规格说明，这样多个构件以并行的方式进行。使用增量模型要求对开发过程有良好的管理和控制，否则有四分五裂的风险。

2.6　极限编程

极限编程（Extreme Programming，XP）是增量模型的一种扩展。相对于开发过程和文档严格要求的瀑布模型，极限编程的主要特征如下。

① 根据效益分析，确定软件需求。

② 测试驱动。

③ 成对编程。

④ 每日构建。

使用极限编程，要求做到以下几点。

① 极限编程小组的计算机设置在一个大房间中，大房间中有许多彼此相连的小隔间，这些小隔间的门不能关上，以保证程序员之间能有顺畅的交流。

② 一个客户代表始终和极限编程小组一起工作，为整个开发小组提供业务咨询和指导。

③ 没有一个人能连续两周超时工作。

④ 极限编程小组的所有成员一起完成需求规格说明、设计、编码和测试过程。

⑤ 建造出各种构件之前没有概要设计阶段。建造产品的过程中，设计在不断地调整，这个过程称为重构。

极限编程的优点在于，当客户的需要模糊或经常改动时，使用极限编程可以通过不断地调整而逐渐澄清需求，从而避免到开发的最后阶段才发现需求理解错误。缺点是仅适用于中小型项目，因为在整个项目开始前没有详细的概要设计。对于较复杂的软件系统而言，各部分内部及部分之间的复杂性最终会导致开发工作陷入无法正常工作的困境。

Kent Beck 等极限编程的开拓者提出了 12 个软件开发的最佳实践，这些实践涵盖了软件开发的各个阶段，可以说为极限编程提出了简单有效的实施方式。

① 现场客户（On-site Customer）。整个项目开发周期，要求至少有一名实际的客户代表在现场负责确定需求、回答团队问题以及编写功能验收测试。这个客户代表应该熟悉客户的业务，如果他有回答不出来的问题，应该能通过他从别的工作人员处得到问题的答案。

② 代码规范（Code Standards）。强调通过指定严格的代码规范来进行沟通，尽可能减少不必要的文档，通过减少文档书写和更新的时间而加快软件系统开发的速度。

③ 每周 40 小时工作制（40-hour Week）。要求项目团队人员每周工作时间不能超过 40 小时，加班不得连续超过两周，否则，反而会影响生产率。

④ 计划博弈（Planning Game）。要求结合项目进展和技术情况确定下一阶段要开发与发布的软件系统范围，当计划赶不上实际变化时，应更新计划。

⑤ 系统隐喻（System Metaphor）。通过写故事或场景的方式来描述软件系统如何运作、新的功能以何种方式加入到软件系统。它通常包含了一些可以参照和比较的类和设计模式（Design Pattern）。极限编程不需要事先进行详细的架构设计。

⑥ 简单设计（Simple Design）。认为代码的设计应该尽可能简单，只要满足当前功能的要求即可，不多也不少。任何时候应当将软件系统设计得尽可能简单，不必要的复杂性一旦被发现就应当立即去掉。

⑦ 测试驱动（Test-driven）。强调"测试先行"。在编码开始之前先将测试写好，而后再进行编码，程序员不断地编写单元测试，在这些测试能够准确无误地运行的情况下，开发才可以继续。客户编写测试来证明各功能已经完成。

⑧ 代码重构（Refactoring）。强调代码重构在其中的作用，认为开发人员应该经常进行重构。通常有两个关键点应该进行重构：实现功能时和实现功能后。程序员重新构造软件系统（而不更改其行为）以去除重复、改善沟通、简化或提高柔性。

⑨ 代码共享（Code Sharing）。认为开发小组的每个成员都有更改代码的权利，所有的人对全部代码负责，代码不属于某个程序员所有。

⑩ 成对编程（Pair Programming）。认为在项目中采用成对编程比独自编程更加有效。成对编程是由两个开发人员在同一台计算机上共同编写解决同一问题的代码，通常一个人负责写编码，而另一个人负责保证代码的正确性与可读性。

⑪ 持续集成（Continuous Integration）。提倡在一天中集成软件系统多次，而且随着需求的改变，要不断地进行回归测试（Regression Test）。这样可以使得团队保持较高的开发速度，同时避免了软件系统一次集成的噩梦。

⑫ 小型发布（Small Release）。强调在非常短的周期内以递增的方式发布新版本，从而可以很容易地估计每个迭代周期的进度，便于控制工作量和风险；同时，可以及时处理客户的反馈。

2.7 同步-稳定模型

同步-稳定模型也可以看作是增量模型的一种变型，该模型在微软公司内部得到了成功的应用。在开发软件前需要访问软件包的很多潜在顾客，提取出顾客的优先特性列表，拟制需求规格说明文档，接下来将工作分为 3、4 个构件，第一个构件包含最重要的特性，第二个构件包含次重要的特性，每个构件由一些小组并行地完成。每天工作结束前，所有小组工作同步（Synchronize），即将部分完成的组件放在一起，对得到的产品进行测试和调试，在每个构件结束时进行稳定化（Stabilization）工作，修补检测到的遗留错误，然后将该构件冻结（Frozen），即不再修改需求规格说明。

同步-稳定模型的优点在于，重复的同步步骤保证各个组件总能一起工作，部分地构建产品，使开发者能尽早深入了解每个产品的工作状态，而且必要时在构件生成的过程中修改需求规格说明文档，甚至在最初的需求规格说明文档未完成前都可使用这个模型。缺点在于对开发人员要求很高，不仅仅指技术要求，更重要的是职业素养方面，如在进行"同步"工作时，所有的相关人员只有等到所有组件都能正常工作才能离开。

2.8　螺旋模型

1988 年，Barry W. Boehm 正式发表了软件系统开发的螺旋模型，它将瀑布模型和快速原型开发模型结合起来，强调了其他模型所忽视的风险分析，特别适合于大型复杂的软件系统。这些风险主要如下。

① 人员风险。如开发过程中某个关键程序员的离职，参与软件开发的人员技术水平参差不齐等。

② 硬件风险。如软件开发中的硬件提供商不再生产开发中使用的硬件。

③ 测试投入。在测试过程中到底需要测试到什么程度，对于中型以上的软件而言，不可能将软件中的缺陷或问题（Bug）全部消除，随着测试进程的深入，每单位投入查找到的错误越来越少，要在保证软件质量的前提下，用最小的代价尽快发布软件。

④ 技术风险。技术的发展对当前开发产品的影响。如果软件开发的周期较长，最初选定的软件开发平台可能在开发过程中就过时了。

⑤ 竞争对手。如果竞争对手抢先发布了功能和性能都差不多的软件，则另一个开发类似软件的公司的投资就全部浪费了。

构建一个原型（样机）是减小某种风险的一个途径，可以简单地将这个生命周期模型看作是每个阶段之前带有风险分析的瀑布模型，如图 2.5 所示。

在进入每个阶段前努力控制或排除风险，如果不能排除该项目的所有重大风险，该项目应立即停止。图 2.6 是螺旋模型的另一种形式，螺旋模型沿着螺线进行若干次迭代，4 个象限代表了以下活动。

① 制定计划：确定软件目标，选定实施方案，弄清项目开发的限制条件。

② 风险分析：分析评估所选方案，考虑如何识别和消除风险。

③ 实施工程：实施软件开发和验证。

④ 客户评估：评价开发工作，提出修正建议，制定下一步计划。

使用螺旋模型可以有效地排除某些风险，如时间风险，当不能知道软件开发的总时间时，通过构建一个模型，并检测其是否达到了必需的功能、测量其开发时间，从而推算出总开发时间。但另一方面，有些风险是不可能排除的，如人员风险、硬件供应风险等，只靠开发模型等技术手段是不可能实现完全避险的。

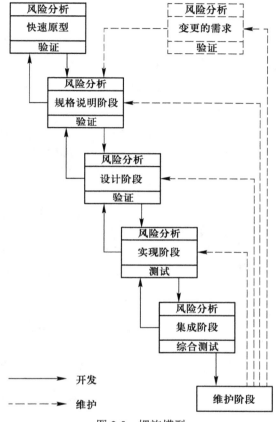

图 2.5　螺旋模型

螺旋模型的优点如下。

① 强调可选办法和限制条件能够支持已有软件的再利用，并把软件质量作为特定的目标结合在其中。

② 可以确定何时测试完毕。螺旋模型能根据由测试时间太多或太少带来的风险解决这个问题，在螺旋模型结构中最重要的是，维护只是另一个螺旋循环而已，维护和开发之间没有本质上的差别。

螺旋模型的缺点如下。

① 专门用于内部开发。如果在软件公司和外部组织之间签订的软件开发合同使用螺旋模型，当风险评估发现开发活动不能继续下去时，停止开发可能会带来合同纠纷。

② 只适用于大型软件的开发。为使风险评估结果真实，往往需要聘请软件公司以外的独立咨询机构进行风险分析，对于中小型软件而言，这样的开支将因增加软件成本而减少利润，只有大型软件才能够承担风险分析的费用。

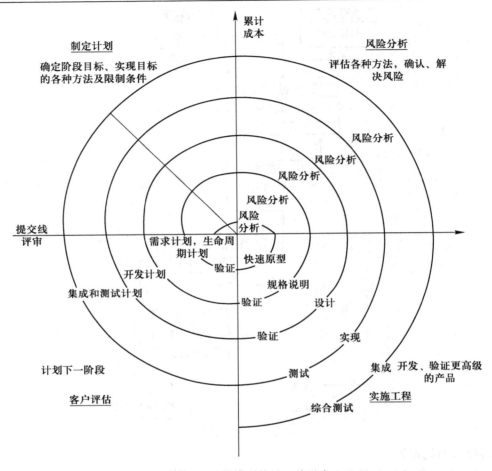

图 2.6 螺旋模型的另一种形式

③ 只有能够胜任风险分析的开发小组才能使用螺旋模型。软件开发人员应该擅长寻找可能的风险，准确地分析风险，否则将会带来更大的风险。

2.9 面向对象的生命周期模型

随着面向对象分析、设计和编程技术的广泛应用，提出了面向对象的生命周期模型。如图 2.7 所示的喷泉模型，圆圈代表不同的开发阶段，圆圈相互重叠表示两个阶段之间存在交叠，没有明显的边界，某个阶段内的向下箭头代表该阶段内的迭代（或求精），图中的较小圆圈代表维护，较小象征着采用了面向对象模型之后维护工作量减少了。

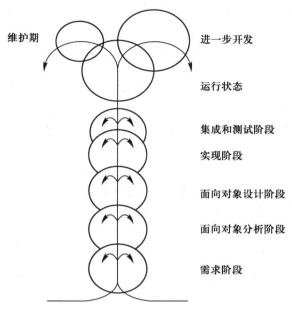

图 2.7 喷泉模型

除了喷泉模型，还有其他面向对象的生命周期模型，如 Grady Booch 于 1994 年提出的往返式格式塔的设计等，这些模型的共同特点是迭代的、有某种形式的并行性，并且支持增量开发。缺点在于容易造成软件开发的完全无序性，小组成员可以在各个阶段间跳来跳去，这种现象被称为 CABTAB（Code A Bit，Test A Bit），指分析一块，设计另一块，又去实现未经分析和设计的第三块。

面向对象的生命周期模型仍然不成熟，现在最好的解决办法是以一种线性的生命周期模型为主线，加上面向对象生命周期模型的迭代求精的思想，多次往返，从而使开发的软件更能接近客户的真实需求，并能提高软件的质量。

2.10 Rational 统一过程

Rational 统一过程（Rational Unified Process，RUP）是 Rational 软件公司（该公司现已被 IBM 并购）提出的软件工程方法，是一个面向对象且基于网络的程序开发方法论，描述了如何有效利用可靠的方法开发和部署软件，特别适用于大型软件团队开发大型项目。

利用 RUP 开发软件的主要经验如下。

（1）迭代式开发

在软件开发的早期阶段就想完全、准确地捕获客户需求几乎是不可能的。实际上，开发人员经常遇到的问题是，需求在整个软件开发过程中经常改变。迭代式开发允许每次迭代过程中需求有变化，通过不断细化来加深对问题的理解。迭代式开发不仅可以降低项目的风险，而且每个迭代过程以可以执行的版本结束，可以鼓舞开发人员。

（2）管理需求

确定软件系统的需求是一个连续的过程，开发人员在开发软件系统之前不可能完全详细地说明一个系统的真正需求。RUP 描述了如何提取、组织软件系统的功能和约束条件，并将其文档化。用例和脚本的使用已被证明是捕获功能性需求的有效方法。

（3）基于组件的体系结构

组件使重用成为可能，软件系统可以由组件组成。基于独立的、可替换的、模块化组件的体系结构有助于管理复杂性，提高重用率。RUP 描述了如何设计一个有弹性的、能适应变化的、易于理解的、有助于重用的软件体系结构。

（4）可视化建模

RUP 往往和 UML 联系在一起，对软件系统建立可视化模型，帮助人们提高管理软件复杂性的能力。RUP 告诉人们如何可视化地对软件系统建模，获取有关体系结构与组件的结构和行为信息。

（5）验证软件质量

在 RUP 中，软件质量评估不再是事后进行或单独小组进行的分离活动，而是内建于过程中的所有活动，这样可以及早发现软件中的缺陷。

（6）控制软件变更

在迭代式开发中，如果没有严格的控制和协调，整个软件开发过程将很快陷入混乱之中，RUP 描述了如何控制、跟踪、监控、修改，以确保成功的迭代开发。

RUP 通过软件开发过程中的制品隔离来自其他工作空间的变更，以此为每个开发人员建立安全的工作空间。

RUP 软件开发生命周期是一个二维的软件开发模型。横轴通过时间组织，是过程展开的生命周期特征，体现开发过程的动态结构，用来描述它的术语，主要包括周期、阶段、迭代和里程碑；纵轴以内容来组织，为自然的逻辑活动，体现开发过程的静态结构，用来描述它的术语主要包括活动、产物、工作者和工作流，如图2.8所示。

RUP 中的软件生命周期在时间上被分解为 4 个顺序的阶段，分别是初始阶段、细化阶段、构造阶段和交付阶段。每个阶段结束于一个主要的里程碑；每个阶段本质上是两个里程碑之间的时间跨度。在每个阶段的结尾执行一次评估，以确定该阶段的目标是否已经满足。如果评估结果令人满意，可以允许项目进入下一个阶段。

（1）初始阶段

初始阶段的目标是为软件系统建立商业案例，并确定项目的边界。为了达到该目的，必须识别所有与软件系统交互的外部实体，在较高层次上定义交互的特性。本阶段具有非常重要的意义，该阶段所关注的是整个项目进行中的业务和需求方面的主要风险。对于建立在原有软件系统基础上的开发项目来讲，初始阶段可能很短。初始阶段结束时是第一个重要的里程碑：生命周期目标里程碑。生命周期目标里程碑评价项目基本的生存能力。

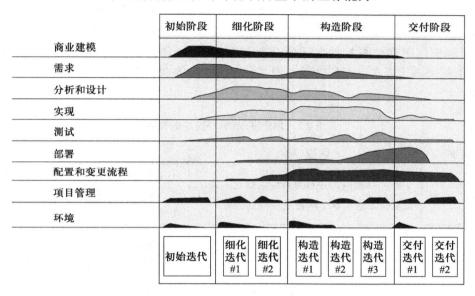

图 2.8　RUP 的二维开发模型

（2）细化阶段

细化阶段的目标是分析问题域，建立健全的体系结构基础，编制项目计划，淘汰项目中最高风险的元素。为了达到该目的，必须在理解整个系统的基础上对体系结构作出决策，包括其范围、主要功能和诸如性能等非功能需求。同时为项目建立支持环境，包括创建开发案例，创建模板、规则并准备工具。细化阶段结束时是第二个重要的里程碑：生命周期结构里程碑。生命周期结构里程碑为软件系统的结构建立了管理基准，并使项目小组能够在构造阶段中进行衡量。需要检验详细的软件系统目标和范围、结构的选择以及主要风险的解决方案。

（3）构造阶段

在构造阶段，所有剩余的构件和应用程序功能被开发，并集成为产品，所有的功能被详细测试。从某种意义上说，构造阶段是一个制造过程，其重点放在管理资源及控制运作上，以优化成本、进度和质量。构造阶段结束时是第三个重要的里程碑：初始功能里程碑。初始功能里程碑决定了产品是否可以在测试环境中进行部署。需要确定软件、环境、客户是否可以开始软件系统的运作。该阶段的产品版本也常被称为"Beta"版。

（4）交付阶段

交付阶段的重点是确保软件对最终客户是可用的。交付阶段可以跨越几次迭代，包括为发布做准备的产品测试、基于客户反馈的少量调整。该阶段，客户反馈应主要集中在产品调整、设置、安装和可用性问题，所有主要的结构问题应该已经在项目生命周期的早期阶段解决了。交付阶段的终点是第四个里程碑：产品发布里程碑。此时，要确定目标是否实现，是否应该开始另一个开发周期。在某些情况下，这个里程碑可能与下一个周期初始阶段的结束重合。

RUP 较突出的特点是：用例驱动、以体系结构为中心的迭代和增量式开发过程。

① 用例描述了客户与软件之间的一次交互活动，用例驱动是贯穿软件开发全过程的方法，即以用例来描述需求、指导开发和测试、评估风险等，表 2.1 描述了用例在 RUP 各个阶段的作用。

表 2.1　用例在 RUP 各阶段的作用

阶段名称	阶段任务	阶段中的用例
初始	了解项目范围，并且为其创建商业用例，最后决定继续这个项目是否有益	开发出高层用例以帮助划定项目的范围，如应包含的功能，项目范围、进度和预算
细化	进行需求分析和风险分析，开发出基本的体系结构，并且为构造阶段创建计划	更细化的用例，用于风险分析和体系结构的建立，创建构造阶段的计划
构造	进行一系列的迭代，每一次迭代包括分析、设计、实现和测试	把用例作为设计和开发测试计划的起点，在迭代的过程中对用例进一步细化
交付	把已经开发的项目完善成产品，包括 Beta 测试、性能调整和创建培训手册、用户指南以及销售工具等文档，为内部或外部用户制定相应的产品推广计划	使用用例来开发用户指南和培训手册

② 体系结构刻画了软件系统的整体设计、子系统与构件如何构成系统与相互关系；体系结构的设计依赖于设计师的知识和经验，以及设计师对全局与细节、重点与非重点的判断和其他相关条件。在设计时，首先创建和用例不太相关的体系结构的轮廓，然后考虑主要的用例，丰富体系结构设计，最后考虑更多的用例，完善体系结构设计，直到整个结构稳定为止。

③ 对于一个大型的复杂软件系统，不可能一次将其完成，需要从一个可行的局部开始，逐步增加和完善，有时候还需要将全部或部分推倒重来，这就是迭代和增量过程，这种增量过程必须是处于事先制定的计划控制之下。在一次迭代中，需要实现一组用例，解决当前最突出的风险问题；在一次迭代完毕后，需要验证目标是否实现，如未能达到，则找出问题并解决之，如已达到，则进入下一次迭代。

2.11 案例引入

本章引入一个软件开发项目案例，在以后章节中将结合该案例进行讲解。读者可以通过对该案例的学习将软件项目的开发过程和理论结合起来，深入理解软件开发的理论、方法、工具和过程。

某高校决定为图书馆开发一套"图书借阅管理系统"，本案例以该项目的借阅功能进行案例的分析和实践，该图书馆的借阅规定如下。

图书馆的借书证是读者进入本馆以及在馆内借阅书刊文献进行学习的凭证，读者入馆时请自觉出示接受检查。借书证在有效期内使用，过期即自行失效。

一、借阅权限

（1）具有副高以上专业技术任职资格的本校职工，每人限借 15 册，借期 90 天，可续借 1 次。

（2）具有中级以上专业技术任职资格的本校职工，每人限借 12 册，借期 90 天，可续借 1 次。

（3）其他教职工，每人限借 10 册，借期 90 天。

（4）离退休人员，每人限借 5 册，借期 90 天。

（5）在读研究生，每人限借 10 册，借期 45 天。

（6）学生（含电大、夜大和函授学生）以及来院进修、协作人员，每人限借 5 册，借期 45 天。

二、超期罚款

按期归还图书，逾期归还须交纳逾期使用费。逾期使用费每天 0.1 元/册，由计算机结算程序结算，不另开收据。

......

三、教师、研究生阅览室规则

（1）本室对全校教师、研究生开放。一律凭本人借书证押证开架阅览。不得携带火种、食物等物品入内。

（2）读者凭借书证在室内阅览和借书，并在登记簿上签名。

（3）本室图书可供教师、研究生外借。其每人每次限借 2 册，借期 1 天，若有逾期，则每册图书每超期一天，应交纳逾期使用费 0.5 元，由计算机结算程序结算，不另开收据。

（4）读者可以从书架上直接选取图书，选书时应使用代书板。

凡违反上述规则者，一律按本馆《赔偿、罚款办法》处理。

......

四、学生阅览室管理规定

（1）为提高图书利用率，本室图书借期为 7 天，不办理续借。工具书一律不外借。

......

（5）读者借阅本室图书应在借阅期限内归还，逾期使用费按每天 0.2 元处罚，罚款由计算机结算程序结算，不另开收据。

五、期刊阅览室阅览规则

……

（3）本室期刊（现刊）只供在室内阅览（办理复印手续的除外），期刊合订本可短期外借，时限一天。

六、光盘借阅规定

（1）凡本校教职工、研究生及本、专科生等读者凭本人借书证可借阅本馆光盘。

……

（4）光盘限借两张，借期 5 天。逾期未还，按每张每天罚款 0.20 元，由计算机结算程序结算，不另开收据。

本章小结

本章介绍了软件开发中常用的开发模型，这些模型都是针对软件开发中遇到的各种问题，为提高软件开发质量和效率而提出的。每种开发模型都有其侧重点，不存在一种"最优"的开发模型；在实际的开发中，需要在充分理解各种模型优缺点的基础上，有针对性地选用。

习题

2.1 软件生命周期各阶段的任务是什么？

2.2 什么是软件生命周期模型？有哪些主要模型？

2.3 试说明"软件生命周期"的概念。

2.4 试论述用瀑布模型进行软件开发的基本过程，并简述其优点、缺点。

2.5 为什么需要将快速原型开发模型与瀑布模型相结合？

2.6 增量模型的主要思想是什么？并简述其优点、缺点。

2.7 极限编程在编码前是否要形成完整的设计文档？应用该模型，应该如何保证软件的质量？阅读相关的参考书籍和其他文献，找出实例来加以证实。

2.8 开发一个项目时，如果想采用极限编程，应该如何实施？

2.9 极限编程和同步-稳定模型有什么相同点？

2.10 软件开发过程中会遇到哪些风险？该如何解决？

2.11 螺旋模型有什么优点、缺点？

2.12 试比较各种模型在步骤和步骤顺序之间的差异。

2.13 RUP 中的用例驱动在软件开发各阶段是如何体现的？

2.14 用例驱动和测试驱动有何差异？各适用于什么样的软件开发环境？

2.15 阅读 2.11 节的案例，组建项目开发团队，决定采用的软件开发模型，制定相应的开发计划。

2.16 某大型企业计划开发一个"综合信息管理系统"，涉及销售、供应、财务、生产、人力资源等多个部门的信息管理。该企业的想法是按部门优先级别逐个实现，边开发边应用。请选择一种比较合适的软件开发模型，并说明选择的理由。

2.17 某公司的软件产品以开发实验型的新软件为主，用瀑布模型进行软件开发已经有近 10 年了，并取得了一些成功。若作为一名管理员刚加入该公司，你认为快速原型法对公司的软件开发更加优越，请向公司副总裁写一份报告阐明你的理由，切忌：副总裁不喜欢报告长度超过一页（A4）。

第3章 传统软件工程

毋庸讳言，面向对象方法已是软件开发方法的主流，但传统的结构化方法的许多思想今天仍在使用，如模块化、分解与抽象、自顶向下逐步求精、信息隐藏等，这些概念在面向对象方法中得到了应用和进一步的发展。传统软件工程按层次自顶向下分析和设计系统的结构化方法，分为结构化分析（SA）、结构化设计（SD）和结构化程序设计（Structured Programming，SP）三部分。结构化方法包括两类典型方法，一类是以 E. Yourdon 提出的结构化设计方法为基础的面向过程和数据流的方法，另一类是以 Jackson 方法为代表的面向数据结构的方法，本章主要介绍第一类方法。

3.1 结构化方法概述

结构是指系统内各个组成要素之间相互联系、相互作用的框架。结构化开发方法提出了一组提高软件结构合理性的准则，如分解与抽象、模块独立性、信息隐藏等。结构化方法起源于结构化程序设计语言，在使用结构化编程方法之前，程序员都按照各自的习惯和思路来编写程序，没有统一的标准，编写的程序可读性差，难以理解，可维护性也极差。后经研究发现，造成这一现象的根本原因是程序的结构问题。

1966 年，C. Böhm 和 G. Jacopini 提出了关于程序结构的理论，并证明了任何程序的逻辑结构都可以用顺序结构、选择结构和循环结构来表示。在程序结构理论的基础上，1968 年，Edsger W. Dijkstra 提出 GOTO 语句是有害的，引起了普遍重视。结构化编程方法逐渐形成，并成为计算机软件领域的重要方法，对计算机软件的发展具有重要的意义。伴随着结构化编程方法的形成，相继出现了 Modula-2C、Ada 等结构化程序设计语言。

经 E. Yourdon、W. Stevens、G.Myers 和 L.Constantine 等人的努力，结构化分析和设计方法逐渐成熟，并得到了广泛应用。结构化分析方法强调开发方法的结构合理性以及所开发软件的结构合理性，给出了一组帮助系统分析人员产生功能规约的原理与技术。它一般采用图形表达客户需求，使用的工具主要有数据流图（Data Flow Diagram，DFD）、数据字典（Data Dictionary，DD）、结构化语言、判定表以及判定树等。

结构化设计方法提供了一组帮助设计人员在模块层次上改进设计质量的原理与技术，通常与结构化分析方法衔接起来使用，以数据流图为基础得到软件的模块结构图，尤其适用于变换型结构和事务型结构的目标系统。在设计过程中，结构化设计方法以程序的整体结构为出发点，利用模块结构图表述程序模块之间的关系。结构化设计方法分为概要设计和详细设计。

结构化设计方法的设计原则如下。

① 每个模块只执行一个功能,坚持功能性内聚,不要把逻辑关系不强的代码写到一个模块中去。

② 每个模块用过程语句(或函数方式等)调用其他模块,不允许在模块间直接跳转,只能通过确定的模块接口进行调用。

③ 模块间传送的参数只能是模块所使用的数据,不能是控制信息(即根据传送的参数来确定模块的执行过程)。

④ 模块间共用的信息(如全局变量等)应尽量少,坚持局部化原则。

3.2 结构化需求分析方法

需求分析是指在新开发一个系统或维护一个现有的软件时,通过与客户的交流沟通后确定新系统的功能、性能、界面及操作方式等。需求分析是软件开发的第一个阶段,也是整个软件开发的基础,但往往也是最困难的部分。需求分析阶段需要解决的不仅仅是技术问题,更有管理和沟通方面的难题。需求分析不是为了知道客户想要什么系统,而是确定客户真正需要什么样的系统。客户有好的想法,需求分析人员应把这些想法落到实处,通过分析客户的想法进行充分交流后,需求分析人员和客户要共同确定一个技术上能够实现并能真正为客户解决问题的系统框架。

3.2.1 需求分析的重要性

需求分析的重要性体现在以下几个方面。

① 需求分析对系统开发有决定性的影响。如果将软件开发比喻成修建一座大楼,那么需求分析就是为这座大楼将来的用途和每个部分的功能定调。

② 需求分析的错误将引起扩散性传播,即水波效应。有资料表明,如果在需求阶段花 1 元能够解决的问题没有被发现而在维护阶段才得到修正,则可能需要上百倍的代价。

③ 需求分析生成的文档是后续工作的基础。需求阶段规定了系统开发中使用的术语和需要解决的问题,软件设计、编码、测试工作都是围绕需求阶段的文档而展开的。

④ 需求分析的工作量占整个系统开发工作量的 30%。有些软件开发在需求阶段所花的时间远远少于这个比例,甚至一边进行设计和编码工作一边做需求,看来好像节约了时间,但由于需求不确定、不清楚,造成开发过程不停地返工,最后的总时间远大于正规开发过程所需要的时间。

3.2.2 需求分析的困难

需求分析阶段是软件开发中最困难的阶段,在软件公司从事需求分析的人员往往是最有经验的。需求人员不仅需要具备技术能力，更需要有与客户进行良好沟通和互动的能力，即便如此，需求分析的结果往往也是不尽如人意的，主要原因如下。

（1）客户需求的动态性

软件是现实世界问题及解决办法在计算机中的映射，现实世界是变化发展的，软件需求也同样是不稳定的。对于一个中型规模以上的软件而言，开发时间以月为计量单位，在开发过程中，客户的业务和业务流程都可能发生变化，则客户的需求也会相应地发生变化；此外，需要考虑到"人"的因素，如果客户代表发生了变更，则新的客户代表可能对原来的需求提出修改要求，这也是造成需求不稳定的重要原因。

（2）客户需求的模糊性

客户往往不能很清晰地表达他们的要求。一方面，可能客户代表对业务和业务流程不完全了解，甚至不同的客户代表对同一个问题有不同的表述；另一方面，即使客户代表对业务很了解，要将他的知识准确地传达给软件需求人员也是一件困难的事，图 3.1 可形象地表明这种困难。需求的模糊性对需求人员提出了更高的要求，必须能够启发客户准确地说明他对业务的理解，并将这种理解转化成文字，然后再次与客户进行确认，这样的过程可能会反复多次。好的需求人员在完成软件的需求分析后，应该对客户的系统有相当程度的了解，可以熟练地用客户的术语与客户进行交流。

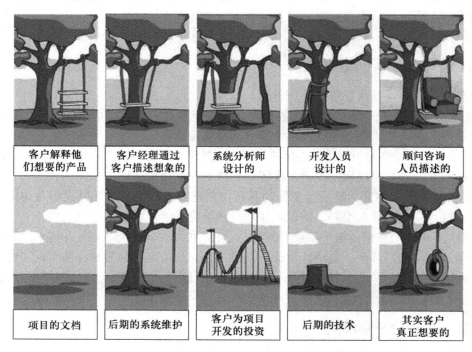

图 3.1　需求描述的困难与不一致性

（3）问题的复杂性和对问题空间理解的不完备性与不一致性

如果需要使用软件来解决客户的业务过程，必定达到了相当的复杂程度，而且这种复杂程度对客户的工作效率造成了影响。需求人员必须完全理解原有问题的所有细节及问题的解决办法，才可能真正开发出客户所需要的软件。现实情况往往是，需求人员对客户的术语、工作环境、面临的问题和需要的解决方案没有完全弄明白就开始撰写需求文档，所完成的分析报告不能完全真实地反映出客户所面临的现实问题，不能反映客户的需要，对问题和解决办法的描述自己都没有把握，而客户又看不懂充满了计算机专业术语的需求文档。试想，在需求分析文档中出现"对象"一词时，对于完全没有软件开发经验的客户该如何理解？

3.2.3 软件需求分析的任务

软件需求阶段的任务就是识别、获取需求与为需求建模。如图 3.2 所示，需求人员需要对客户当前系统（手工系统或其他已有软件系统）进行学习和充分理解，明白问题是什么，现在的系统是如何解决这些问题的，然后抽象化，把当前系统是怎么做的抽象成当前系统到底在做什么，再把这种抽象和计算机系统结合，提出一个用计算机系统来解决问题的方案。至于如何实现该方案是将来软件设计和编码、测试等阶段的任务了。

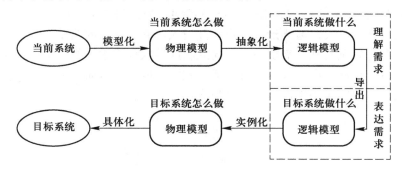

图 3.2　需求分析的任务

以某办公系统中的发文为例，原系统的做法是将文件起草、审阅完毕后由主管领导签发，打印后由专人送到各个部门。这样的业务流程如果要由计算机系统来实现，则应首先确定办公系统在发文时到底要"做什么"。对于原有具体工作人员，抽象后就成了抽象的职位信息；原系统中具体的业务过程抽象化后得到逻辑模型，需要完成起草、审阅、签发、发送等几项工作，这些工作既可以由现有的人工系统实现，也可以由计算机系统实现，需求阶段就是对计算机的实现进行描述。

需求分析研究的对象是软件项目的客户要求，而不是需求人员自己决定应该开发出怎样的软件，客户对开发的软件是否满足需要有最终的决定权。具体来说，需求分析需要完成以下工作。

①　深入了解软件的功能和性能。如应有几个菜单项，单击某个按钮后应在几秒内得到响应等。

②　确定软件设计的约束以及软件同其他系统元素的接口细节。没有哪个软件是独立存在的，都需要和其他的硬件、软件一起工作，需要有工作人员或其他系统向它提供信息、发出指令，按照一定的工作规范来进行工作。需求分析需要将这些信息明确化。

③　定义软件的其他有效性需求，如安全性要求、界面需求等。

④　准确地表达被接受的客户要求。需要分析人员需要有较好的文字功底，能够准确地描述客户的需求，也需要使用规范的软件描述工具来加强客户和其他软件开发人员对需求文档的理解，形成的文档需要客户多次讨论，反复修改。

⑤　确定被开发系统的系统元素，并将功能和信息结构分配到这些系统元素中。系统元素不仅仅是软件，还会使用到数据库和硬件，需要确定系统由几部分组成，每部分包含哪些内容。同样的功能可以由软件完成，也可以由硬件完成，需要分析人员根据自身经验，与软件开发小组的其他人员讨论多种方案的优缺点后，再决定由哪一部分完成。

3.2.4　软件需求过程

软件需求可以分成 4 个阶段，分别是问题识别、分析与综合、编制需求分析文档和需求分析评审。经过这 4 个阶段，最终形成客户和开发人员共同认可的需求文档，为整个软件开发工作打下基础。在开始确定软件需求前必须建立相应的软件需求小组，如图 3.3 所示。该小组由客户和软件开发公司两方面的人员联合组成，共同完成需求调研、分析、文档编写工作，需求分析评审一般由软件需求小组以外的人员完成。

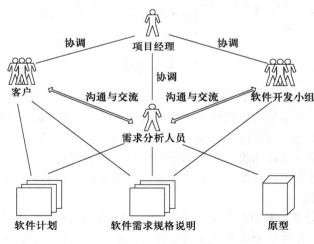

图 3.3　软件需求小组

（1）问题识别

在问题识别阶段，需要确定客户到底需要的是一个什么样的软件系统，并为这个系统划定相应的范围；为完成预期的系统，需要客户提供什么条件，如现在条件不能满足，是否需要增加新的软硬件设备和其他设施，甚至考虑修改原有的规章制度和业务流程。

没有经验的软件开发人员往往忽视与客户的交流，仅仅与客户见过几次面就开始设计和编写程序，结果最终开发出的系统与客户设想的系统大相径庭。正确的做法是需求人员与客户应该在充分沟通的基础上，从功能、性能、环境等方面提出一个总体方案，如表 3.1 所示，在得到客户的认可后再逐步细化。

表 3.1　软件需求分类表

软件需求分类	软件需求含义
功能需求	软件应该能做什么，可以为客户解决什么问题，有哪些菜单项
性能需求	在给定的条件下，软件的响应时间最差情况下是多少
环境需求	软件交付后在什么样的系统下运行，对操作员的技能有何要求
可靠性需求	连续工作多长时间不出现问题
安全保密需求	如何保护数据的安全，如何防止非法入侵
客户界面需求	主菜单的布局、颜色如何，界面元素（如按钮）的位置、大小、形状是什么样的，客户如何操作软件
资源需求	正常运行程序需要多大的内存、硬盘，为达到最佳效果是否需要使用专用设备
成本消耗需求	为保证软件开发的顺利进行，需要投入多少资金和人员，如何分配资源
开发进度需求	为软件开发设定期限并制定相应的开发进度计划，标出相应的里程碑

需要强调的是，开发系统不仅是软件公司的职责，也需要得到客户方的全面参与，否则不可能取得成功。问题识别阶段也是对客户原有的工作方法和规章制度梳理的过程，如有必要，需要说服客户改变其原有不合理的工作流程和工作方法，而说服客户的前提是软件开发人员对客户原有的工作方式有充分了解，能够指出其优缺点，并能提出有力的佐证材料来支持其观点，这些工作需要需求分析人员具有丰富的项目经验、良好的表达能力和沟通技巧、投入大量的精力和时间。

（2）分析与综合阶段

完成了问题识别，需求人员拿到了第一手资料，接下来要完成的工作就是对这些资料进行分析与综合。中型以上的系统有多个软件需求人员，需求的来源也是多元的，获得的资料往往有不一致的地方，需要软件需求小组进一步澄清；另一方面，客户的各个部门提出的要求也不可能是一致的，需要进行综合和取舍。在限定开发时间和开发成本的情况下，客户提出的某些要求在现有的工具和技术条件下也可能无法实现，这些要求也需要和客户进一步讨论。

分析和综合的方法有面向数据流的结构化分析方法 SA、面向数据结构的 Jackson 方法（Jackson System Development，JSD）、面向数据结构的结构化数据系统开发方法（Data Structured System Development Method，DSSD）、面向对象的分析方法（Object-Oriented Method，OOA）等。以上方法都采用一组规范的表达方法对需求加以分析和整理。本章将简要介绍面向数据流的结构化分析方法，面向对象的分析方法在后续章节中介绍。

（3）编制需求分析文档

需求分析文档为软件设计、编码、测试等工作奠定了基础，也为需求评审提供了材料，主要有软件需求规格说明书、数据字典、初步的客户手册、软件开发计划等。软件需求规格说明书包括对系统功能、性能、界面、环境等方面的说明，是主要的需求文档，国家标准可参考《计算机软件需求规格说明规范》（GB/T 9385—2008），管理较规范的软件公司也有自己的标准和模板；数据字典是对软件开发过程中使用的术语的规定，包括术语的标准说法、含义等，为客户与软件需求人员、需求人员与软件开发人员之间进行交流提供了统一的规范，避免了歧义；软件开发计划是根据客户的要求对开发进度和相应的资金、人员、物资的使用计划，用以保证开发过程的顺利进行。

（4）需求分析评审

需求文档编制完成后，为保证文档的可靠性和质量需要进行评审，检查需求文档和客户的要求是否一致，提供的文档是否完备，文档中的描述是否完整清晰，开发计划是否可行，数据、数据结构和图表的说明是否清楚，开发软件的限制条件有哪些，开发过程中可能遇到的风险是什么，等等。

需求评审小组人员和需求分析小组人员不能重叠，在可能的情况下，应该全部聘请客户和软件公司以外的第三方人员进行评审。

3.2.5　软件需求获取

进行软件需求分析，首先要解决的问题是分析材料从何而来，也就是通过与客户交流、整理客户提供的各种资料等方式获取第一手的需求材料，完整而清晰地描述客户现有的工作方式和工作流程。在此基础上，需求人员才能更好地理解客户的需求，与客户就各种需求问题达成一致，为需求分析打下坚实的基础。

软件需求获取包括确认需求来源和需求获取技术，主要完成以下工作。

（1）建立需求分析小组

需求小组包括的人员由客户和软件开发公司两方面的人员组成，需求小组的建立是保证需求获取的组织基础。

（2）客户组织架构分析

为清晰地确定需求的来源，需要对客户的现有组织架构进行分析，如客户的组织系统是如何构成的；组织架构是如何分级的；某项需求的确定要找谁来交流；如果两个不同的部门对同一项需求的描述不一致，应该由谁来协调；客户组织中每个部门的主要分工是什么；组织各部门之间的交互是如何进行的，等等。

（3）获取资料

为理解和确认客户的需求，阅读各种与需求相关的资料是必不可少的。资料的来源主要有单据、报表、管理规定、操作指南、标准规范、业务办理流程、备忘录、会议纪要等，其中单据和报表有助于理解客户业务数据的产生和目标，其余几项有助于理解数据的加工处理过程。

在理解的过程中，要树立 IPO（Input-Process-Output）观点，将数据的处理看作一个个前后相连的黑盒。

（4）数据采样

如果需要访问的人数太多，不可能——到访，则需要使用数据采样技术，从某一种群中系统地选出一些有代表性的个体，通过对这些个体的分析来获得对种群整体的认识。采样能有效地减少需求成本，加快数据收集整理的过程，提高研究的效率，减少研究的偏差。

数据采样的步骤主要包括确定要收集和描述哪些数据、确定种群、确定采样的类型、计算采样规模。

（5）面谈

面谈是需求获取的主要技术。通过面谈可以获得的信息包括受访者对某项需求的观点、受访者最关心的问题、受访者对当前系统的感受、没有在资料中表明的非常规程序等。面谈前需要做好准备工作，制定面谈计划，包括阅读相关背景资料、确定面谈的目标、确定面谈对象、制定面谈问题列表等。

面谈可以采取一对一或一对多的方式进行，但不管哪种方式都需要进行录音记录，做好笔记。面谈结束后要尽快将会议纪要整理出来，列出面谈的要点，及时将纪要向面谈对象反馈，请客户签字确认。

面谈可能需要多次进行，反复澄清，直到客户和需求人员完全达成一致。

（6）问卷调查

问卷调查可以用于较大范围的需求获取，需求分析人员设计一些有针对性的题目，请客户给出答案，然后对问卷进行整理和分析来获得需求。问卷调查的关键在于问卷的设计，要求问卷的题目有足够的空间，答案要有区分度（避免如"差不多""较好"等选项），答案不能模棱两可，将最重要的问题放到最前面（避免由于客户精力分散而匆忙答题），将相关的问题放到一起，首先提出争议最少的问题（避免客户放弃答题）等。

对于某些答案不是数字的题目要将其量化。如"请问您对当前系统的满意程序如何？"这样的题目可以将答案设为非常不满意、不满意、一般、满意、非常满意共 5 个选项，分别用数字 1～5 加以量化，从而方便统计计算。

（7）用户行为观察

用户对业务流程的描述往往是不完整的，在可能的情况下，需要对用户的日常业务处理过程进行现场观察，如能亲身体验效果更好。行为观察主要从客户的行为、身体语言、物理环境等方面进行。

3.2.6　结构化分析方法

获得了第一手材料并请客户确认后就可以进行需求分析了。结构化分析方法中的面向数据流的需求分析方法适合数据处理类软件的需求分析。这种方法采用抽象模型的概念，按照软件内部数据传递、变换的关系，自顶向下逐层分解，直到找到满足功能要求的所有可实现的软件为止。

逐层分解体现了分解和抽象的原则，使分析人员不至于马上陷入细节，而是逐步、有控制地了解细节，有助于理解问题。

结构化分析方法一般从静态和动态两方面分析系统的需求。

（1）静态分析方法

静态分析方法描述系统的各组成部分和结构，主要描述工具如下。

① 数据流图：将软件看作一个 IPO 系统，即将软件看作对输入的数据进行处理后输出的黑箱，侧重点在数据的处理上。

② 数据字典：以规范的格式对系统中使用的术语和元素进行定义和说明。

③ 数据加工过程说明：常用的有结构化语言（伪代码）、判定树和判定表等，用于对数据的加工处理过程进行描述。需要注意的是，加工处理过程并非系统完成后的计算机处理过程，而是现有系统的处理方式。

（2）动态分析方法

动态分析方法描述系统中各组成元素相互作用的过程和结果，分析工具如下。

① 状态-迁移图：对系统在运行过程中的状态变化加以说明。

② 时序图：对比系统中处理事件的时序和相应的处理时间。

③ Petri 网（Petri Net Graph，PNG）：适用于描述与分析相互独立、协同操作的处理系统，也就是并发执行的处理系统。

结构化分析方法使用的工具较多，从不同的侧面对系统需求进行描述，形象、直观、便于理解，因此在可能的情况下应尽量采用图形表示。

3.2.7　数据流图

数据流图是作为描述"分解"的手段引进的，即将最初概括性的处理过程分解成几个较小的处理过程，再逐层分解，直到最后一层的每个处理过程都可以很容易清楚地描述和处理为止。数据流图在描述一个组织的业务活动时既描述该业务活动有几个组成部分，也描述各部分的数据流。

软件工程中使用的图形工具多种多样，但无论哪一种都必须先理解每种图形基本组成元素的画法和具体含义，再学习图形的基本画法，只要多看范例和常见错误画法讲解、多动手实践就可以掌握。

数据流图的基本图形元素如图 3.4 所示。

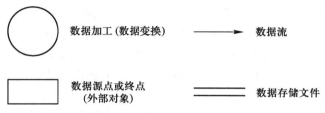

图 3.4 数据流图的基本元素

① 数据加工：对数据的变换处理过程，如将数据加密等。

② 数据源点或终点：数据源点指数据由何处输入到系统中，数据终点是数据经过系统加工处理后输出到何处。需要注意的是，数据源点和终点可以是人或设备，甚至有可能是其他系统，如某公司的工资处理系统和人力资源管理系统是分离的，工资处理系统需要从人力资源系统中获得员工的个人信息。对于工资处理系统而言，人力资源系统就是数据源点，而对人力资源系统而言，工资处理系统可以作为其数据终点。此外，数据源点和终点可以是同一实体。

③ 数据存储文件：用以存储需要保存的数据。一般而言，如果上一次输入的数据在下一次加工处理过程中会使用到，则需要加以存储，而不必每次重复输入。数据存储文件符号在不同的需求分析软件中有所不同，本章采用 PowerDesigner 中数据存储的表示方法。

④ 数据流：表明数据的传输方向和传递的数据。数据流图的流向可以从数据加工指向数据加工、数据存储文件指向数据加工、数据源点指向数据加工、数据加工指向终点，但不能是数据源点指向数据终点，也不是数据存储文件指向数据存储文件。

储户到银行取款的业务流程如图 3.5 所示。

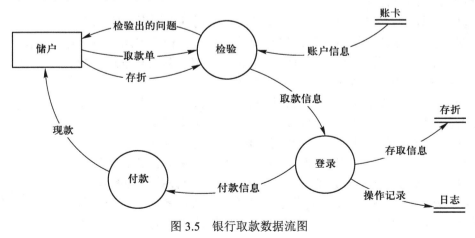

图 3.5 银行取款数据流图

再次强调，需求分析是对客户现有系统的分析和描述。图 3.5 中，储户将填写好的取款单和存折递交后，如工作人员检验出问题，则将问题反馈给储户，没有问题则从账卡中调取储户的数据，登录到电子处理系统，电子处理系统会更新账卡和存折，记录工作人员的操作日志，然后将现款付给储户。储户是数据源点，也是数据终点，日志系统是数据终点。数据流上方的文字表明了数据流的性质。加工处理过程如"检验"表示对输入的数据加工处理后输出到下一对象。

对于图 3.5，初学者经常提出的疑问是为什么图中没有出现工作人员。这是因为工作人员是现有系统的一部分，负责参与数据加工处理，而数据流图并不要求指明是谁在进行处理。如果出现工作人员，分配到任何一种图形元素都是不合适的。

下面以一个实例来详细说明使用数据流图进行需求分析的过程和方法。

某培训中心开设多种培训课程，其业务活动描述如下。

① 为相关行业人员开设多门课程。

② 有兴趣的人通过来电来函报名可选修某门课。

③ 培训中心收取一定费用并开具发票。

④ 学员可通过来电来函查询课程计划。

该培训中心首先将学员的来电来函分类，然后按不同情况进行如下处理。

① 如学员来报名，将报名数据发给负责报名的职员，由职员查询课程文件，检查课程是否额满。如未满，则在学生文件、课程文件上登记，开出报名单给财务部门，财务部门对发票进行复审后通知学员来交费。

② 如学员付款，财务人员在账目上登记，经复审后给学员发通知单。

③ 如学员查询相关课程，交查询部门查询课程文件后给出答复。

④ 如学员想注销某门课程，则注销人员在课程、学生、账目上做出相应修改，经复审后通知学员。

⑤ 拒绝学员的不合理要求。

对于以上描述，首先应找出 4 种基本元素，再用数据流图的方式组织起来。初学者可以使用"名词-动词"法找出基本元素。通过分析可知，4 种基本元素中，外部实体、数据流、数据存储文件是名词，数据加工是动词或动宾结构，将日常工作描述中的名词和动词找出来，分配到各种基本元素中，可以得到最初的分析结果如下。

① 名词：学员、报名数据、职员、课程文件、课程、学生文件、报名单、财务部门、发票、财务人员、账目、通知单、查询部门、答复、不合理要求。

② 动词或动词结构：报名、发给、查询相关课程、检查、登记、开出报名单、复审、通知、查询课程文件、付款、交查询部门、给出答复、注销、修改、拒绝。

对于以上的最初分析结果，必须逐个进行检查，首先排除的是属于培训中心系统操作人员的名词，如职员、财务部门、财务人员、查询部门等；其次，对于某些动词也要进行研究。例如，"报名"这个动词是"学员"这个外部实体的动作，会产生"报名数据"数据流，类似的还有交费、查询相关课程、注销等。

　　经过上述分析，基本上确定了各种图形元素，接下来通过数据流图表达以上需求。数据流图的画法可以用一句话来总结："从外向里，自顶向下"。"从外向里"指的是先找出系统的外部对象，即数据源点和终点，而系统内部对数据源点传入的数据进行处理后传出给数据终点；"自顶向下"是对问题的从粗略到精细的分解性说明。培训中心管理系统的第 0 层数据流图如图 3.6 所示，第 1 层数据流图如图 3.7 所示。

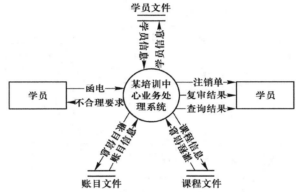

图 3.6　培训中心管理系统的第 0 层数据流图

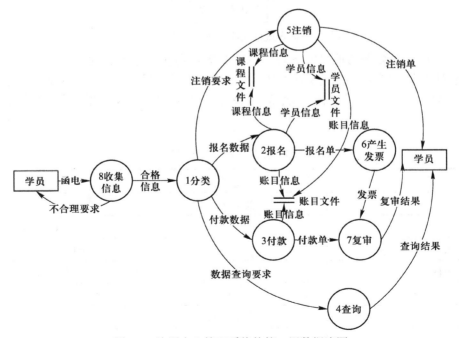

图 3.7　培训中心管理系统的第 1 层数据流图

3.2.8　数据字典

数据流图表明了数据的来源、处理和流向，但并没有说明数据的具体含义和数据加工的具体过程，此处的数据指数据源点、数据终点、数据流和存储文件等，也没有说明系统的状态变化等，因此需要其他需求分析工具加以描述，如图 3.8 所示。

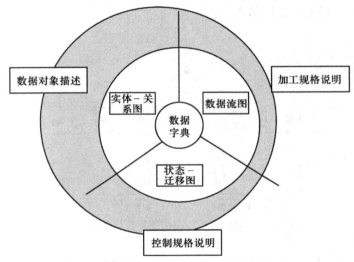

图 3.8　需求规格说明中所使用的分析工具

数据字典是关于数据的信息的集合，也就是对数据流图中包含的所有元素定义的集合。数据字典中对数据的定义是使用其他需求分析工具的基础，只有统一的数据定义才能保证系统中术语的一致性和完整性。可以使用表 3.2 所示的符号定义来定义数据字典中的数据结构。数据字典的作用如下。

表 3.2　数据字典中的符号定义

符号	含义	举例
=	被定义为	
+	与	$x = a+b$
[⋯,⋯]或[⋯｜⋯]	或	$x = [a , b]$，$x = [a \mid b]$
{⋯}或 m{⋯}n	重复	$x = \{a\}$，$x =3 \{a\}8$
(⋯)	可选	$x = (a)$
"⋯"	基本数据元素	$x = $ "a"
..	连接符	$x = 1..9$

① 任何字典最主要的用途都是供人查阅对相关条目的解释。

② 数据字典的作用也正是在软件分析和设计的过程中为用户提供关于数据的描述信息。

下面以 3.2.7 节中培训中心管理系统的数据定义为例，说明表 3.2 中符号的使用。

学员报名表如表 3.3 所示。可以按如下规范格式描述报名表中的数据结构。

表 3.3 报 名 表

学员姓名：	学员年龄：		性别：		联系方式：
学员编号：			报名日期：		
课程编号	课程名	课程教师	开课时间	课程费用	最多学员人数

报名表 = 学员姓名 + 学员年龄 + 性别 + 联系方式 + 学员编号 + 报名日期 +1{所选课程}5;

学员姓名 = 2{汉字}10;

学员年龄 = "15".."60";

性别 = [男 | 女];

联系方式 = 20{汉字}50;

学员编号 = "000001".."999999";　　　　　　　//如第一次报名，可不填写

报名日期 = 年 + 月 + 日;　　　　　　　　　　//开课时间类似

所选课程 = 课程编号 + 课程名 + 课程教师 + 开课时间 + 课程费用 + 最多学员人数;

课程编号 = 2{字母}10 + 2{数字}10;　　　　//字母表示课程分类号，数字代表流水号

课程名 = 2{汉字}100;

课程教师 = 2{汉字}10;

课程费用 = "700" .."1000";

最多学员人数 = "10" .."30";

数据字典以词条方式定义在数据模型、功能模型和行为模型中出现的数据及控制信息的特性，给出它们的准确定义，包括数据流、数据元素、数据存储文件、加工、数据源点和数据汇点等。因此，数据字典成为将三种分析模型黏合在一起的"黏合剂"，是分析模型的核心。

数据字典精确、严格地定义了每一个与系统相关的数据元素。词条描述是对在数据流图中的每一个被命名的图形元素加以定义，主要包括以下内容。

- 一般信息（名字、别名、描述等）。
- 定义（数据类型、长度、结构等）。
- 使用特点（值的范围、使用频率、使用方式（输入、输出、本地）、条件值等）。
- 控制信息（来源、用户、使用它的程序、改变权、使用权等）。
- 分组信息（父结构、从属结构、物理位置（记录、文件和数据库）等）。

（1）数据流词条

数据流是数据结构在系统内传播的路径。一个数据流词条应有以下内容。

- 数据流名：尽量做到见名知义。
- 说明：简要介绍作用，即它产生的原因和结果。
- 数据流来源：数据流来自哪个加工或作为哪个数据源的外部实体。
- 数据流去向：数据流流向哪个加工或作为哪个数据汇点的外部实体。
- 数据流组成：数据结构。
- 数据量或流通量：单位时间数据的流通量，如每小时会产生多少条数据等。
- 注释：相关事项。

例如，培训中心管理系统中"报名数据"数据流说明如下。

- 别名：报名表。
- 说明：学员因选修课程而填写的单据，用于记录学员报名信息。
- 来源：由学员填写后提交。
- 去向：经分类处理后，提交给"报名"处理过程。
- 组成：学员信息 ＋1〔所选课程〕5。
- 注释：报名数据的正确性由顾客自行负责，一旦提交不得修改。

为了更规范，也可以使用表格化的形式，如表 3.4 所示。

表 3.4　数据流的格式化描述

数据流描述	
数据流 ID 号：DF_01_78	
数据流名称：报名数据	
描述：包含学员个人信息和选课信息	
来源：学员	目标："报名"处理过程
数据流类型： 文件　　界面　　报表　　表格√　内部数据	

数据流描述	
数据流所包含的数据结构:	单位时间流量:
报名信息	100/天

备注：报名信息记录了学员个人信息和选课信息。

报名表可以通过电子邮件或传真发送至处理部门。

（2）数据元素词条

数据流图中每一个数据结构都是由数据元素构成的，数据元素是数据处理中最小的、不可再分的单位，它直接反映事物的某一特征。组成数据结构的这些数据元素也必须在数据字典中给出描述。其描述需要以下信息。

- 数据元素名。
- 简述：简要描述数据元素。
- 别名：数据元素的其他常用名。
- 组成：数据格式。
- 类型：数字（离散值、连续值）、文字（编码类型）。
- 长度：数据元素的大小。
- 取值范围。
- 相关的数据元素及数据结构。

数据项是最基本的数据元素，是有意义的最小数据单元，在数据字典中定义数据项特性包括数据项的名称、编号、别名和简述、数据项的组成、数据项的类型。

例如，培训中心管理系统中"开课日期"数据项可以描述如下。

- 数据项名：开课日期。
- 简述：课程开始上课的日期。
- 别名：上课日期。
- 组成：年 + 月 + 日。
- 类型：6 位数字。
- 注释：年 > 1949。

（3）数据存储文件词条

数据存储文件是数据保存的地方。一个数据存储文件词条应有以下几项内容。

- 数据文件名。
- 简述：存放的是什么数据。
- 别名：数据文件的其他常用名。
- 数据文件组成：数据结构。

- 数据容量：数据文件可以存放的数据量。
- 存储方式：顺序、直接、关键码。
- 存取频率（或效率）：单位时间内的数据吞吐量。

例如，培训中心管理系统中"学员文件"可以描述如下。

- 数据文件名：学员。
- 简述：包括学员的所有信息。
- 别名：学员文件。
- 数据文件组成：姓名 + 年龄 + 性别 + 联系方式 + 学员编号。
- 数据容量：≤5 000。
- 存储方式：按学员编号升序排列，以顺序方式存储。
- 存取效率：查询时间≤1 秒。
- 注释：学员编号从 000001 开始。

（4）加工词条

加工可以使用诸如判定表、判定树和结构化语言等形式表达。加工词条应有以下几项内容。

- 加工名：要求与数据流图中该图形元素的名字一致。
- 编号：用以反映该加工的层次和"亲子"关系。
- 简述：加工逻辑与功能简述。
- 输入：加工的输入数据流。
- 输出：加工的输出数据流。
- 加工逻辑：简述加工程序、加工顺序。

（5）数据源点和数据汇点词条

对于一个数据处理系统来说，数据源点和数据汇点应该比较少。如果过多则表明独立性差，人机界面复杂。定义数据源点和数据汇点时，应有以下几项内容。

- 名称：要求与数据流图中该外部实体的名字一致。
- 简述：简述描述的是什么外部实体。
- 有关数据流：该实体与系统交互时涉及哪些数据流。
- 数目：该实体与系统交互的次数。

3.2.9 数据加工逻辑说明

数据流图的每一个基本加工必须有一个基本加工逻辑说明，描述基本加工如何将输入数据流变换为输出数据流的加工规则，应描述实现加工的策略而不是实现加工的细节，包含的信息应该是充足的、完备的、有用的、无冗余的。

常用的数据加工逻辑说明工具包括结构化语言或伪代码、判定表、判定树。

（1）结构化语言或伪代码

结构化语言是一种介于自然语言和形式化语言之间的语言，它的词汇表由英语命令动词、数据字典中定义的名字、有限的自定义词、逻辑关系词 if_then_else、case_of、while_do、repeat_until 等组成。

结构化语言的正文用基本控制结构进行分割，加工中的操作用自然语言短语来表示。基本控制结构有三种：简单陈述句结构，类似于程序语言中的顺序语句；重复结构，如 while_do 或 repeat_until 结构；判定结构，如 if_then_else 或 case_of 结构。

学习过数据结构的读者对伪代码都不陌生，伪代码就是一种结构化语言。例如，某商店商品处理系统"检查发货单"的加工处理过程描述如下。

```
if 发货单金额超过 $ 500 then
    if 欠款超过了 60 天 then
        在偿还欠款前不予批准
    else (欠款未超期)
        发批准书、发货单
else (发货单金额未超过 $ 500)
    if 欠款超过 60 天 then
        发批准书、发货单及赊欠报告
    else (欠款未超期)
        发批准书、发货单
```

结构化语言分为内外两层：外层为控制结构，可有多层，相互嵌套；内层为具体的描述。外层控制结构一般采用三种基本结构将加工中的操作连接起来，内层结构的语法特点如下。

① 语态：只有祈使语句，用来表明做什么。

② 词汇：词典中定义过的词或自定义词。

③ 动词：必须避免使用"处理"这样模糊的词汇，应见名知义，准确、清晰。

④ 无形容词、副词。

⑤ 可用运算符、关系符。

（2）判定表

当数据流的加工需要依赖于多个逻辑条件的取值时，使用判定表描述比较合适，即使用表格的形式对数据加工的逻辑关系进行描述，如图 3.9 所示。判定表由 4 个象限组成：条件茬表明有哪几种条件，条件项说明每种条件，动作茬指明有哪几种可能的动作，动作项指明具体的动作。

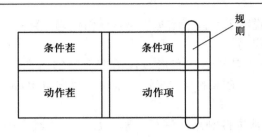

图 3.9　判定表图示

以商店管理系统中"检查发货单"加工逻辑为例,绘制判定表的过程如下。

① 确定可能影响决策的条件数。"检查发货单"加工逻辑的两个条件为:发货单金额和赊欠情况。

② 确定能够采取的可能操作数。"检查发货单"加工逻辑有 4 种动作:不发出批准书、发出批准书、发出发货单、发出赊欠报告。

③ 确定每个条件的条件选项数,最简单的只有 Y 和 N。"检查发货单"加工逻辑中"赊欠情况"条件有 4 个选项。

④ 将每个条件的所有选项数相加,算出判定表的最多列数。

⑤ 填写条件选项。

⑥ 去掉冗余和不对结果产生影响的项。

商店管理系统中的"检查发货单"加工逻辑的判定表如表 3.5 所示。

表 3.5　"检查发货单"加工逻辑的判定表

		1	2	3	4
条件	发货单金额	> $ 500		≤ $ 500	
	赊欠情况	> 60 天	≤ 60 天	> 60 天	≤ 60 天
操作	不发出批准书	√			
	发出批准书		√	√	√
	发出发货单		√	√	√
	发出赊欠报告		√		

(3)判定树

判定树也是用来表达加工逻辑的一种工具。有时,它比判定表更直观。以商店管理系统中的"检查发货单"加工逻辑为例,判定树如图 3.10 所示。

数据加工逻辑说明工具的选择要根据加工逻辑本身的情况确定。当有许多重复动作时应该选用结构化语言,因为判定表和判定树不能对重复动作进行描述;结构化语言接近于自然语言，因此，当与客户的交流是最重要的考量因素时，也应该选用结构化语言；当存在条件、行动和规则的复杂组合时选用判定表，可以有效地避开冗余、矛盾和不可能情况；当条件和动作的顺序十分重要时，应当选用判定树，因为并不是每个条件都与每个行动相关，有些动作在第一个条件判定完后就可以决定。

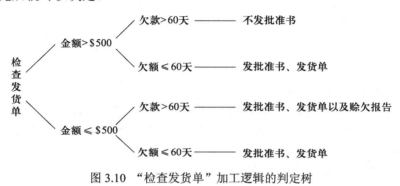

图 3.10 "检查发货单"加工逻辑的判定树

3.2.10 系统动态分析

通常用自然语言描述系统的需求规格说明，但自然语言描述往往出现歧义性。为了更精确地描述需求，引入了各种需求分析工具；为了更直观地分析系统的动作，从特定的视点出发描述系统的行为，需要采用动态分析的方法。常用的系统动态分析工具有状态-迁移图、时序图、Petri 网等。

（1）状态-迁移图

状态-迁移图描述系统状态如何响应外部信号而进行推移的过程。圆圈"O"表示可得到的系统状态，箭头"→"表示从一种状态向另一种状态的迁移。

例如，当有多个进程申请 CPU 时，CPU 分配进程的状态变化如图 3.11 所示。

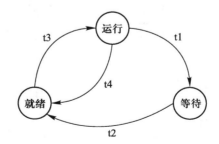

图 3.11 CPU 进程状态变化图

对应的状态-迁移图和状态-迁移表如图 3.12 所示。

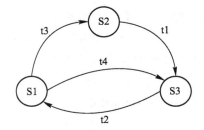

图 3.12 CPU 状态-迁移图及状态-迁移表

绘制状态-迁移图的过程如下。

① 找出系统中的可能状态。例如，CPU 进程状态的就绪、运行、等待。

② 找出从一种状态转换到另一种状态需要什么事件来激发。例如，t1 表示中断事件，t2 表示中断已处理，t3 表示分配 CPU，t4 表示用完 CPU 时间。

③ 画出状态-迁移图和相应的状态-迁移表。

状态-迁移图的优点如下。

① 状态之间的关系能够直观地捕捉到。

② 由于状态-迁移图的单纯性，能够机械地分析许多情况，可很容易地建立初步的分析模型。

③ 当系统运行中出现了不是预料中的某种状态时，很容易确定是由哪些事件引起的，从而确定检查的范围。

（2）时序图

在系统分析时，时序图用于对比处理事件的时序和相应的处理时间。如图 3.13 所示，对于事件 e，功能 1～功能 3 的处理时间总计为（T1+T2+T3），其中功能间切换时间为 0。

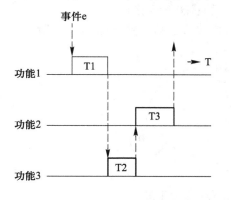

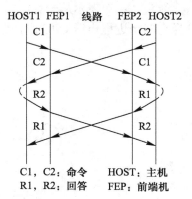

图 3.13 时序图

采用扩充时序图可表示进程间的通信流，用于分析几个事件的交错现象。例如，C1 与

C2、R1 与 R2 是交错的，因此，可以做如下分析：必须设计成 HOST1 在等待 C1 的回答 R1 期间，能接收从 HOST2 发出的命令 C2。

（3）Petri 网

Petri 网已被广泛地应用于硬件和软件系统的开发中，它适合描述与分析相互独立、协同操作的处理系统，即并发执行的处理系统。Petri 网有两种结点：位置（Place）结点表示系统的状态，用符号"O"表示；转移（Transition）结点表示系统中的事件，用符号"|"表示。典型的 Petri 网如图 3.14 所示。

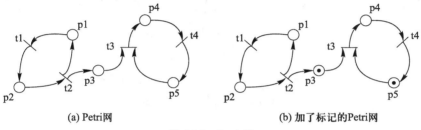

(a) Petri网　　　　　　　(b) 加了标记的Petri网

图 3.14　Petri 网

图 3.14 中，有向边表示对转移的输入（→|），或由转移的输出（|→）；标记，或称令牌（Token）标志系统当前处于什么状态。

Petri 网中状态与激发的关系如图 3.15 所示。例如，操作系统中对进程 PR1 和 PR2 的调度如图 3.16 所示，对应的 Petri 网如图 3.17 所示。

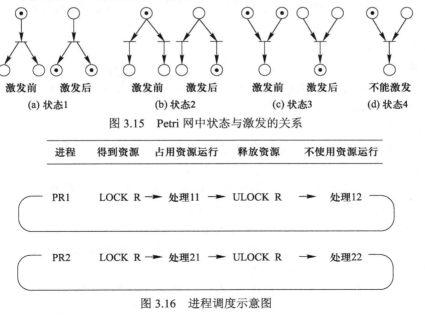

图 3.15　Petri 网中状态与激发的关系

图 3.16　进程调度示意图

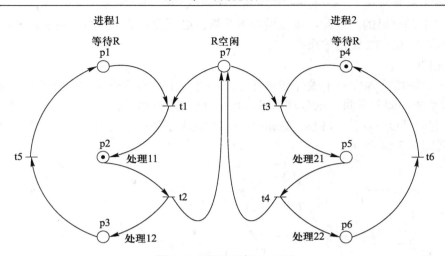

图 3.17 进程调度 Petri 网

3.2.11 数据及数据库需求

在数据字典中强调数据存储结构的逻辑设计，并用数据结构表达数据项之间的逻辑关系。一个系统可能有成千上万个数据项，仅仅描述这些数据项是不够的，更重要的是如何把它们以最优的方式组织起来，以满足系统对数据的要求。

在系统中，需要处理的数据是现实世界中存在的事物及其联系的反映。人们通常将与数据处理有关的领域分为三个世界。

（1）现实世界

现实世界是存在于人们头脑之外的客观世界。现实世界中的事物可分成对象和性质两大类。对象可以是实际存在的或抽象的，如大学、城市等，对象还可以指事物与事物间的联系。性质指事物的性质或特征，如大学的位置、城市的面积等。

（2）信息世界

信息世界也叫做观念世界，是现实世界在人们头脑中的反映。客观世界中的事物在信息世界中叫做实体，反映事物之间联系的模型叫做实体模型。

实体由若干属性的属性值组成。属性是实体某一方面的特征，是事物的性质。例如，一个学生实体是一个五元组。

(12201115,张小飞,男,1994-11-12,软件工程)

五元组的每一个元素是学生某一属性的属性值，对应的属性集合如下。

(学号,姓名,性别,出生日期,专业)

这些属性集合表征了"学生"实体的类型，称为实体型。同一类型的实体集合称为实体集。

（3）数据世界

数据世界是信息世界中信息的数据化，现实世界中的事物及其联系在数据世界中用数据模型描述。描述每一实体的数据称为记录，描述属性的数据叫做数据项或字段。与实体集相对应的称为文件。

例如，学生文件由多个记录组成，这些记录放在一起构成一个二维表，表中每一横排叫做一个记录或元组，每一纵列叫做一个属性，如表3.6所示。

表 3.6　学生信息表

学号	姓名	性别	出生日期	专业
11201115	张小飞	男	1993-02-12	软件工程
11061217	李静	女	1992-11-18	计算机科学与技术
10071123	钱进	男	1991-10-16	应用数学

为了有效组织和存取文件中的记录，通常指定一个数据项进行区别，该数据项也称为关键字。

在需求分析阶段进行数据库逻辑设计的过程中，使用实体-联系图（Entity Relationship Diagram，E-R 图）可定义一个实体模型。实体模型不涉及数据世界的数据结构、存取路径、存取效率等问题，可以转换成数据库中的数据模型，数据可以按相应的数据模型进行组织。

E-R 图中表示实体联系的符号如图 3.18 所示。在 E-R 图中，每个方框表示实体或属性，

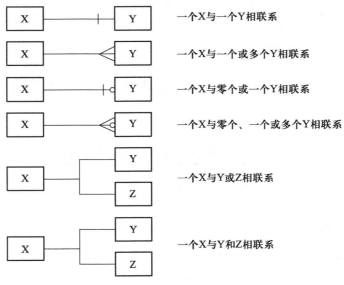

图 3.18　实体之间的关系

方框之间的连线表示实体之间或实体与属性之间的联系。出现在连线上的短竖线可以看成是"1"，圆圈表示"0"。例如，在教学管理系统中，一个教师可以教授零门、一门或多门课程，每位学生需要学习几门课程。因此，教学管理中涉及的对象有学生、教师和课程，它们之间的联系如图 3.19 所示，学生与课程是多对多的联系，教师与课程的联系是零或一对多。

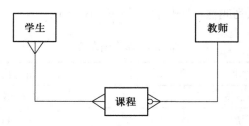

图 3.19　教师–学生关系的 E-R 图

接下来需要确定实体的属性。例如，学生具有学号、姓名、性别、出生日期、专业等属性，课程具有课程号、课程名、学分、学时数等属性，教师具有职工号、姓名、出生日期、职称等属性。

此外，学生通过学号、分数与课程发生联系。

教学管理系统的 E-R 图如图 3.20 所示。

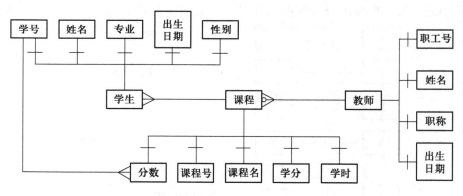

图 3.20　教学管理系统 E-R 图

3.2.12　原型化方法

原型化方法是在需求阶段开发一个系统原型，与客户反复讨论后，获取客户的真实需求，因其开发效率较高，往往被称为"快速原型开发模型"，简称"快速原型"。

在开发初期，要想得到一个完整准确的需求规格说明不是一件容易的事。特别是对一些大型的软件项目，客户往往对系统只有一个模糊的想法，很难完全准确地表达对系统的全面要求，软件开发者对所要解决应用问题的认识更是模糊不清，随着开发工作向前推进，客户可能会产生新的要求，或因环境变化，要求也随之变化。开发者又可能在设计与实现的过程中遇到没有预料到的实际困难，需要以改变需求来解脱困境。因此，需求规格说明难以完善、需求的变更以及交流中的模糊和误解，都会成为软件开发顺利推进的障碍。为解决这些问题，逐渐形成了系统的快速原型概念。

在软件开发中，原型是软件的一个早期可运行的版本，它反映最终系统的部分重要特性，主要类型如下。

① 探索型。其目的是弄清用户对目标系统的要求，确定所希望的特性，并探讨多种方案的可行性。

② 实验型。这种原型用于大规模开发和实现之前，考查方案是否合适，需求规格说明是否可靠。

③ 进化型。这种原型的目的不在于改进需求规格说明，而是将系统建造得易于变化，在改进原型的过程中，逐步将原型进化成最终系统。

对于软件开发原型的使用有两种不同的策略。一是废弃策略，即使用该原型获取客户的需求后就将其弃而不用，重新开始设计和编码工作；二是追加策略，即系统将来的开发工作以原型为基础，逐步增加所需要的功能。从原型的开发和使用来看，需求人员主要是向客户展示系统将来的界面、操作方法以及输入数据后得到的反馈，而不涉及功能的具体实现，需求人员和客户的主要精力集中于系统的界面，有时也会实现一些主要的功能，但这些工作并没有对系统进行通盘考虑和全面设计，如果使用追加策略，则可能在系统开发的后期发现最初的设计缺陷而影响系统的开发进度和软件质量，因此推荐使用废弃策略，将软件开发原型看作是与客户的交流平台而不以原型为基础来开发软件。

建立快速原型的优点如下。

① 增进软件开发者和客户对系统服务需求的理解，使比较含糊的、具有不确定性的软件需求（主要是功能性需求）明确化。

② 软件原型化方法提供了一种有力的学习手段，需求人员用来学习客户原有的工作流程和术语，而客户可以在使用原型的过程中学到将来开发完成软件的操作方法。

③ 使用原型化方法可以容易地确定系统的性能，确认各项主要系统服务的可应用性，确认系统设计的可行性，确认系统作为产品的结果。

④ 软件原型的最终版本有的可以原封不动地成为产品，有的略加修改就可以成为最终系统的一个组成部分，这样有利于建成最终系统。

快速原型的开发和细化过程如图 3.21 所示。

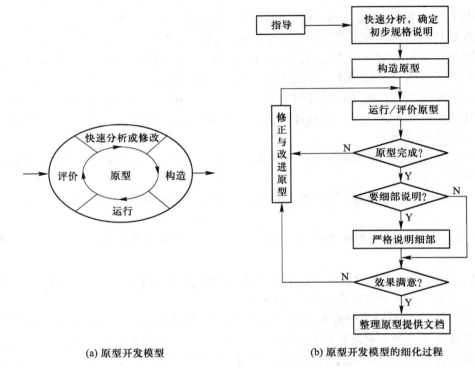

(a) 原型开发模型　　　　　　　　(b) 原型开发模型的细化过程

图 3.21　快速原型开发和细化过程

需求分析人员采用原型化方法可获得以下 4 种信息。

（1）客户反应

当需求分析人员将原型展示给客户后，客户的第一反应是什么？与客户设想中的界面和操作方式有什么区别？客户最关心的是哪一部分功能？客户最常用的操作是什么？通过对客户以上行为的观察，将会对澄清需求、确定性能，甚至于快捷键的设定均有指导作用。

（2）客户建议

客户面对的不再是一堆文字和图表，而是软件开发完成后的操作界面，客户的使用体验更能真实地反映客户的需求，某些与需求人员交流中的误解和模糊不清的部分都可以得到确认，客户在此基础上可以提出更为清晰、合理的需求。

（3）可能的创新

客户在描述需求时主要依据原来系统的经验和自己的设想，但客户不是专业的软件开发人员，对某些方面的描述可能不完备，在见到软件原型后，客户会根据自己的经验和使用习惯提出新的功能、性能等方面的需求。

（4）修改计划

客户根据自己的经验对开发方案有一个初步的构思，但开发进度和开发经费等是否真的合理谁也不能确定。在见到软件原型并与客户讨论后，双方可以就客户所需要的功能和实现的难易程度有更深入的交流，从而可以修改原有开发计划，使其更加合理，更能反映系统开发的真实情况。

快速原型法有其适用范围，主要从以下几方面来考虑。

（1）客户的意愿

快速原型法需要客户和需求人员经常交流，难免会影响到客户的日常工作，而且要了解到翔实的需求，客户方必须指定对业务和流程相当熟悉的人员，但这种人员往往是客户方的业务骨干，不可能放下手头的工作来全力配合需求人员。在这种情况下，就需要获得客户方高层管理人员的理解，自上而下地加强对软件需求工作的支持，用个别讨论和召开定期会议的形式来部分代替，需求人员的会前准备工作和会后记录的整理必须做好，会议记录必须于会后第二天送达相关人员签署确认。和客户方具体参与人员的第一次沟通就必须向客户说明试用原型会耽误一些时间，但可以提高开发效率，减少返工次数，开发出的软件更符合客户的实际需要。

（2）没有类似系统或相关开发经验

如果软件公司以前开发过类似的系统或可以借鉴类似的系统，可以不使用快速原型法，而是直接在类似系统基础上进行需求分析和开发，但即使有类似系统，客户常常会提出一些特殊的要求，对这一部分也需要使用快速原型法。

（3）需求的模糊与不稳定性

客户对需求的理解和描述往往是模糊的，对软件开发完成后应该有怎样的特性也是不完整的，这就需要需求分析人员和客户共同研究，将软件开发和业务流程两方面的经验结合起来共同完成原型，以理清系统的需求。

（4）非结构化或半结构化

结构化程度是指对某一问题的决策过程、决策环境和规律，用明确的语言给予说明或描述的清晰程度和准确程度。

结构化决策问题相对比较简单、直接，其决策过程和决策方法有固定的规律可以遵循，能用明确的语言和模型加以描述，并可依据一定的通用模型和决策规则实现其决策过程的基本自动化；非结构化决策问题是指那些决策过程复杂，其决策过程和决策方法没有固定规律可以遵循，没有固定的决策规则和通用模型，决策者的主观行为对各阶段的决策效果有相当影响；半结构化决策问题介于上述两者之间，其决策过程和决策方法有一定规律可以遵循，但又不能完全确定，即有所了解但不全面，有所分析但不确切，有所估计但不确定。这样的决策问题一般可适当建立模型，但无法确定最优方案。如果客户的需求是非结构化或半结构化问题，则更需要使用快速原型法，帮助客户制定规则和流程。

快速原型法的优点如下。

① 可以在系统开发早期改变系统。客户原有的设想往往是模糊的、不完整的，甚至是错误的，如果需求没有完全清楚就开始设计和编码，到系统将要完成才发现完成的软件和客户的真实需要不一致，这时再修改将会付出很大的代价。在系统开发的早期就通过交流修改原型，以此为基础进行开发可有效地保证开发成本不超支、不超时。

② 可以及时放弃不符合需要的系统。客户在提出需求时，可能并没有考虑得很清楚，某些需求对开发成本、开发技术和开发时间的要求超出了允许的范围，开发出原型后，可以有机会让客户再权衡需求和成本、时间的关系，从而避免金钱和时间的浪费。

③ 设计一个满足客户需求和期望的系统。经过充分的交流与讨论，从而确定系统应有的范围、功能、性能、操作界面等，在此基础上，开发出的软件将更能满足客户的需求和期望。

快速原型法的缺点如下。

① 难以严格地管理原型。对于较大的系统，当有几个客户代表同时使用原型时，往往出现"众口难调"的情况；如果有多个需求人员时，也需要有一个统一的原型来面对客户。解决办法是制定一个详细、操作性强的收集、分析、解释原型的计划，包括统一的风格和术语、每个需求人员和客户代表所负责的软件特性、需求反馈意见的统一整理等。

② 原型还不充分时，客户把它当作一个实际的系统。客户，特别是对软件开发过程不了解的客户，往往会产生一种错觉：看到原型时，认为系统开发即将完成，需求人员在客户的一再催促下，在原型上进行开发而不进行详细的设计，导致最后完成的软件包含许多隐蔽的缺陷。解决办法是制定详细的项目目标与测试计划，并在展示原型前让客户清楚是一个原型而不是最终的产品，在以后的软件设计和编码过程中不间断地与客户交流。

使用快速原型法时，客户必须承担以下三种职责：体验原型，即对原型的各方面充分使用，并尽量将现有的工作流程、业务规范与原型进行比较和结合；对原型的坦率反应，即能做到尽量客观地对原型的表现说出自己的看法；提供建议，软件需求人员毕竟不是客户方的专业人员，对客户的业务规范和业务流程的理解肯定不如客户，需要客户从自己专业的角度对软件需求人员的原型和会议纪要等提出自己的建议，共同努力，从而更好地完成需求的分析和确认工作。

3.2.13 软件复用

快速原型法的一个使用原则是找不到类似的产品或没有类似的参考经验，但如果有类似的产品甚至于能够将以前所做的工作，包括文档和代码等直接移植到新系统中来，就可以减轻劳动强度，提高开发效率，减少开发时间。有一类软件叫做行业软件，如钢铁行业软件或烟草行业软件，由于行业内企业的需求基本类似，操作方法和规范也差不多，则可以有效地将以前为某个行业企业开发的软件产品移植到新的企业软件中去，这就是软件复用的一种形式。

软件复用是一种计算机软件工程方法和理论。20 世纪 60 年代的"软件危机"使程序设计人员明白难于维护的软件成本是极其高昂的,当软件的规模不断扩大时,这种软件的综合成本可以说是没有人能负担的,即使投入了高昂的资金也难以得到可靠的产品,而软件复用是解决这一问题的根本方法。软件复用的主要思想是,将软件看成是由不同功能部分的"组件"所组成的有机体,每一个组件在设计编写时可以被设计成完成同类工作的通用工具,这样,完成各种工作的组件被建立起来以后,编写特定软件的工作就变成了将各种不同组件组织连接起来的简单问题,这对于软件产品的最终质量和维护工作都有本质性的改变。

还可以将软件复用和开发原型结合起来,利用可复用的模块,做出适当的组合,就可得到快速构造的原型系统。但为了快速地构造原型,这些模块首先必须有简单而清晰的界面;其次,它们应当尽量不依赖其他模块或数据结构;最后,它们应具有一些通用的功能。

简化假设是在开发过程中使设计者迅速得到一个简化的系统所做的假设。尽管这些假设可能实际上并不能成立,但它们在原型开发过程中可以使开发者的注意力集中在一些主要的方面。如在修改一个文件时,可以假设这个文件确实存在;在存取文件时,假设待存取的记录总是存在;一旦计划中的系统满足客户所有的要求,就可以撤销这些假设,并追加一些细节。

软件复用的层次从简单到复杂可以有以下几种形态。

(1) 复用数据

在为客户开发多个共享数据的软件时经常会复用数据,将一个软件中的数据类型和数据结构的定义直接用于另一个系统既可以节省时间,又保证了数据的一致性。

(2) 复用模块

对于某些通用的功能,可以将以前开发的软件中的功能模块修改后用于新的系统。从某种意义上来说,结构化语言中的函数库和面向对象语言中的类库都可以看作是模块复用。另一个常见的例子是,在大部分的系统中都有"登录"模块,因此可以做一个通用的模块,用于所有的类似产品中。

(3) 复用结构

对于某种带有普遍意义的问题,可以对该问题找出一种通用的解决结构,如某些设计模式就是对结构的复用,指明了要解决什么问题,前提条件是什么,如何解决等;在使用复用结构时,需要注意的是:所有数据描述应当作为外部说明,所有文字或常量应当作为外部说明,所有 I/O 控制在外部完成,复用结构只由应用逻辑组成。

(4) 复用设计

在建筑行业和工业设计行业中,可以将以前类似项目的设计方案作为参考,针对现有问题做出新的设计。软件行业中也借鉴了这样的思想,如上文提到的行业软件,在需求变化不大的情况下,可以在以前的设计基础上加以改进、完成。

(5) 复用规格说明

在撰写软件需求规格说明书时往往会参考类似项目的文档,国家标准部门也发布了需求规格说明书的模板,一些较规范的软件公司也有自己的软件文档模板,书写需求规格说明书只需要按照这些模板的格式和要求来书写即可。

3.2.14   需求文档的编写与审查

充分了解和分析需求后画出各种需求分析图形,与客户进行充分的交流后,可以开始撰写需求规格说明书、数据字典、开发计划等需求文档,而软件需求规格说明书是最重要的需求文档,软件需求规格说明书是分析任务的最终产物,通过建立完整的信息描述、详细的功能和行为描述、性能需求和设计约束的说明、合适的验收标准,给出对目标软件的各种需求。在书写需求文档时,应遵循以下原则。

① 功能与实现分离,即描述要"做什么",而不是"怎样实现"。

② 要求使用面向处理的规格说明语言,讨论来自环境的各种刺激可能导致系统做出什么样的功能性反应,来定义一个行为模型,从而得到"做什么"的需求规格说明。

③ 如果目标软件只是一个大系统中的一个元素,那么整个大系统也包括在需求规格说明的描述之中。描述该目标软件与系统的其他元素交互的方式。

④ 需求规格说明必须包括系统运行的环境。

⑤ 系统需求规格说明必须是一个认识的模型,而不是设计或实现的模型。

⑥ 需求规格说明必须是可操作的。需求规格说明必须是充分完全和形式的,以便能够利用它决定对于任意给定的测试用例,已提出的实现方案是否都能满足需求规格说明。

⑦ 需求规格说明必须容许不完备性,并允许扩充。

⑧ 需求规格说明必须局部化和松散地耦合。它所包括的信息必须局部化,这样当信息被修改时,只需要修改某个段落(理想情况);同时,需求规格说明应被松散地构造(即耦合),以便能够很容易地加入和删去一些段落。

软件需求规格说明书的框架如表 3.7 所示。

表 3.7   软件需求规格说明书规格

1. 引言
1.1　系统参考文献
1.2　整体描述
1.3　软件项目约束
2. 信息描述
2.1　信息内容表示
2.2　信息流表示(2.2.1　数据流;2.2.2　控制流)
3. 功能描述
3.1　功能划分
3.2　功能描述(3.2.1　处理说明;3.2.2　限制条件;3.2.3　性能需求;3.2.4　设计约束;3.2.5　支撑图)

3.3 控制描述（3.3.1 控制规格说明；3.3.2 设计约束）	
4. 行为描述	
4.1 系统状态	
4.2 事件和响应	
5. 检验标准	
5.1 性能范围	
5.2 测试种类	
5.3 期望的软件响应	
5.4 特殊的考虑	
6. 参考书目	
7. 附录	

书写完毕，应将需求规格说明书提交评审，除分析员之外，客户/需求者，开发部门的管理者，软件设计、实现、测试人员都应当参加评审工作。

评审的主要内容包括：系统定义的目标是否与客户的要求一致，系统需求分析阶段提供的文档资料是否齐全，文档中的所有描述是否完整、清晰、准确反映客户要求，与所有其他系统成分的重要接口是否都已经描述，被开发项目的数据流与数据结构是否足够确定，所有图表是否清楚、不补充说明时能否理解，主要功能是否已包括在规定的软件范围之内、是否都已充分说明，软件的行为和它必须处理的信息、必须完成的功能是否一致，设计的约束条件或限制条件是否符合实际，是否考虑了开发的技术风险，是否考虑过软件需求的其他方案，是否考虑过将来可能会提出的软件需求，是否详细制定了检验标准、它们能否对系统定义是否成功进行确认，有没有遗漏、重复或不一致的地方，客户是否审查了初步的客户手册或原型，软件开发计划中的估算是否受到了影响，等等。

3.3 结构化设计方法

3.3.1 软件设计的概念和原则

软件设计包括一套原理、概念和实践，可以指导高质量的系统或产品开发。软件设计是指"应用各种各样的技术和原理，并用它们足够详细地定义一个设备、一个程序或系统的物理实现的过程。"

对任意的工程产品或系统，开发阶段绝对的第一步是确定将来所要构建的制造原型或实体表现的目标构思。这个步骤是由多方面的直觉与判断力来共同决定的。这些方面包括构建类似模型的经验、一组引领模型发展的原则、一套启动质量评价的标准，以及重复修改直至设计最后定型的过程本身。计算机软件设计与其他工程学科相比还处在幼年时期，仍在不断变化中，如更新的方法、更好的算法分析以及理解力的显著进化。软件设计的方法论的出现也只有 30 多年，仍然缺乏深度、适应性和定量性质，通常更多地与经典工程设计学科相联系。尽管如此，现今的软件技术已经存在，设计质量的标准和设计符号亦可以应用。软件设计是一种在设计者计划中通过诸如软件如何满足客户的需要，如何才能容易地实现，如何才能方便地扩展功能以适应新的需求等不同的考虑的创造性活动。软件设计有很多设计方法或技巧，通过借鉴他人的经验能完成得更好。同时，设计者们也可以利用成熟的标记法将他们的想法和计划传达给开发者以及其他相关人员，使他们更好地了解这个系统。

软件设计的原则描述如下。

① 设计对于分析模型应该是可跟踪的：软件的模块可能被映射到多个需求上。

② 设计结构应该尽可能地模拟实际问题。

③ 设计应该表现出一致性。

④ 不要把设计当成编写代码。

⑤ 在创建设计时就应该能够评估质量。

⑥ 评审设计以减少语义性的错误。

⑦ 设计应该模块化，将软件逻辑地划分为元素或子系统，并包含数据、体系结构、接口和构件的清晰表示。

软件设计方法主要有结构化设计方法、面向对象的设计方法和面向方面的程序设计（Aspect Oriented Programming，AOP）。AOP 被认为是近年来软件工程的另外一个重要发展，这里的方面指的是完成一个功能的对象和函数的集合。本章介绍结构化设计方法，第 7 章介绍面向对象的设计方法。

3.3.2 结构化设计的目标和任务

结构化设计是运用一组标准的准则和工具帮助系统设计员首先确定系统由哪些模块组成，这些模块用什么方法连接在一起，然后逐步细化、修改，最后得到系统结构。

1974 年，W.Stevens、G.Myers 和 L.Constantine 联名在 IBM System 杂志上发表了题为"结构化设计"的论文，为结构化设计方法奠定了思想基础，此后这一思想不断发展，最终成为一种流行的系统开发方法。

需求分析解决"做什么"的问题，软件设计实现软件的需求，即要着手解决"怎么做"的问题。从分析模型到软件设计的转换如图 3.22 所示。

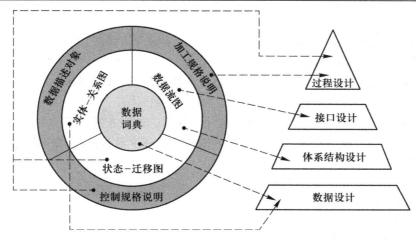

图 3.22 从分析模型到软件设计的转换

从图 3.22 中可以看出，软件设计阶段就是将需求分析阶段的成果转换为 4 种设计，以数据设计为基础，然后依次进行体系结构、接口和过程的设计。

① 数据设计：结构化设计方法根据需求阶段所建立的实体-联系图确定软件涉及的文件系统的结构及数据库的表结构。

② 体系结构设计：在结构化设计方法中，体系结构设计定义软件模块及其之间的关系，因此通常称为模块设计。软件结构设计表示可以从分析模型（如数据流图）导出。

③ 接口设计：接口设计包括外部接口设计和内部接口设计。外部接口设计依据分析模型中的顶层数据流图，外部接口包括用户界面、目标系统与其他硬件设备、软件系统的外部接口；内部接口是指系统内部各种元素之间的接口。

④ 过程设计：主要工作是确定软件各个组成部分内的算法及内部数据结构，并选取某种表达形式来描述各种算法。

软件设计是后续开发步骤及软件维护工作的基础。从工程管理的角度来看，软件设计分两步完成。首先做概要设计，将软件需求转化为数据结构和软件结构，并建立接口；然后是详细设计，即过程设计，是对概要设计的一个细化，详细设计每个模块实现的算法、所需的局部结构等。

软件设计是一个规范化的过程，步骤如下。

（1）制定标准

在进入软件开发阶段之初，首先应为软件开发组制定在设计时应该共同遵守的标准，以便协调组内各成员的工作。

① 阅读和理解软件需求规格说明书，确认客户要求能否实现，明确实现的条件，从而确定设计的目标和优先顺序。如客户的要求在实现时超出现有技术发展水平，则需要和客户沟

通，更改原有需求。

② 根据目标确定最合适的设计方法。

③ 规定设计文档的编制标准。

④ 规定编码的信息形式、与硬件和操作系统的接口规范、命名规则。

（2）总体设计

即对有关系统全局问题的设计，也就是设计系统总的处理方案，又称为概要设计。

① 采用某种设计方法，将系统按功能划分成模块，建立软件的层次结构。

② 确定每个模块的功能。

③ 建立与已确定软件需求的对应关系。

④ 确定模块间的调用关系。

⑤ 确定模块间的接口。

⑥ 评估模块划分的质量。

（3）处理方式设计

确定为实现系统的功能需求所必需的算法，评估算法的性能；确定为满足系统的性能需求所必需的算法和模块间的控制方式，对算法的评估标准如下。

① 周转时间：某个算法从开始执行到结束所需要的时间。

② 响应时间：客户提出请求后，系统从接收到给出反馈信息的时间。

③ 吞吐量：在单位时间内接收或发送的数据量。

④ 精度：运算结果的准确度。

⑤ 确定外部信号的接收发送形式。

（4）数据结构设计

① 确定软件涉及的文件系统的结构以及数据库的模式、子模式，进行数据完整性和安全性的设计。

② 确定输入、输出文件的详细数据结构。

③ 结合算法设计，确定算法所必需的逻辑（数据）结构及其操作。

④ 确定对逻辑（数据）结构所必需的操作的程序模块（软件包）。

⑤ 限制和确定各个数据设计决策的影响范围。

⑥ 若需要与操作系统或调度程序接口所必需的控制表等数据时，应确定其详细的数据结构和使用规则。

⑦ 在软件设计中，应考虑自动检错、报错和纠错的功能。

⑧ 数据的一致性设计：保证软件运行过程中所使用的数据的类型和取值范围不变，在并发处理过程中使用封锁和解除封锁机制，保证数据不被破坏。

⑨ 数据的冗余性设计：针对同一问题，由两个开发者采用不同的程序设计风格、不同的算法设计软件，当两者运行结果之差不在允许范围内时，利用检错系统予以纠正，或使用表决

技术决定一个正确结果。

（5）可靠性设计

可靠性设计也叫做质量设计，指在运行过程中，为了适应环境的变化和客户新的要求，需经常对软件进行改造和修正。在软件开发的一开始，就要确定软件可靠性和其他质量指标，考虑相应措施，以使得软件易于修改和易于维护。

（6）文档编写

概要设计阶段应编写的文档包括：概要设计说明书、数据库设计说明书、客户手册、初步的测试计划书。

（7）概要设计评审

概要设计评审主要从以下几方面进行。

① 可追溯性：确认该设计是否覆盖了所有已确定的软件需求，软件每一成分是否可追溯到某一项需求。

② 接口：确认该软件的内部接口与外部接口是否已经明确定义。模块是否满足高内聚和低耦合的要求。模块作用范围是否在其控制范围之内。

③ 风险：确认该设计在现有技术条件下和预算范围内是否能按时实现。

④ 实用性：确认该设计对于需求的解决方案是否实用。

⑤ 技术清晰度：确认该设计是否以一种易于翻译成代码的形式表达。

⑥ 可维护性：确认该设计是否考虑了方便未来的维护。

⑦ 质量：确认该设计是否表现出良好的质量特征。

⑧ 各种选择方案：看是否考虑过其他方案，比较各种选择方案的标准是什么。

⑨ 限制：评估对该软件的限制是否现实，是否与需求一致。

⑩ 其他具体问题：对文档、可测试性、设计过程等进行评估。

（8）详细设计

在详细设计过程中，需要完成如下工作。

① 确定软件各个组成部分内的算法以及各部分的内部数据组织。

② 选定某种过程的表达形式来描述各种算法。

③ 进行详细设计的评审。

3.3.3　结构化设计基础

结构化设计的目标在于建立良好的程序系统，而评价设计质量的标准是模块间联系尽量少，模块内各部分联系尽量紧密。结构化设计的基本思想是将系统设计成由相对独立、单一功能的模块组成。相对独立性能有效地防止错误在模块间扩散蔓延，从而提高系统的可靠性；单一功能则方便对每个模块单独设计、编码、测试，简化设计工作。

结构化设计的相关概念介绍如下。

（1）自顶向下、逐步细化

自顶向下、逐步细化即将软件的体系结构按自顶向下的方式，对各个层次的过程细节和数据细节逐层细化，直到用程序设计语言的语句能够实现为止，从而最后确立整个体系结构。

（2）软件结构

软件结构包括两部分：程序的模块结构和数据结构，软件的体系结构通过一个划分过程来完成。该划分过程从需求分析确立的目标系统的模型出发，对整个问题进行分割，使其每个部分用一个或几个软件成分加以解决，整个问题即可解决。解决过程如图 3.23 所示。

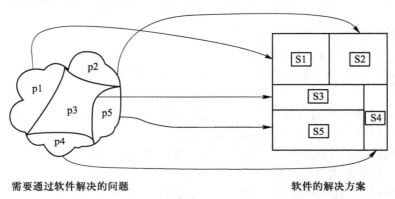

需要通过软件解决的问题　　　　　　　　软件的解决方案

图 3.23　从问题到解决方案的过程

（3）程序结构

程序结构表明了程序各个部件（模块）的组织情况，是软件的过程表示，如图 3.24 所示。

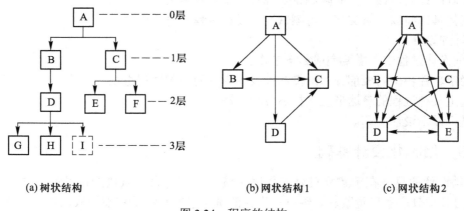

(a)树状结构　　　　　　　(b)网状结构1　　　　　　(c)网状结构2

图 3.24　程序的结构

（4）结构图

反映程序中模块之间的层次调用关系和联系。它以特定的符号表示模块、模块间的调用关系和模块间信息的传递，主要的图形元素如下。

① 模块：模块用矩形框表示，并用模块的名字标记。

② 模块的调用关系和接口：模块之间用单向箭头连接，箭头从调用模块指向被调用模块，如图3.25（a）中从模块A指向模块B的箭头。

③ 模块间的信息传递：当一个模块调用另一个模块时，调用模块把数据或控制信息传送给被调用模块，以使被调用模块能够运行，被调用模块在执行过程中又把它产生的数据或控制信息回送给调用模块。如图 3.25（b）中的学号和记录地址这两种数据信息和"查找成功信号"这种控制信息。

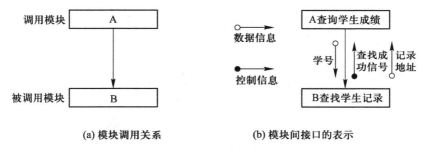

(a) 模块调用关系　　　　　(b) 模块间接口的表示

图 3.25　模块间的信息传递

④ 反复调用符号：在模块A的箭头尾部标以一个菱形符号，表示模块A有条件地调用另一个模块B。当模块A的箭头尾部标以一个弧形符号，表示模块A反复调用模块C和D，如图3.26所示。

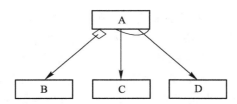

图 3.26　模块间的条件调用与反复调用

图3.27是一个完整的程序系统结构图。画结构图时应注意以下事项。

① 允许交叉：如图3.27所示，D调用F、G，E调用G、H，就出现了交叉。

② 允许递归：递归有两种：一种是两个模块间互相调用；另一种是间接调用，如模块A调用模块B，模块B调用模块C，模块C又调用模块A。但结构图中最好不要出现递归调用，实在不能避免，则应当明确指出调用结束的条件。

③ 一个模块在结构图中只能出现一次，否则对软件设计和维护不利。如一个相同的模块在两个地方画出，当对该模块进行修改时，必须同时修改两处，否则会出现同一个模块有两种

表现形式。

④ 画图习惯：输入模块在左，输出模块在右，处理模块在中，这种习惯是和数据流图的画法一致的，可以在对照数据流图和结构图时，容易看出两者的对应关系。

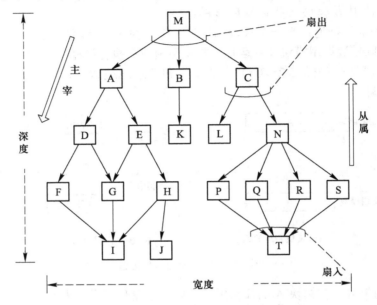

图 3.27　系统结构图示例

（5）系统的模块化

模块化是指整个软件被划分成若干单独命名和可编址的部分（模块）。这些模块可以被组装起来以满足整个问题的需求。模块具有输入功能、输出功能、内部数据、程序代码 4 方面内容。模块的输入、输出功能称为模块的外部特征，内部数据和程序代码称为内部特征，在模块化时先确定模块的外部特征，再确定其内部特征。把问题/子问题的分解与软件开发中的系统/子系统或系统/模块对应起来，就能够把一个大而复杂的系统划分成易于理解的逻辑和功能结构单一的模块结构。

模块应该如何划分最恰当？这要从模块的设计、编制、调试难度和调用成本两方面考虑，如果模块过大，包括的逻辑关系和数据结构较多，则在设计、编写和调试时较困难，而如果一个模块只包含单一的功能和相应的数据结构则较容易；另一方面，如果将模块分得过细，则模块间的调用关系较多，梳理模块调用关系较费时间。

图 3.28 是关于最佳模块个数的确认方案图，当模块数目增加，单个模块的成本较低，但模块间的连接成本较高，而模块数据减少，则单个模块的生产成本较高，连接成本较低，最佳的方案是找到一个合理的区间，使得总的模块生产成本和连接成本之和最小。

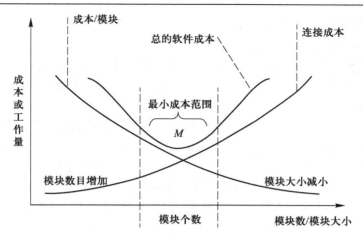

图 3.28 软件最小成本与模块数量的关系

（6）系统的抽象化

抽象化是一个降低复杂程度的过程，将注意力集中于当前最需要关心的事物上，而将不需要关心的部分忽略，将需要细化的部分放到下一步进行。系统进行模块设计时可有不同的抽象层次。在最高的抽象层次上，可以使用问题所处环境的语言概括地描述问题的解法。在较低的抽象层次上则采用过程化的方法，包括过程抽象、数据抽象、控制抽象。软件工程中，从系统定义到实现，每进展一步都可以看作对软件解决方法的抽象化过程的一次细化。在软件需求分析阶段，用"问题所处环境的为大家所熟悉的术语"来描述软件的解决方法。在从概要设计到详细设计的过程中，抽象化的层次逐次降低，当产生源程序时到达最低抽象层次。

（7）信息隐藏

最早的软件开发方法是由 D．Parnas 在 1972 年提出的。Parnas 方法提倡的信息隐藏是指，每个模块的实现细节对于其他模块来说是隐蔽的。也就是说，模块中所包含的信息（包括数据和过程）不允许其他不需要这些信息的模块使用。如模块 A 调用模块 B 时，就不需要知道模块 B 中的数据处理过程，而只需要知道向模块 B 输入数据后得到什么样的处理结果。信息隐藏一方面可以降低系统的复杂性，可以使开发人员只关注应当关注的部分，另一方面，对于模块而言，信息隐藏可以有效地加强模块的保密性。

3.3.4 模块独立性

1．模块的基本属性

模块（Module）又称为"组件"，一般具有如下基本属性。

① 功能：描述该模块实现什么功能。

② 逻辑：描述模块内部怎么做。

③ 状态：该模块使用时的环境和条件。

2．模块的外部特性与内部特性

在描述一个模块时，还必须按模块的外部特性与内部特性分别描述。

① 模块的外部特性：模块名、参数表、其中的输入参数和输出参数，以及给程序以至整个系统造成的影响。

② 模块的内部特性：完成其功能的程序代码和仅供该模块内部使用的数据。

模块独立性是指系统中每个模块只涉及软件要求的具体的子功能，和系统中其他模块的接口是简单的。例如，若一个模块只具有单一的功能且与其他模块没有太多的联系，则称此模块具有模块独立性。一般采用两个准则度量模块独立性，即模块间耦合和模块内聚，耦合是对模块之间互相连接的紧密程度的度量，内聚是对模块功能强度（一个模块内部各个元素彼此结合的紧密程度）的度量。划分模块的一个准则就是高内聚低耦合，即模块独立性应比较强。

3．模块间的耦合度

模块间耦合度指模块之间联系的紧密程度，耦合度从低到高有 7 种，如图 3.29 所示。

图 3.29　模块的耦合度

① 非直接耦合（Nondirect Coupling）：两个模块（如图 3.30 中的 U、W 模块）之间没有直接关系，它们之间的联系完全是通过主模块的控制和调用来实现的。非直接耦合的模块独立性最强，如图 3.30 所示。

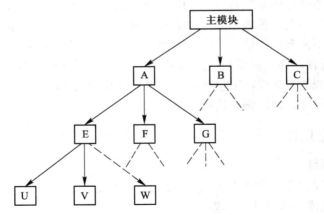

图 3.30　非直接耦合示例

② 数据耦合（Data Coupling）：当一个模块访问另一个模块时，彼此之间通过简单数据参数（不是控制参数、公共数据结构或外部变量）来交换输入、输出信息。

③ 标记耦合（Stamp Coupling）：一组模块通过参数表传递记录信息。这个记录是某一数据结构的子结构，而不是简单变量。

④ 控制耦合（Control Coupling）：如果一个模块通过传送开关、标志、名字等控制信息明显地控制选择另一模块的功能，就是控制耦合。如图 3.31 所示，模块 A 向模块 B 传递 Flag，以控制模块 B 内部的指令前进方向。

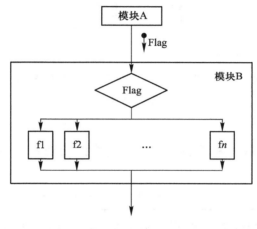

图 3.31 控制耦合

⑤ 外部耦合（External Coupling）：一组模块都访问同一全局简单变量而不是同一全局数据结构，而且不是通过参数表传递该全局变量的信息，则称之为外部耦合。

⑥ 公共耦合（Common Coupling）：若一组模块都访问同一个公共数据环境，则它们之间的耦合就称为公共耦合。公共的数据环境可以是全局数据结构、共享的通信区、内存的公共覆盖区等。公共耦合的复杂程度随耦合模块的个数增加而增加。若只是两模块间有公共数据环境，则公共耦合有两种情况：松散公共耦合和紧密公共耦合，如图 3.32 所示。

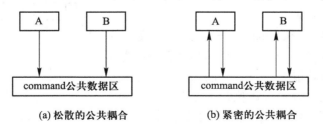

(a) 松散的公共耦合　　　　　　　(b) 紧密的公共耦合

图 3.32 公共耦合

⑦ 内容耦合（Content Coupling）：如图 3.33 所示，如果发生下列情形，两个模块之间就发生了内容耦合。

- 一个模块直接访问另一个模块的内部数据。
- 一个模块不通过正常入口转到另一模块内部。
- 两个模块有一部分程序代码重叠（只可能出现在汇编语言中）。
- 一个模块有多个入口。

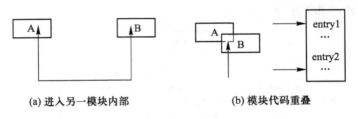

(a) 进入另一模块内部   (b) 模块代码重叠

图 3.33   内容耦合

4. 模块内聚性

模块内聚性是衡量构成模块的各部分之间结合的紧密程度标准，从高到低可以分为图 3.34 所示的 7 种。

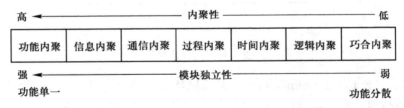

图 3.34   模块的内聚性

① 功能内聚（Functional Cohesion）：一个模块中各个部分都是完成某一具体功能必不可少的组成部分，或者说该模块中所有部分都是为了完成一项具体功能而协同工作、紧密联系、不可分割的，则称该模块为功能内聚模块。

② 信息内聚（Informational Cohesion）：如图 3.35 所示，这种模块完成多个功能，各个功能都在同一数据结构上操作，每一项功能有一个唯一的入口点。这个模块将根据不同的要求，确定应该执行哪一个功能。由于这个模块的所有功能都是基于同一个数据结构（符号表），因此，它是一个信息内聚的模块。

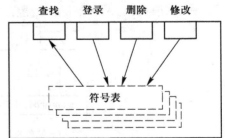

图 3.35   信息内聚

信息内聚模块可以看成是多个功能内聚模块的组合，并且达到信息的隐藏，即把某个数据结构、资源或设备隐蔽在一个模块内，不为别的模块所知晓。

③ 通信内聚（Communication Cohesion）：如果一个模块内各功能部分都使用了相同的输入数据，或产生了相同的输出数据，则称之为通信内聚模块。通常，通信内聚模块是通过数据流图来定义的。如图 3.36 所示，"计算 A" 和 "计算 B" 两部分之间就是通信内聚。

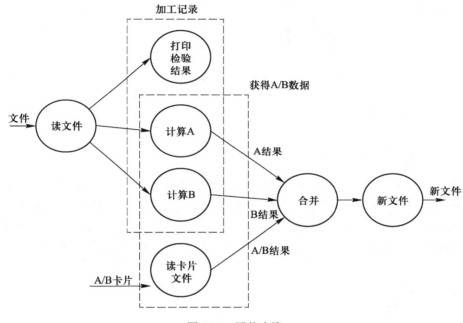

图 3.36 通信内聚

④ 过程内聚（Procedural Cohesion）：使用流程图作为工具设计程序时，把流程图中的某一部分划出组成模块，就得到过程内聚模块。例如，把流程图中的循环部分、判定部分、计算部分分成三个模块，这三个模块都是过程内聚模块。

⑤ 时间内聚（Classical Cohesion）：时间内聚又称为经典内聚。这种模块大多为多功能模块，但模块中各个功能的执行与时间有关，通常要求所有功能必须在同一时间段内执行。例如，初始化模块和终止模块。

⑥ 逻辑内聚（Logical Cohesion）：如图 3.37 所示，这种模块把几种相关的功能组合在一起，每次被调用时，由传送给模块的判定参数来确定该模块应执行哪一种功能。

⑦ 巧合内聚（Coincidental Cohesion）：如图 3.38 所示，巧合内聚也称为偶然内聚。当模块内各部分之间没有联系，或者即使有联系，这种联系也很松散，则称这种模块为巧合内聚模

块，它是内聚程度最低的模块。

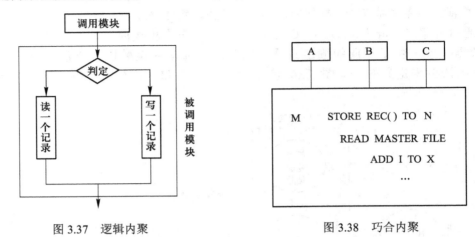

图 3.37　逻辑内聚　　　　　　　　　　　　图 3.38　巧合内聚

3.3.5　概要设计

概要设计的主要任务是把需求分析得到的数据流图转换为软件结构和数据结构。设计软件结构的具体任务是：将一个复杂系统按功能进行模块划分、建立模块的层次结构及调用关系、确定模块间的接口及人机界面等；设计数据结构的具体任务是：数据特征的描述、确定数据的结构特性以及数据库的设计。显然，概要设计建立的是目标系统的逻辑模型，与计算机硬件无关。

1．概要设计的步骤

概要设计的步骤如下。

① 研究、分析和审查数据流图。从软件的需求规格说明中弄清楚数据流加工的过程，对于发现的问题及时解决。

② 根据数据流图决定问题的类型。数据处理问题典型的类型有两种：变换型和事务型。针对两种不同的类型分别进行分析处理，由数据流图推导出系统的初始结构图。

③ 利用启发式原则来改进系统的初始结构图，直到得到符合要求的系统结构图。

④ 修改和补充数据字典。

⑤ 制定测试计划。

2．系统结构图

模块是构成系统结构的基本单位。如图 3.39 所示，在系统结构图中，模块可以分成以下几种。

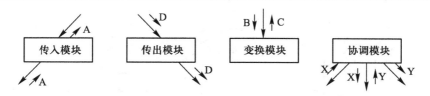

图 3.39　模块的功能分类

① 传入模块：从下属模块取得数据，经过某些处理，再将其传送给上级模块。它传送的数据流叫做逻辑输入数据流。

② 传出模块：从上级模块获得数据，进行某些处理，再将其传送给下属模块。它传送的数据流叫做逻辑输出数据流。

③ 变换模块：它从上级模块取得数据，进行特定的处理，转换成其他形式，再传送回上级模块。它加工的数据流叫做变换数据流。

④ 协调模块：对所有下属模块进行协调和管理的模块。

系统结构图可分为以下两种。

① 变换型系统结构图：如图 3.40 所示，变换型数据处理问题的工作过程大致分为三步，即取得数据、变换数据和给出数据。相应于取得数据、变换数据、给出数据，变换型系统结构图由输入、中心变换和输出三部分组成。

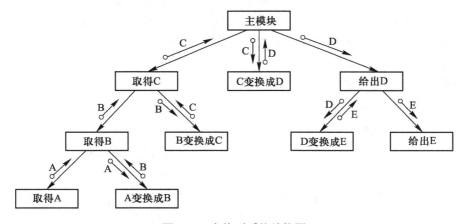

图 3.40　变换型系统结构图

② 事务型系统结构图：如图 3.41 所示，事务中心模块按所接受事务的类型，选择某一事务处理模块执行。各事务处理模块并列，每个事务处理模块可能要调用若干个操作模块，而操作模块又可能调用若干个细节模块。

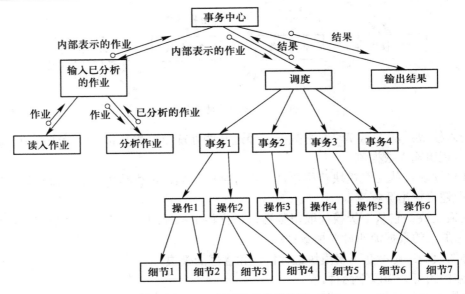

图 3.41　事务型系统结构图

　　变换分析设计是一个顺序结构，由输入、变换和输出三部分组成，其工作过程有三步：取得数据、变换数据和给出数据。事务分析设计是将它的输入流分离成许多发散的数据流，形成许多加工路径，并根据输入的值选择其中一个路径来执行。两者区别在于：变换分析设计适用于具有明显变换特征的数据流图，事务分析设计适用于具有明显事务特征的数据流图。

　　变换分析设计具体步骤如下。

　　① 重画数据流图，如图 3.42 所示。

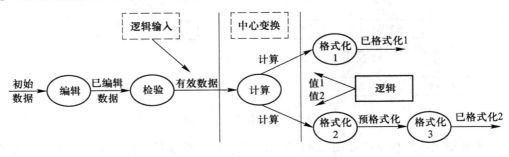

图 3.42　数据流图

　　② 区分有效（逻辑）输入、有效（逻辑）输出和中心变换部分。

　　③ 进行一级分解，设计上层模块。

④ 进行二级分解，设计输入、输出和中心变换部分的中下层模块。

对应的系统结构图如图 3.43 所示。

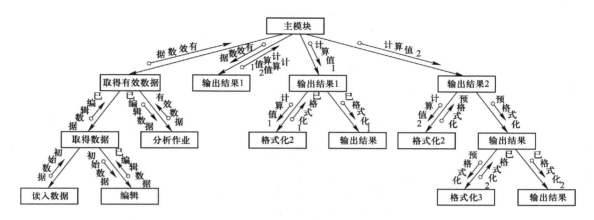

图 3.43 图 3.42 对应的系统结构图

设计系统结构图的注意事项如下。

① 在选择模块设计的次序时，必须对一个模块的全部直接下属模块都设计完成之后，才能转向另一个模块的下层模块的设计。

② 在设计下层模块时，应考虑模块的耦合和内聚问题，以提高初始结构图的质量。

③ 使用"黑箱"技术：在设计当前模块时，先把这个模块的所有下层模块定义成"黑箱"，在设计中利用它们时，暂时不考虑其内部结构和实现。在这一步定义好的"黑箱"，在下一步就可以对它们进行设计和加工。这样，又会导致更多的"黑箱"。最后，全部"黑箱"的内容和结构应完全被确定。

④ 在模块划分时，一个模块的直接下属模块一般在 5 个左右。如果直接下属模块超过 10 个，可设立中间层次。

⑤ 如果出现了以下情况，应停止模块的功能分解。

● 当模块不能再细分为明显的子任务时。

● 当分解成客户提供的模块或程序库的子程序时。

● 当模块的界面是输入/输出设备传送的信息时。

● 当模块小到不宜再分解时。

在很多软件应用中存在某种作业数据流，它可以引发一个或多个处理，这些处理能够完成该作业要求的功能。这种数据流就叫做事务。与变换分析一样，事务分析也是从分析数据流图开始，自顶向下、逐步分解，建立系统结构图。

事务分析对应的数据流图如图 3.44 所示，对应的系统结构如图 3.45 所示。

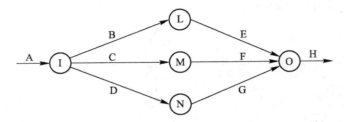

图 3.44 事务分析对应的数据流图

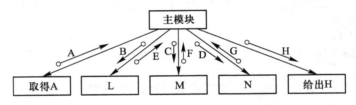

图 3.45 事务分析对应的系统结构图

在获得最初的设计方案后，需要加以改进，以获得质量较好的软件结构。良好的软件结构的评判标准如下。

① 模块间联系尽量小，而模块内的联系应尽量大，即高内聚与松耦合。

② 模块扇入度和扇出度应当控制在合理的范围内，模块扇入度指该模块被其他模块所调用数，而扇出度指该模块调用其他模块数。一般而言，扇入度越高表明该模块为其他模块服务的程度越高；而扇出度越高表明该模块越复杂，应当在调用模块和被调用模块间增加一些中间模块。

③ 模块大小要合适，模块太小则功能过于简单，增加模块间的调用次数；而模块过大则模块越复杂，纠错和维护难度越大。

结构化设计方法存在以下不足之处。

① 数据流不能反映所有信息（如控制流、出错、过程、限制），因此在初始结构上需要进一步细化。

② 块间联系尽量小、块内联系尽量大的原则没有严格的定义，更无健全理论基础，只能用例子说明含义，因此缺乏客观的质量评价标准。

3. 数据设计和文件设计

（1）数据设计

"清晰的信息定义是软件开发成功的关键"。数据设计时应遵循的原则如下。

① 为在需求分析阶段所确定的数据对象选择逻辑表示，需要对不同结构进行算法分析，

以便选择一个最有效的结构。

② 设计对于这种逻辑（数据）结构的一组操作，以实现各种所期望的运算。确定对逻辑（数据）结构所必需的操作的程序模块（软件包），以便限制或确定各个数据设计决策的影响范围。

实际上，在进行需求分析时往往就开始了数据设计。Roger S. Pressman 提出了一组原则，用来定义和设计数据，具体内容如下。

① 用于软件的系统化方法也适用于数据。在导出、评审和定义软件的需求和系统结构时，必须定义和评审其中所用到的数据流、数据对象及数据结构的表示。应当考虑几种不同的数据组织方案，还应当分析数据设计给软件设计带来的影响。

② 确定所有的数据结构和在每种数据结构上施加的操作。设计有效的数据结构，必须考虑到要对该数据结构进行的各种操作。

③ 应当建立一个数据字典，并用它来定义数据和软件的设计。数据字典清楚地说明了各个数据之间的关系和对数据结构内各个数据元素的约束。

④ 低层数据设计的决策应推迟到设计过程的后期进行。在进行需求分析时确定的总体数据组织应在概要设计阶段加以细化，在详细设计阶段才规定具体的细节。

⑤ 数据结构的表示只限于必须直接使用该数据结构内数据的模块才能知道。此原则就是信息隐藏和与此相关的耦合性原则。

⑥ 应当建立一个存放有效数据结构及相关操作的库。数据结构应当设计成可复用的，建立一个存有各种可复用数据结构模型的部件库。

⑦ 软件设计和程序设计语言应当支持抽象数据类型的定义和实现。

以上原则适用于软件工程的定义阶段和开发阶段。

（2）文件设计

文件设计分两个阶段：第一个阶段是文件的逻辑设计，主要在概要设计阶段实施；第二个阶段是文件的物理设计，主要在详细设计阶段实施。

进行文件逻辑设计的主要步骤如下。

① 整理必需的数据元素。在软件设计中所使用的数据，有长期的，有短期的，还有临时的，它们都可以存放在文件中，在需要时对它们进行访问。因此，首先必须整理应存储的数据元素，给它们一个易于理解的名字，指明其类型和位数，以及其内容涵义。

② 分析数据间的关系。分析在业务处理中哪些数据元素是同时使用的，把同时使用次数多的数据元素归纳成一个文件进行管理。分析数据元素的内容，研究数据元素与数据元素之间的逻辑关系，根据分析，弄清楚数据元素的含义及其属性。

③ 确定文件的逻辑设计。根据数据关联性分析，明确哪些数据元素应当归于一组进行管理，把应当归于一组的数据元素进行统一布局，产生文件的逻辑设计。应用关系模型设计文件

的逻辑结构时，必须使其达到第三范式（Third Normal Form，3NF），以减少数据冗余，提高存取效率。

进行文件物理设计的主要步骤如下。

① 理解文件的特性。对于文件的逻辑规格说明，研究从业务处理的观点来看所要求的一些特性，包括文件的使用率、追加率和删除率，以及保护和保密等。

② 确定文件的组织方式。一般要根据文件的特性来确定文件的组织方式。可能的形式有顺序文件、连续文件、串联文件、直接存取文件、索引顺序文件等。

③ 确定文件的存储介质。如某些特别大的数据会记录在相对便宜的磁带上。

④ 确定文件的记录格式。确定文件记录中各数据项以及它们在记录中的物理安排。主要从以下几方面考虑。

● 记录的长度：设计记录的长度要确保能满足需要，还要考虑使用设备的制约和效率，尽可能与读写单位匹配，并尽可能减少处理过程中内外存的交换次数。

● 数据项的顺序：对于可变长记录，应在记录的开头记入长度信息；对于关键字项，应尽量按级别高低顺序配置；联系较密切的数据项应归纳在一起进行配置。

● 数据项的属性：属性相同的数据项应尽量归纳在一起配置；数据项应按双字长、全字长、半字长和字节的属性顺序配置。

● 预留空间：考虑到将来可能的变更或扩充，应当预先留一些空闲空间。不必统一地预留，可在有可能变更或扩充的记录项的相邻接处预留。

⑤ 估算存取时间和存储容量。对于某些数据操作，如排序和查找，对响应时间有强制性要求，需要估计在最差的情况下如何满足这些要求。

3.3.6　详细设计

从软件开发的工程化观点来看，使用程序设计语言编制程序之前，需要对所采用算法的逻辑关系进行分析，设计出全部必要的过程细节，并给予清晰的表达，这就是详细设计的任务。在详细设计阶段，要决定各个模块的实现算法，精确地表达这些算法，表达算法实现过程规格说明的工具叫做详细设计工具，可以分为以下三类。

● 图形工具：流程图、N-S 图、问题分析图。

● 表格工具：伪代码。

● 语言工具：判定表。

1. 程序流程图

程序流程图也称为程序框图，采用简单规范的符号，画法简单；结构清晰、逻辑性强；便于描述，且容易理解。程序流程图使用 5 种基本控制结构，如图 3.46 所示。

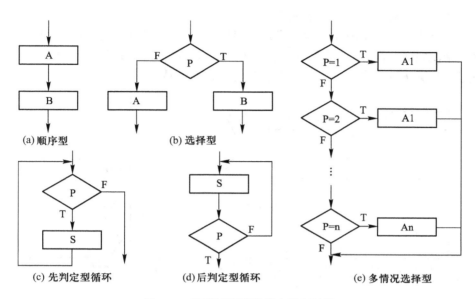

图 3.46   程序流程图的基本控制结构

2．N-S 图

1973 年，美国学者 I. Nassi 和 B. Shneiderman 提出 N-S 图，也叫做盒图，上述基本控制结构由 5 种图形构件表示，如图 3.47 所示。盒图最大的优点是形象直观，具有良好的可见度，如循环的范围、条件语句的范围均一目了然，所以容易理解设计意图，为编程、复查、选择测试用例、维护都带来了方便。

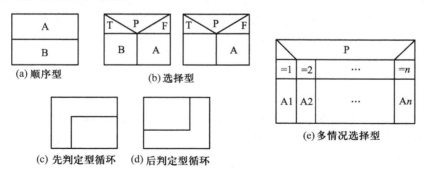

图 3.47   N-S 图的基本控制结构

3．问题分析图

1973 年，日立公司发明问题分析图（Problem Analysis Diagram，PAD），用二维树型结构的图表示程序的控制流，也设置了 5 种基本控制结构的图式，如图 3.48 所示。PAD 图所描述的程序结构十分清晰，图中最左边的竖线是程序的主线，即第一层控制结构，随着程序层次的增加，PAD 图逐渐向右延伸，每增加一个层次，图形向右扩展一条竖线。PAD 图中竖线的总条数就是程序的层次数，将这种图转换为程序代码比较容易。

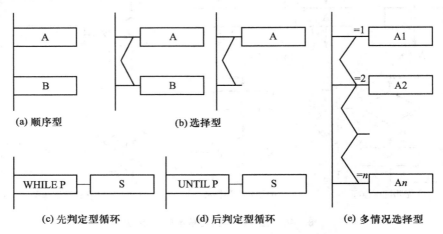

(a) 顺序型　　(b)选择型　　(c) 先判定型循环　　(d) 后判定型循环　　(e) 多情况选择型

图 3.48　PAD 图的基本控制结构

本章小结

本章简要介绍了结构化开发方法，主要包括结构化分析方法和结构化设计方法，侧重于基本理论和基本方法的介绍。结构化开发方法中的许多基本概念在面向对象开发方法中仍然被采用，将在后续章节中详细阐述。

习题

3.1　什么是需求分析？需求分析阶段的基本任务是什么？如何理解需求分析的重要性和困难性？

3.2　需求分析的方法有哪些？各自的特点是什么？

3.3　需求分析应遵循的原则是什么？

3.4　原型化方法主要用于解决什么问题？

3.5　需求工程包括哪些基本活动？每一项活动的主要任务是什么？

3.6　结构化分析方法的步骤是什么？试举例说明"自顶向下、逐步细化"的原理在软件开发中的应用。

3.7　什么是软件概要设计？该阶段的基本任务是什么？

3.8　衡量模块独立性的两个标准是什么？各表示什么含义？

3.9　模块的耦合性有哪几种？各表示什么含义？

3.10　模块的内聚性有哪几种？各表示什么含义？

3.11　按照"降低块间联系，提高块内联系"的设计总则对模块进行修改，具体从哪些方面进行改进？

3.12　如何运用原型法方法来获取需求？应当注意哪些可能出现的问题？

3.13　试举例说明"软件复用"在软件开发中的应用。

3.14　试举例说明"抽象"在软件开发中的应用。

3.15　试举例说明"信息隐藏"在软件开发中的应用。

3.16　画出"图书借阅管理系统"中图书借阅的数据流图。

3.17　写出"图书借阅管理系统"中图书、读者、借阅记录的数据字典。

3.18　写出"图书借阅管理系统"中超期罚款的结构化语言描述、判定表和相应的判定树。

3.19　画出"图书借阅管理系统"中反映借阅关系的 E-R 图。

3.20　画出"图书借阅管理系统"中超期罚款的程序流程图、N-S 图和 PAD 图。

3.21　某高校学生选课系统有如下功能：学生根据开课情况和培养方案填写选课单，选课系统对每个学生的选课单进行处理。选课系统根据教学计划检查学生学分情况，计算上课时间冲突，如果不发生冲突，或冲突小于 20%，则可以选修。根据选课优先级，最后产生每个学生的个人课表和每门课程的选课名单。请画出该系统的顶层和 1 层的数据流图。

3.22　某单位住房标准为：教授 105 m²，副教授 90 m²，讲师 75 m²。该单位住房分配方案如下：所有住户 50 m² 以内每平方米 1 000 元，超过 50 m² 部分，在本人住房标准面积以内每平方米 1 500 元，标准面积以外每平方米 4 000 元。请用判定表和判定树表示各条件组合与费用之间的关系。

3.23　商场在"五一"期间，针对顾客购物的收费有 4 种情况：普通顾客一次购物累计少于 100 元，按 A 类标准收费（不打折）；普通顾客一次购物累计多于或等于 100 元，按 B 类标准收费（打 9 折）；会员顾客一次购物累计少于 1 000 元，按 C 类标准收费（打 8 折）；会员顾客一次购物累计等于或多于 1 000 元，按 D 类标准收费（打 7 折）。请用流程图、PAD 图设计收费算法。

3.24　某校的课酬计算方案如下：基本课酬为每节课 20 元；班级人数超过 60 人，增加基本课酬的 10%；班级人数超过 80 人，增加基本课酬的 20%；如果教师为副教授，增加基本课酬的 15%；如果教师为教授，增加基本课酬的 25%；如果教师为助教，不增加课酬。请用判定表表述上述方案。

3.25　某程序的描述如下。

if ((a>=b && i>10) || (a<b && i<=5))

　　k=a;

else

　　k=b;

（1）画出单个条件的嵌套分支结构。

（2）画出 N-S 图。

（3）画出对应的 PAD 图。

3.26　自动柜员机验证顾客身份的工作流程如下所述：顾客将金融卡插入自动柜员机，自动柜员机读取账户号码，并通过"确认账号"程序，启动账户资料库，取得账号资料，进行核对账号的工作；接着，自动柜员机要求顾客输入密码，进入"读取密码"的程序；然后，密码资料通过"确认密码"程序，此程序会开启"账户"资料库取得密码资料，进行核对密码的工作；传出"正确的密码"资料，再根据顾客要求进行相应操作。画出自动柜员机验证顾客身份部分的数据流图。

第 4 章 面向对象基础

面向对象方法起源于 20 世纪 60 年代,经过半个多世纪的发展,已经成为当今软件开发的主流方法。本章首先介绍面向对象方法诞生的背景及发展历程,阐述面向对象方法与其他方法之间的联系,以及面向对象方法的优势,然后介绍面向对象方法的基本概念、面向对象方法的图形化描述语言 UML、模式等内容,目的在于使读者对面向对象方法有一个较为全面的认识,便于后续相关章节的学习。

4.1　面向对象概述

面向对象概念最早起源于 1960 年的 Simula 语言,并在 20 世纪 90 年代伴随着 C++语言的流行而为软件开发人员所熟悉。时至今日,面向对象方法已经不再仅仅是一种程序设计方法,其概念与思想已经深入到软件领域的方方面面。面向对象方法是在其他方法的基础上不断演化、发展而来的,下面通过回顾软件开发方法的发展历程来了解面向对象方法与其他方法之间的联系,以及面向对象方法相对于其他软件开发方法的优势。

计算机诞生之初运算速度慢,存储空间小,所能解决的问题非常有限,这个时期的软件开发工作通常只是一些简单的编程活动。受到当时计算机硬件资源的限制,程序员只能使用机器语言来进行开发,由于机器语言与人类的自然语言相去甚远,这一时期的软件开发工作异常艰难。

此后不久,计算机专家意识到要提高软件开发工作的效率,必须让计算机语言更加接近人类的自然语言。于是,他们纷纷开始开发新的计算机语言,促使计算机语言逐渐由低级语言向高级语言演化。相对于低级语言来说,高级语言更加符合人的思维方式,缩小了计算机语言与人类自然语言之间的语言鸿沟,大大地提高了软件开发工作的效率。

20 世纪中后期,随着硬件技术的不断发展,计算机的运算能力越来越强,计算资源与存储空间已经非常充裕,计算机潜在的应用领域也越来越多。随着软件规模的增长、复杂性的增加,按照以往的开发方式,软件开发工作已经变得难以完成。此时的软件普遍存在价格昂贵、质量不高、难于维护等一系列问题,这就是软件危机。从此,计算机行业认识到软件开发不再仅仅是编程那么简单,而是包含分析、设计、编程、测试以及维护的一系列过程的集合,需要一套系统的工程理论与相关技术来支持,软件工程方法学也由此开始形成与发展,其中最值得一提的是传统方法和面向对象方法。

传统的软件工程方法也称为结构化方法,它采用结构化技术(结构化分析、结构化设计和结构化实现）来完成软件开发的各项任务。这种方法把软件生命周期的全过程依次划分为若干个阶段，然后顺序地完成每个阶段的任务。因为每个阶段的任务相对独立、简单，所以开发人员可以很容易地进行分工与协作，从而有效地降低整个软件开发过程的困难程度。然而，结构化方法有其自身的不足，因为它分析问题不是以实际问题中的客观事物为基本单位并维持其原貌，而是通过功能分解、数据流分析等手段人为地将问题域分解成一些子功能和独立的数据。显然，这种方式下形成的问题域模型与人类思维中的概念模型不相符合，所以当软件规模进一步扩大时，结构化方法难以保证软件开发的顺利完成。

20 世纪末，面向对象方法开始被广泛运用。事实上，面向对象方法在 20 世纪 60 年代就已经出现，但由于当时的程序规模都相对较小，所以该方法并没有立即流行，直到 20 世纪 90 年代，计算机行业发现结构化方法已经不能够适应软件发展的需要时，面向对象方法才随着 C++、Java 等面向对象语言的流行而迅速普及。面向对象方法的意义在于，它以实际问题中的客观事物为出发点进行分析，从而能够让软件设计人员以人类习惯的思维方式将现实模型逐步转换为计算机所能理解的代码，平滑地跨越人与计算机之间的概念鸿沟。从这个角度来说，面向对象方法相对传统的结构化方法更为有效，更加符合人的思维方式。

下面通过一个实例来说明面向对象方法与人类日常思维方式的一致性。

例如，人们学习使用计算机时，首先要了解什么是计算机，它是由哪些部件组成的，然后要了解这些部件（如显示器、主机等）上有什么样的按钮和接口，这些接口之间又是如何连接的，之后再学习怎么开机、关机以及如何进行文字处理操作。前面描述中所涉及的计算机、主机、显示器、按钮、接口等都是所谓的对象，而开机、关机、文字处理都是所谓的功能。在这个例子中，首先找到这些对象，然后在了解这些对象的基础上，再去掌握各种功能。显然，这个学习过程和面向对象方法是一致的。

由于面向对象方法与人类的思维方式相一致，所以相对于传统的结构化方法，采用面向对象方法来分析、解决问题时，分析过程往往更加平滑，分析结果也更为合理。相对于结构化方法，面向对象方法有以下优势：

① 便于开发人员与软件用户之间的沟通。

② 便于开发人员之间的交流。

③ 加深了开发人员对问题域和系统责任的理解。

④ 保持了整个软件开发过程的一致性。

⑤ 对需求的变化有较强的适应性。

⑥ 支持软件复用。

正因如此，面向对象方法逐渐成为软件开发中使用的首选方法。

在面向对象技术成为研究的热点之后，先后产生了几十种支持软件开发的面向对象方法，如 Booch 方法、Coad/Yourdon 方法、OMT 方法、Jacobson 方法等。值得注意的是，这些方法不再只是将面向对象方法看作一种程序设计方法，而是将它延伸到分析与设计阶段，从而形成一套完整的方法体系。一般来说，面向对象的软件开发过程通常由三个步骤组成，即面向对象分析（OOA）、面向对象设计（Object Oriented Design，OOD）和面向对象实现（Object Oriented Implementation，OOI）。

由于不同的面向对象方法有不同的表示符号，这种状况显然不利于面向对象方法的使用。为了改变这种局面，Grady Booch 和 James Rumbaugh 首先将 Booch 方法和 OMT-2 方法统一起来，不久 Ivar Jacobson 也加盟到这一工作中，经过他们三人的共同努力，统一建模语言 UML 诞生了。UML 结合了 Booch、OMT 和 Jacobson 等方法的优点，统一了设计符号，吸收了许多经过软件工程实践检验的概念和技术，受到软件开发人员的普遍欢迎。1997 年，UML 被对象管理组织（Object Management Group，OMG）接受，此后 OMG 承担起了进一步完善 UML 标准的工作。目前，UML 已经成为面向对象建模图形化表示法的事实标准，Rational 统一过程、极限编程等常见的面向对象的软件开发过程都可以使用 UML。

4.2 面向对象的基本概念

1．对象

从一般意义上说，对象是可以感知到的任何具体事物（如人、足球等）或者能够理解的任何抽象概念（如几何学中的点、线、面等）。显然，正是许许多多、各式各样的对象构成了现在的大千世界。不同的对象具有不同的特征，拥有不同的行为，并且每个对象都是唯一的。例如，太阳是红色的，它会发光，而月亮是白色的，它不会发光，只能够反射光，但太阳和月亮都是独一无二的。

与现实生活类似，在面向对象的软件中，对象也是构成软件系统的基本要素。在软件系统中，对象也拥有自己的特征和行为。对象的特征被称为属性，属性就是对象需要存储的信息；对象的行为被称为方法，方法就是对象能够进行的操作或是能够提供的服务。此外，软件系统中的对象具有唯一性，也就是说每个对象都有自己唯一的标识符。

2．类

人们在认识现实生活当中的对象时，总是喜欢把它们相互比较，找出它们的相同之处与不同之处，然后将它们进行归类整理。例如，太阳能够发光，所以天文学家将它归到恒星类；而地球和火星都是自身不发光，并围绕着恒星运行的球形天体，所以天文学家把它们都归到行星类。因此可以看出，分类是人类认识事物的一种基本技能。

在面向对象方法中同样有类的概念，类是具有相同属性和方法的一组对象的集合。类为一组具有共同特征和行为的对象提供了统一的抽象描述，而对象实际上就是类的具体实例。

如图 4.1 所示，陈华、李明、张山等人都是学生，他们所具备的相同特征与行为可以用"学生"这个概念来描述，按照面向对象方法应该把他们划归学生类，而他们当中的每个人都是学生类的具体对象实例。

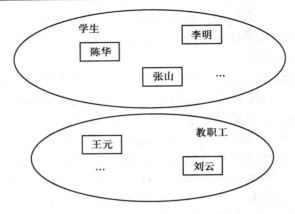

图 4.1   对象与类之间的关系

3．封装

现实生活中，人们在使用一个产品时，往往并不会关心它的内部工作细节，而只会了解它能实现哪些功能以及它的使用方式。例如，当消费者使用一盏台灯时，往往只会关心如何开灯和关灯，而至于台灯里面到底有多少个元器件，这些元器件又是如何进行工作之类的问题则无需关心。因此，生产灯的厂家只需给消费者提供一个简单的开关，让他可以通过开关去操作台灯，而所有的内部元件都被厂家用外壳保护起来了，这个过程实际上就是封装。封装可以为生活带来很多便利。例如，灯的内部元件被保护起来，这样灯的接口简单，不易被损坏，也更加容易使用和更换。

封装同样也是面向对象方法的一个重要原则，其目的就是要隐藏对象的内部细节。封装将对象的属性和操作结合到一个不可分割的独立单元中，而对外只保留有限的接口。在面向对象方法中，这个封装的基本单位就是类。封装起到了保护对象内部数据，减少对象之间的相互依赖性等作用。封装也能为软件开发带来很多好处，它可以有效地提高软件的易用性、复用性以及对需求变更的适应能力。封装主要有以下优点。

① 封装可以保护对象的内部数据，防止数据被意外破坏。

② 提高程序单元的独立性，降低软件系统内各程序单元之间的耦合度。

③ 提高程序单元的易用性，便于开发人员理解与使用程序单元。

④ 提高程序单元的复用性，提高软件开发效率。

当然，封装也有副作用。因为严格意义上的封装实际上是使对象的属性都不可见，而只是暴露一些方法接口给外界，所以其他对象如果要访问封装后的任何属性都要通过一些特定的方法。例如，

```
class Person{
    String name;        //姓名
```

```
int birthday;        //出生日期
int height;          //身高
int weight;          //体重
}
```

如果是严格意义上的封装，那么 Person 类的属性都不能被直接访问，所以必须为该类添加 setName、getName、setBirthday、getBirthday 等一系列方法，以方便其他对象访问这些属性。这样做的直接结果就是程序会变得更加繁琐。为了减少编程人员的这些额外的负担，有些语言采用了折中的方案，即采用访问控制级别来控制对属性和方法的访问。例如，Java 语言提供了 public、protected、private、default 4 种访问控制级别，如表 4.1 所示，这些不同的访问级别限定了方法和属性的可访问范围。

表 4.1   Java 语言中的访问控制级别

类	访问控制级别
public	公有的，所有的类都可以访问
protected	受保护的，同一个包中的类或者其他包中的子类可以访问
default	默认的，同一个包中的类可以访问
private	私有的，只能在对象内部访问

4. 继承

人们在对现实生活中的事物进行分类时，总喜欢按照从简单到复杂的顺序将事物归结为一种层次关系。例如，生物学家在对动物进行分类之后，往往会得到如图 4.2 所示的动物分类图。

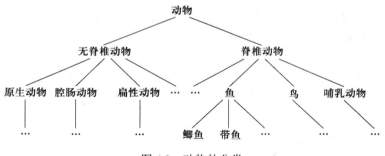

图 4.2   动物的分类

从图 4.2 中可知，带鱼是一种鱼，也就是说带鱼具备了鱼的所有特征。面向对象方法中的继承就是要表达这样一种关系。如果说 A 类继承于 B 类，那么 A 类就自动拥有了 B 类的所有属性与方法，也就是说 A 类具备 B 类的所有特征与行为。在面向对象方法中，一般称 A 类为子类或特殊类，B 类为父类或是一般类。例如，在高校中，所有人员都是图书馆的读者，因此可以用读者类来描述图书馆的读者。读者类拥有读者的编号、姓名、性别、出生日期等共有的属性，以及挂失等共有的行为。此外，在读者当中，学生和教职工的描述方式不尽相同，如学生有学号、班级、学历层次等属性，教职工有工号、职称、部门、是否离退休等属性，因此有必要将读者进一步划分为学生和教职工，并分别用学生类和教职工类来描述。因为读者类中包含了学生类和教职工类中共有的属性和方法，所以读者类是学生类和教职工类共同的父类，而学生类和教职工类都是读者类的子类，它们之间的关系如图 4.3 所示。

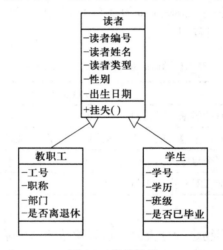

图 4.3   类的继承

由于学生类和教职工类都是读者类的子类，学生类和教职工类的实例也就自动继承了读者类的属性和方法，所以在学生类和教职工类中并不需要对读者类中已有的属性进行描述，而只需要描述它们自身特有的方法与属性即可。

继承使类之间形成了简单明了的层次关系，提供了类的规范的等级结构；同时，由于继承简化了对子类的描述，使得软件更加简单且更易理解。此外，继承让子类可以直接使用父类的方法与属性，这也是软件复用的一种重要形式。

5．多态

在日常生活当中，经常会出现同一个词语在不同的场合中具有不同含义的情况。例如，同是加法运算，自然数的加法运算规则与复数的加法运算规则就截然不同；又如，每个人在春节都要回家，但每个人回家的方式与目的地都各不相同。这种同一个命名在不同语境中含义不同的情况就是多态。

那么在面向对象方法中引入多态有什么好处呢？事实上，多态可以为计算机语言提供更强的表达能力，可实现接口复用，进而可以实现更高层次的代码复用。事实上，多态的本质就是自然语言中的"一词多义"，多态使面向对象方法更加符合人类的思维方式，从而减少分析与设计过程中的思维障碍。

6．消息

在现实生活中对象之间并不是相互孤立的，它们会相互传递信息。例如，到了下课时间，铃声会响，教师结束该堂课程，然后让学生离开教室。在这个例子中有时钟、教师、学生三个对象，时钟首先通过铃声向教师和学生传递"下课时间到了"这个信息，教师得到这个信息之后又向学生传递"课程结束，可以离开教室"这个信息。从这个例子可以看出，消息是对象之间相互联系和相互作用的方式。

在面向对象方法中，一个消息主要由 5 部分组成：发送消息的对象、接收消息的对象、消息传递方式、消息内容和反馈。在顺序程序中，消息传递一般是通过函数（方法）调用的方式来完成的。例如：

reader.reportLoss( );

其中，reader 是一个读者对象实例，代码向读者对象发出了一个"reportLoss"（挂失借书证）消息。

7．依赖

许多事物之间往往有某种依存关系。例如，鱼离不开水，人离不开空气，这种关系可以称之为依赖。依赖关系在类之间同样存在。类之间的依赖关系事实上是一种使用关系。具体说来，如果 E 类用到了 F 类，那么就可以说 E 类依赖于 F 类，因为缺了 F 类，E 类也无法使用。

8．关联

继承使事物之间形成了一种从一般到特殊的层次结构，但事物之间的关系却并非如此简单，事物之间通常还会有一些其他的联系。例如，消费者去商店买东西，那么消费者和商店之间就会存在一种买卖关系；学生去学校上课，那么学生与教师之间就会存在一种师生关系。在面向对象方法中，把事物之间的这种关系称之为关联，并把这种关系表达为一种类与类之间的关系。类之间的关联关系类似于关系数据库中实体之间的关系，有"一对一""一对多""多对多"形式的关联。需要注意的是，面向对象方法一般用关联来表示事物之间的相对松散的联系。

9．聚合与组合

现实生活中复杂的事物一般由简单的事物组成，因而人们也习惯于通过将事物进行分解来认识与了解事物。例如，大家在认识计算机时，首先会发现计算机由主机、键盘、显示器等部件组成，而主机又由主板、内存、CPU 等部件组成。由此可见，事物之间还存在着一种整体-部分结构。在面向对象方法中将这种整体-部分结构表述为聚合关系，也就是说，如果 A 类事物是由 B 类事物组成的，那么 A 类与 B 类之间就是一种聚合关系，如前面的主机和主板之间就是一种聚合关系。

聚合关系也可以分为两种情况：一种是紧密固定的联系，一种是松散灵活的联系。为了区分，通常把前一种情况称为组合。判断事物之间的关系是否是组合关系往往带有一定的主观性，软件开发人员大多根据自己的生活经验来判断。例如，人与心脏之间的关系是组合关系，因为心脏对于人来说是不可或缺的一部分，而企业与总经理之间的关系是聚合关系，因为总经理有可能离开这家企业。

需要注意的是，组合、聚合甚至于关联的实现方式有可能都是相同的，通常表现为一个对象的属性是另一个对象的引用。例如：

```
class Human{
    Heart heart;                    //Human 类中包含了一个到 Heart 对象的引用
    …
}
class Enterprise{
    Manager manager;                // Enterprise 类中包含了一个到 Manager 对象的引用
    …
}
```

所以说，在确定类之间关系到底是组合、聚合还是关联的时候，应当从事物之间的关系约束来考虑，而不是从具体的实现方式来考虑。

4.3 UML 基础

工程师在完成一个工程项目之前，需要预先建立一个模型，然后通过分析、改进这个模型逐步确立实施方案，以确保项目的顺利完成。例如，建筑工程师在建造一栋大楼之前，首先制作一些文档与图纸来展现大楼的外观、内部结构等基本特征，然后再逐步地丰富、完善这些设计文档与图纸，直至最后确定方案并开始施工。建筑工程师制作工程图纸的过程实际上就是构建大楼模型的过程。

到底什么是模型呢？模型事实上是对要构建的真实事物的一种抽象，即被构建的真实事物的近似代表。在前面所提到的建造大楼的例子当中，建筑工程师在阅读完所有的设计文档与图纸之后，大脑中会形成一个关于大楼的完整概念，也就是说这些文档与图纸所包含的信息就是大楼的近似代表。因此，可以说这些图纸所反映的关于大楼信息的总和就是这栋大楼的模型。

在构造一个复杂的软件系统之前，如果先创建一个抽象的模型，然后再利用这个模型去完成实际的软件系统，可以有效地降低项目的风险；反之，如果不做任何规划就直接去构建一个复杂软件系统则会增加项目的风险。如今，软件系统已经变得非常复杂，所以在实际编写软件之前，需要先构建软件开发模型。

20 世纪末，面向对象方法为软件开发开辟了一条新的路径，但面向对象软件建模技术的发展相对滞后，对软件基本构件的表示方式也没有统一的标准。这种现象直到 1997 年，OMG 组织发布了 UML 之后情况才有所改观。此后，UML 逐渐被软件开发人员所接受，时至今日，UML 已经成为面向对象软件建模的事实标准。

UML 是一种用于描述、构造和文档化系统的标准化语言，其目标之一就是使软件开发过程更加标准化，从而提高软件开发的效率，提升软件产品的质量。UML 采用了一套图形化的方式来描述软件从分析、构造直至部署等各个环节所需的基本构件。图形化方式使描述更加直观、易懂，软件开发人员之间的交流与沟通也因此变得简单、便捷。

4.3.1　软件架构的"4+1"视图模型

软件架构是软件系统的核心，它几乎涵盖了软件开发过程中各类人员的关注点，如软件的结构、行为、用途、功能、性能、伸缩性、重用性、经济性、技术约束与折中等。因此，对软件系统的建模过程也可以理解为对软件架构描述不断细化的过程。

在软件系统开发过程中，由于用户、分析工程师、设计工程师、开发工程师、测试工程师、集成工程师等相关人员对系统的理解不相同，所以需要用不同的视图来描述软件系统以便于系统开发成员之间的相互交流。1995 年，Philippe Kruchten 在《IEEE Software》上发表了题为"The 4+1 View Model of Architecture"的论文，首先提出了描述软件架构的"4+1"视图模型，并被 Rational 公司应用到了 RUP 开发过程中。此后，"4+1"视图模型开始为软件业所认可和接受。不过，对于"4+1"视图模型中应该包含哪几种视图，大家却有着各自不同的看法。所幸的是，这些"4+1"视图模型之间的差异很小，只是视图的叫法不同。目前广泛采用的一种"4+1"视图模型如图 4.4 所示。

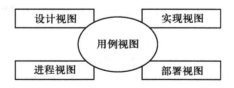

图 4.4　软件架构的"4+1"视图模型

上述模型给出了描述系统架构的 5 种视图。UML2 中定义了 13 种图形来表现这 5 种视图。下面介绍 5 种视图的含义以及使用何种 UML 图形来表现它们。

（1）用例视图

用例视图（Use Case View）从用户、分析工程师和测试工程师的角度描述系统，主要关心用户从系统的外部如何看待系统。例如，用户关心系统的哪些功能，他希望以何种方式使用系统等。用例视图中通常用用例图（Use Case Diagram）展示系统中有哪些用例，用 UML 的交互图（Interaction Diagram）表现用例的细节。

（2）设计视图

设计视图（Design View）主要关心系统由哪些类和接口组成、系统中各组成要素之间的协作关系，以及针对用户的功能性需求系统应该提供哪些服务等。设计视图的静态部分可以用UML 的类图（Class Diagram）、对象图（Object Diagram）和复合结构图（Composite Structure Diagram）表现；动态部分可以用 UML 中的交互图（Interaction Diagram）、状态图（State Diagram 或 State Machine Diagram）和活动图（Activity Diagram）表现。设计视图通常不涉及系统是如何被实现与执行的。

（3）进程视图

进程视图（Process View）主要展现系统中出现的并发与同步过程，它关心系统的性能、可伸缩性和吞吐能力等问题。表现该视图所用的 UML 图形与设计视图基本相同。

（4）实现视图

实现视图（Implementation View）关心系统中使用到的组件、文件与资源以及它们之间的依赖关系。实现视图通常使用 UML 中的组件图（Component Diagram）、复合结构图来表现静态结构，用 UML 中的交互图、状态图、活动图来表现各要素之间的动态关系。

（5）部署视图

部署视图（Deployment View）关心系统是如何配置、安装与执行的，它通常会反映出系统的物理布局、网络拓扑以及系统各部分之间的通信方式。部署视图中的静态部分通常使用 UML 的组件图、部署图（Deployment Diagram）来表现，动态部分则使用 UML 中的交互图、状态图、活动图来表现。

4.3.2 UML2 的图形

UML2 的常用图形如图 4.5 所示，包括结构图（Structural Diagram）和行为图（Behavior Diagram）。

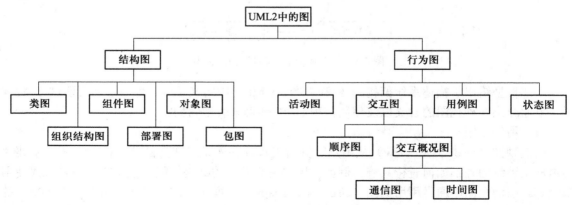

图 4.5 UML2 中图的类型

结构图也称为静态模型图,主要定义了软件模型的静态结构,它们被用来描述组成软件模型的各类基本要素(如类、对象、接口、组件等)以及这些要素之间的基本关系,包括 6 种图形,即类图、组织结构图、组件图、部署图、对象图、包图(Package Diagram);行为图也称为动态模型图,主要用来表示系统的行为,包括 8 种图形,即活动图、交互图、用例图、状态图、顺序图(Sequence Diagram)、交互概况图(Interaction Overview Diagram)、通信图(Communication Diagram)、时间图(Timing Diagram),其中顺序图、通信图、时间图可以统称为交互图。

下面介绍其中几种常用的图形。

1. 用例图

当人们阅读一个故事时,首先关心的就是这个故事中有些什么样的人物,这些人物做了一些什么事,以及他们是在一种什么样的状况下去做这些事情的。因此,对于故事来说,人物、事件、背景是它的核心要素,只有在理清了这些基本要素之后,才能真正地了解故事的来龙去脉。软件开发也是如此,开发人员可以从寻找系统中的人和事入手,逐步掌握用户对系统的功能需求。

为了方便开发人员直观地表述与理解系统中的人和事,UML 提供了用例图描述用户与系统之间交互的系列场景。场景是用例图中的一个基本概念,场景事实上就是在日常生活或工作中遇到的一些特定场合,如取钱、考试、买票等。场景一般由一系列相关的动作组成,如考试由出卷、发卷、答卷、交卷等相关的动作组成。

用例图展示了用例(Use Case)、参与者(Actor)以及它们之间的相互关系。用例图通常包含以下元素。

① 参与者。参与者事实上就是系统的各类用户角色,一般是系统中的各类用户,有时也可以是其他系统、硬件设备等。参与者通常用一个人形的图标来表示,可以在图标下方标注它的名称,如图 4.6 所示。

② 用例。用例用来描述参与者与系统之间的交互,它代表参与者能够使用的功能。在用例图中,通常用椭圆表示一个用例,下方或内部标注该用例的名称,如图 4.7 所示。

图 4.6　参与者　　　　　　　　　　　　图 4.7　用例

③ 关联。参与者和用例之间是有关联的,这种关联表示参与者能够使用哪些用例。这种关联通常用一个从参与者到用例之间的线条来表示。例如,实验管理系统中,实验室管理员、教师、学生都是系统的参与者,安排实验是教师要使用的一个用例,如图 4.8 所示。

④ 系统边界。系统边界是系统模型的边界。边界以内表示系统的组成部分,边界以外表

示系统的外部事物。一般来说，用例处于边界的内部，参与者是系统的使用者，处于边界以外。在用例图中，一般用矩形方框表示系统的边界，并在方框旁边标注系统的名称，如图 4.9 所示。

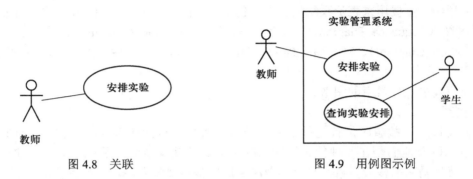

图 4.8　关联　　　　　　　　　　　　　图 4.9　用例图示例

需要注意的是，用例之间有时也会有关联，如包含关系、扩展关系和泛化关系等。

① 包含关系。包含关系指用例可以包含其他的用例，即把其他的用例作为自身行为的一部分。例如，顾客在商场用银行卡购物时，刷卡机需要验证顾客的银行卡密码，那么购物用例就包含了验证密码用例，如图 4.10 所示。

② 扩展关系。扩展关系指用例在某个条件满足时合并执行扩展用例，而且该用例与扩展用例都独立存在。例如，银行储户在自动提款机（ATM）上完成取款操作之后，ATM 会询问储户是否要打印取款凭条，此时是否打印取款凭条取决于储户的意愿，那么打印凭条用例便可作为取款用例的扩展用例，如图 4.11 所示。

图 4.10　用例包含　　　　　　　　　　　图 4.11　用例扩展

③ 泛化关系。泛化关系类似于类的继承关系，父用例表示一般的行为，子用例会继承父用例的行为，并可以改写父用例的行为，使其行为更符合某些特别的场合。例如，普通居民如果要交水电费，可以按照传统方式去营业厅缴费，也可以通过互联网在网上缴费，网上缴费是在互联网出现之后，由传统方式衍生出来的一种新的缴费方式，所以网上缴费用例是普通缴费用例的子用例，如图 4.12 所示。

参与者之间也可以用泛化关系，参与者之间的泛化关系与类的继承关系类似。例如，"图书借阅管理系统"服务于读者，读者可以划分为很多类，如教师类、学生类等，不同类型的读者拥有不同的权限，这些不同的参与者之间存在着泛化关系，如图 4.13 所示。

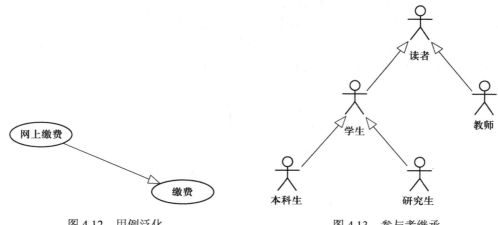

图 4.12　用例泛化　　　　　　　　图 4.13　参与者继承

　　用例图只是简单地说明了系统中有哪些参与者、哪些用例，参与者之间、用例之间以及参与者与用例之间有些什么样的关系，但对于描述一个系统的功能来说，这些内容显然不够。因此，对于每个用例还必须有更为详细的说明，这些对用例的详细说明可以称之为用例描述。

　　用例描述的内容没有固定格式，但一般包括以下基本内容：用例名称、简要描述（说明）、前置（前提）条件、基本流程、扩展流程、后置（事后）条件等。

　　用例描述的基本内容如下。

　　① 用例名称（Use Case Name）：用例的命名。

　　② 用例标识号（Use Case ID）：用例的 ID 号，用于区分用例。

　　③ 简要说明（Brief Description）：简要介绍该用例的作用和目的。

　　④ 事件流（Flow of Event）：包括基本流和备选流，事件流应表示出所有的场景。

　　⑤ 用例场景（Use Case Scenario）：包括成功场景和失败场景，场景主要由基本流和备选流组合而成。

　　⑥ 特殊需求（Special Requirement）：描述与该用例相关的非功能性需求（包括性能、可靠性、可用性和可扩展性等）和设计约束（所使用的操作系统、开发工具等）。

　　⑦ 前置条件（Pre Condition）：执行用例之前系统必需的状态。

　　⑧ 后置条件（Post Condition）：用例执行完毕后系统可能的状态。

　　在软件开发过程中，寻找与识别系统中的用例是首先要完成的任务。需要注意的是，用例的寻找与识别是一个循序渐进的过程，需要不断地和客户沟通，并逐步修改与细化系统的用例模型，才能做出符合系统需求的用例图。

2．类图

类图是与面向对象方法关系最为密切的一种 UML 图形，它的主体就是系统中各种类。类图主要用于描述系统中所包含的类以及这些类相互之间的关系。

在 UML 类图中使用包含三个部分的矩形来描述类，最上面部分显示类的名称，中间部分显示类的属性，最下面部分显示类的操作，具体画法如图 4.14 所示。

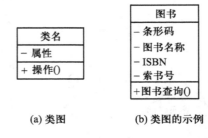

(a) 类图 (b) 类图的示例

图 4.14　类图

属性与操作旁边的符号表示操作与属性的可见性，对应关系如表 4.2 所示。

表 4.2　类图中的可见性表示

表示符号	可见性	说明
+	public	公有的
#	protected	受保护的
-	private	私有的

UML 描述类之间关系时，常省略属性和方法，只保留类名，所以本书在描述类之间的关系时只用一个包含类名的矩形来表示类。类之间主要有依赖、继承（泛化）、关联、聚合等几种关系，表示方式如图 4.15 所示。

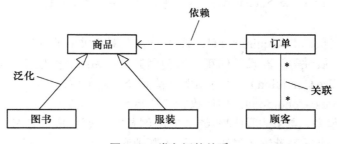

图 4.15　类之间的关系

在依赖、泛化、关联三种关系中较为复杂的关系是关联，因为它需要表达的信息比较多，上面的图形并没有给出与关联有关的任何信息。虽然通常情况下关联的相关信息可以省略，但有时这些信息却必不可少，图 4.16 描述了关联所需要表达的各类信息，包括关联的名称、关联双方所扮演的角色以及关联的多重性。

图 4.16　类的关联说明

聚合与组合也是类之间的一种常见关系，在 UML 类图中的表示方式如图 4.17 所示。

(a) A聚合了B，B是A的一部分　　　　(b) A是由B组成的，A包含B类型的对象

图 4.17　聚合与组合

此外，需注意类图中接口的表达方式。接口是一组规范与约束的集合，它使规范、约束的定义与实现分离，反映了设计人员对系统的抽象理解。类图中接口的表示方式主要有两种：一种方式类似于类的表示方式（如图 4.18 所示），用矩形框表示一个接口，只不过矩形框需要分成两个部分，一部分显示接口的名称，另一部分显示接口的所有方法；另一种表示方式叫做"棒棒糖"表示法，采用一个类似于棒棒糖的图标表示接口，如图 4.19 所示。

图 4.18　接口　　　　　　　　　　图 4.19　接口的"棒棒糖"表示法

如果要表示一个类实现了某一个接口，对应于上述第一种方式，可以用一条虚线加一个空心的三角形箭头来表示；对应于第二种方式，可以直接将类与棒棒糖形接口连接在一起。如

图 4.20 所示。

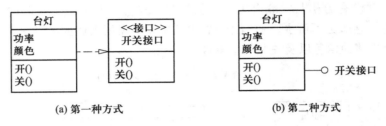

(a) 第一种方式　　　　　　　　　(b) 第二种方式

图 4.20　接口的实现

3．对象图

对象图用于描述某个时间点上对象实例之间的关系，它常常被用做对复杂类图的举例说明。对象图和类图的画法类似，两者的区别在于对象图中实例名称下面有一条下画线，而类图中类的名称下面没有下画线。

一个实际的对象图如图 4.21 所示，每个方框代表一个对象实例。

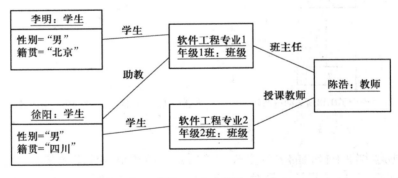

图 4.21　对象图

从图 4.21 中可以看出，对象图中每个对象实例均采用"对象名：类名"的形式标识，并在标识的下面添加一条下画线。如果要给出该对象实例在该时间点上的状态，可以通过"属性=值"的形式给出该对象当时的属性值。在对象图中，对象之间的关系用一条直线来表示，关系的名称直接在直线上面标出。

一般情况下，对象图不需要说明对象实例方法，如图 4.21 所示，对象没有标示方法栏。某些情况下如果不需要区别同类型的对象，可以省略对象实例的名称，此类对象叫作匿名对象，如图 4.22 所示。

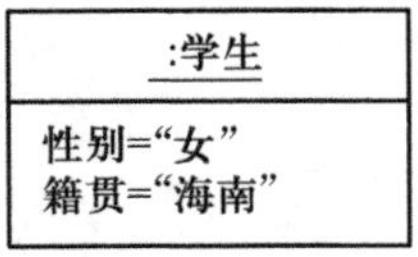

图 4.22　匿名对象

4．包图

一个系统往往由很多类组成，如果不对这些类进行分组将难以进行管理。在 UML 中，对类进行分组的单位就是包。包类似于文件系统中文件夹的概念，表示包的符号也和文件类似。

包图主要用来表示包与包之间的依赖关系，如图 4.23 所示，学生管理包是一个用户界面包，学生包是该系统域模型中的一个包。学生管理包中的类使用了学生包中的类，即学生管理包依赖于学生包，所以图中用一个由学生管理包指向学生包的虚线箭头来表示两个包之间的依赖关系。

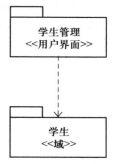

图 4.23　包图

5．顺序图

顺序图又常被称为序列图，是 UML 交互图的一种，主要反映用户、系统、对象之间的交互次序。顺序图的最上端是参与交互的各种元素，可以是参与者、对象、组件或子系统，每个交互元素的下方有一条纵向的虚线，叫做生命线，表示该元素的生命周期。在生命线之间有很多不同方向的箭头，表示交互元素之间的消息传递，箭头的方向代表消息传递的方向。每条生命线上有很多长方框，叫做控制焦点，表示与生命线对应的交互元素在该时间段处于活动状态。

一个自动售票系统的顺序图如图 4.24 所示。

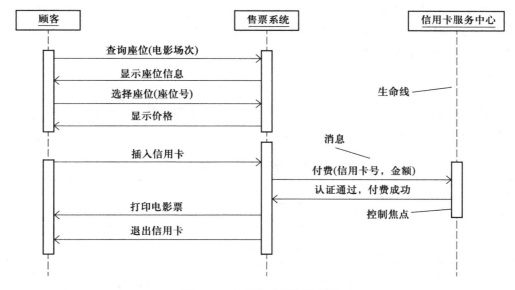

图 4.24　自动售票系统顺序图

因为顺序图的生命线事实上与时间轴的方向一致，所以顺序图较为清楚地反映了各个消息的先后次序。因此，顺序图的阅读方式也比较简单，可以直接按照生命线的方向来理解顺序图中各个元素之间的交互关系。

顺序图是面向对象软件开发过程中比较常用的一种图形，由于该图对于交互元素没有严格的限制，所以它可以反映软件开发过程中遇到的各种交互过程。

6．通信图

通信图在 UML1 中被称为协作图（Collaboration Diagram），可以用来展现系统中对象之间的消息流，并能够反映出类之间的基本关系。计算班级平均分的通信图如图 4.25 所示。

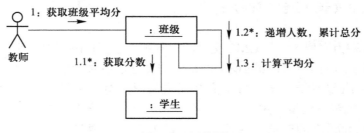

图 4.25　通信图

从图 4.25 中可以看出，通信图中可以出现角色，用于指明谁是过程的发起者。消息的名称及其具体内容一般在关系连线上直接标出，但应该用箭头注明消息的方向。为了表现消息之间的先后关系，在消息名称的前面还应加上序号。在通信图中有时还会出现循环与迭代，如图 4.25 中的 1.1 与 1.2。从图 4.25 中可以发现，1.1 与 1.2 两个步骤的后面都添加了一个"*"，表示这两个步骤要循环执行。

7．状态图

UML 状态图描述一个实体对象基于事件反应的动态行为。通常情况下，只有在对象行为的改变和状态有关时才会创建状态图。状态图包括 5 个基本元素：初始状态、终止状态、状态、转换和判断点，表示方式如表 4.3 所示。

表 4.3　状态图基本元素

基本元素	说明	表示符号
初始状态	标识状态图的起始点	●
终止状态	标识状态图的终止点	◉
状态	标识对象所处的状态。在状态框内部应注明状态的名称	⬭
转换	表示对象从某种状态转换到另一种状态，在转换线上可以标注触发状态转换的事件和在状态转换时要进行的相应动作	→
判断点	对象的状态有时会根据监护条件的值的不同而发生不同的状态转换，而判断点就用于标识监护条件的判断节点	◇

电话机的状态图如图 4.26 所示，该图展示了电话机在实际使用过程中的状态迁移。

从图 4.26 中可以看出，电话机开通之后便处于就绪状态；当用户使用电话机时，其状态在就绪、拨号、响铃、通话之间转换；当用户拆机之后，其状态不再发生变化，状态迁移结束。

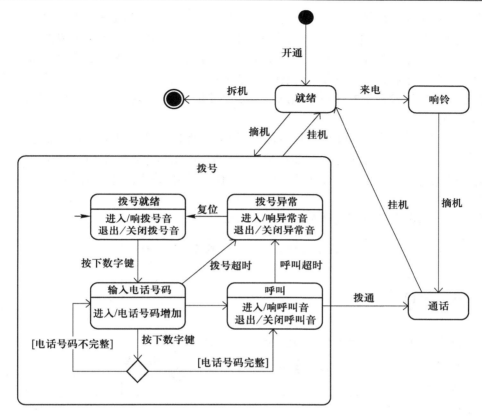

图 4.26　电话机的状态图

如果某个状态中又包含若干个子状态，则称该状态为复合状态。例如，图 4.26 中的"拨号"状态是一个复合状态，由"拨号就绪""输入电话号码""呼叫""拨号异常"等子状态组成。

① 状态的转换通常由事件引起。例如，当电话机处于"响铃"状态时，如果发生"摘机"事件，便从"响铃"状态转换到"通话"状态，这些导致状态发生转换的事件通常标注在转换线上。

② 事件与转换之间并不是一一对应的。例如，当电话机处于"输入电话号码"子状态时，发生"按下数字键"事件后，有可能产生两种不同的状态转换。此时，如果没有输入完整的电话号码，电话机将依然停留在"输入电话号码"状态；如果输入了完整的电话号码，电话机由"输入电话号码"状态转换到呼叫状态。"电话号码不完整"与"电话号码完整"是决定转换结果的条件，称为监护条件，在转换线上以"[……]"形式标注。

③ 对象进入或离开状态时，有时会完成一些特定的操作，这些操作可以以"进入/……"或"退出/……"的形式标注。例如，当电话机进入"拨号就绪"子状态时，将执行"响拨号

音"操作，当它离开"拨号就绪"子状态时，电话机将执行"关闭拨号音"操作。

④ 状态图允许嵌套。例如，"拨号"状态内嵌套了一个由其子状态组成的状态图。由图可知：从任何状态进入"拨号"状态时，电话机都将首先进入"拨号就绪"子状态；如果在电话机处于"呼叫"子状态时"拨通"，电话机将脱离"拨号"状态，进入"通话"状态；无论电话机处于"拨号"状态中的任何子状态，只要"挂机"，电话均转换至"就绪"状态。

8. 活动图

活动图表示在处理某个活动时多个对象之间的过程控制流。活动图通常适合进行高级别业务过程的建模，它的符号集与状态图基本相同，但由于活动图描述的是多个对象之间的过程控制，所以必须将不同对象的动作进行分组。分组的单位被称为泳道，每个泳道对应一个执行改组动作的对象。

一个校园卡转账业务的活动图如图 4.27 所示。

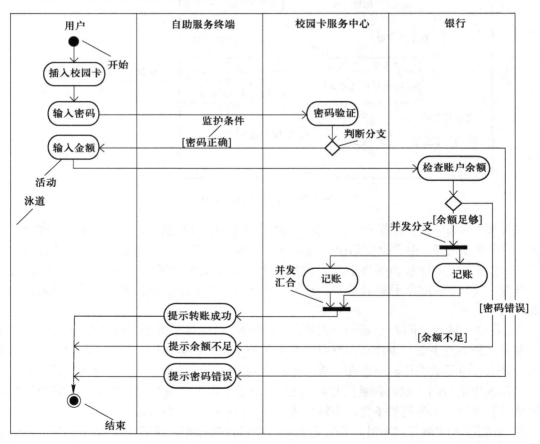

图 4.27　校园卡转账活动图

9. 组件图

组件图是系统的物理视图，主要用来展现系统中所有组件以及这些组件之间的相互关系。组件图可以让软件开发人员对系统的物理构成有一个宏观而且直观的概念。

如图 4.28 所示，组件之间的一种常见关系就是依赖。与类之间的依赖关系类似，组件图也是用虚线箭头表示组件之间的依赖关系。组件图中还会经常出现的一个元素是接口，因为通常要在组件图中标注该组件实现了哪些接口或是依赖于哪些接口，以便使用者能够更好地掌握组件的使用方法。

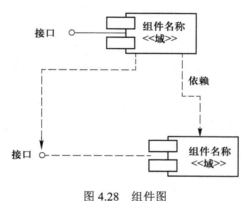

图 4.28　组件图

图 4.29 是一个 Web 应用的组件图实例，图中展示了组件接口与组件之间的依赖关系，以及它们的表示方式。

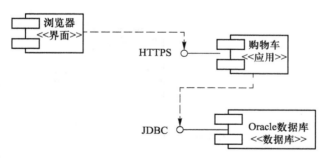

图 4.29　网上购物系统组件图

10. 部署图

部署图表示应该如何将系统部署到具体的硬件环境中，主要展示系统中不同组件的部署位置，以及系统运行时它们之间是如何进行通信的。部署图直观、具体，系统安装人员可以很容易地依照该图对系统进行部署。

部署图中的表示符号与组件图基本一致，不同的是，它将组件放到了表示机器节点的立方体中，以直观地表示组件的具体放置方式。一个初步的规划草图如图 4.30 所示，只有计算机节点和相互连接方式的部署图，暂时没有给出节点中的组件。

图 4.30 Web 应用部署规划草图

图 4.31 在图 4.30 的基础之上增加了组件，清楚地展示了组件的部署位置，是最终的部署图。

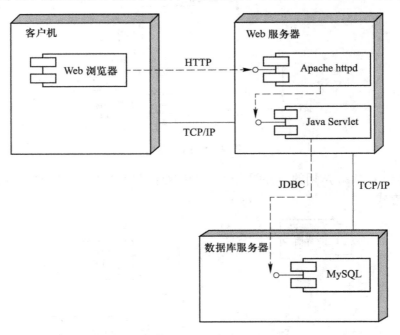

图 4.31 Web 应用部署图

4.4 模式

4.4.1 模式概述

20 世纪 70 年代后期，建筑设计师 Christopher Alexander 首次提出"模式"概念。他指出：

"每个模式都是由三部分组成的一个规则，这个规则描述特定环境、问题和解决方案之间的关系"，即模式是"对于反复出现设计问题的抽象解决方案"。可见，问题与方案是模式定义中所关心的问题，模式代表着对特定环境中重现问题的专业解决方案。

模式使人们可以更加方便地采用已取得的成功设计和体系结构来完成自己的设计，从而弥补设计经验的不足，使设计方案更加合理；同时，将已被证实的方案用模式的方式表达出来，软件开发人员可以方便地采用模式进行交流，互相之间也更容易理解对方的设计思路。

GoF（Gang of Four）提出一个模式具备 4 个基本要素，即模式名称（Pattern Name）、问题（Problem）、解决方案（Solution）和效果（Consequences）。其中，模式名称用于对模式进行命名，问题描述了模式使用的场景，解决方案描述了模式的具体实现方法与策略，效果表述了使用模式之后可以达到的效果。依据这 4 个基本要素，人们可以对模式进行整理和编目。

4.4.2 模式的分类

1．根据目的准则和范围准则划分

根据目的准则（即模式是用来完成何种工作）和范围准则（即模式是用于类还是用于对象），模式可分为创建型模式、结构型模式、行为型模式等，如表 4.4 所示。

表 4.4 GoF 模式

范围	目的		
	创建型	结构型	行为型
类	Factory Method	Adapter（类）	Interpreter Template Method
对象	Abstract Factory Builde Pototype Singleton	Adapter（类） Bridge Composite Decorator Flyweight Proxy	Chain of Responsibility Command Iterator Mediator Menento Observer State Strategy Visitor

2．根据模式所涉及的抽象层次划分

根据模式所涉及的抽象层次，模式可分为体系结构模式、设计模式和惯用法，其含义可表述如下。

① 体系结构模式：表示系统的基本结构化组织图式。它提供了一套预定义的子系统，规定它们的职责，并包含用于组织它们之间关系的规则和指南。

② 设计模式：提供一个用于细化系统的子系统或组件，或它们之间关系的图式，描述通信组件的公共再现结构。通信组件可解决特定语境中的一个一般设计问题。

③ 惯用法：针对一种具体编程语言的底层模式。惯用法描述如何使用给定语言的特性来实现通信组件的特殊方面或它们之间的关系。

上述两种分类方法为模式的分类构建了一个比较完整的体系，但是对于一些特定的应用领域，人们还是习惯采用特殊的分类方式。例如，Java EE 模式是用于在 Java EE 平台上进行企业级应用开发的模式，Java EE 模式又可以分为表示层模式、业务层模式等。

目前，许多专家、学者以及软件设计人员在研究现有模式的同时，不断收集整理一些新发现的模式，并积极地推广模式。随着人们对模式认识的不断加深，模式将对软件设计领域产生更为深远的影响。

4.4.3　运用模式的意义

虽然面向对象的设计方法是一个优秀的软件设计方法，但软件设计人员在使用面向对象方法时却并不轻松。如何寻找系统中的对象，如何决定对象的粒度，如何指定对象的接口等一系列问题都是软件设计中较为棘手的问题。出现这种状况的原因在于设计方案的好坏很大程度上取决于设计者自身的能力与经验，如果软件设计人员的经验不足，就难以做出正确的设计。

显然，如果能够将软件开发过程中优秀的开发经验与设计方案以文档的形式记录下来，实现经验的共享，能够有效地弥补软件设计人员经验与能力的不足。遵循上述思路，模式以一种面向问题的描述方式将软件开发过程中已有的优秀设计方案加以归纳、总结，实现了软件开发经验的文档化。通过模式目录，软件设计人员可以查找到与自己所要解决问题最为吻合的解决方案，从而实现软件设计人员之间经验的交流。

随着软件设计人员对面向对象方法的不断熟悉与不断应用，他们发现当需求在不断变化时软件开发与维护过程将变得异常艰难。因此，如何使这些变化对系统的影响最小是系统设计过程中必须要面对的问题。

模式通常通过两种手段，即封装变化和分离变化来应对软件开发过程中遇到的各种变化，有效地提高系统的灵活性，使系统更加容易扩展与维护。封装变化将变化封装起来，让变化只发生在对象的内部，从而有效地降低了变化对于对象外部的影响；分离变化是当一个对象当中蕴含了两个以上变化时，应将这两个变化分离到两个对象当中，这样每个对象将负责一个变化，避免了两种变化之间的相互影响。

可见，模式可以有效地弥补软件开发过程中软件开发方法的一些不足，它是现有软件方法的一种有效补充。对于那些可扩展性与可维护性要求较高的系统来说，将模式和面向对象方法进行结合应该是一种高效、可行的软件开发方式。

本章小结

面向对象方法历经半个多世纪的发展，形成了它自有的一套方法体系。面向对象方法中对象、类等基本概念是面向对象方法的基础，理解这些基本概念是掌握面向对象方法的前提；UML 是面向对象分析与设计过程中使用的图形化表示方法，可以使软件的描述形式更加形象与直观；模式是针对一些常见问题的优秀解决方案，借助模式，软件设计人员可以快速地解决设计过程中遇到的问题，提高工作效率，并有效防止错误设计的发生。

习题

4.1 面向对象方法相对于传统的结构化方法有什么优势？

4.2 UML 中主要包括哪些图，各种图的作用是什么？

4.3 简述活动图和状态图的区别。

4.4 用例分析技术和结构化分析相比，最大的区别是什么？

4.5 UML 中的使用、扩展和细化三种关系有什么异同？请简述之。

4.6 简述 UML 实际建模过程。

4.7 类图和对象图有什么区别？

4.8 顺序图和通信图有哪些相同点？有哪些不同点？

4.9 什么是模式？可以分成几类？

4.10 在软件开发过程中使用模式有何意义？

4.11 用面向对象的编程语言描述图 4.3 的类及类的关系。

4.12 用面向对象的编程语言编写一段具有多态特性的代码。

4.13 分别例举（至少一个）生活中遇到的聚合与组合的例子。

4.14 试用顺序图描述打电话事件。

4.15 对于一个电子商务网站而言，指出以下哪些不是合适的用例，并说明理由：

输入支付信息 将商品放入购物车 结账 预订商品

用户登录 邮寄商品 查看商品详情

4.16 在学校教学管理系统中，学生查询成绩是系统中的一次交互，请用状态图描述这种交互行为。

第 5 章　可行性分析与项目计划制定

可行性分析是从经济、技术、法律等角度对软件项目是否可行进行详细分析，并决定最后采取的方案。本章介绍可行性分析的目的、意义，详细描述经济可行性、技术可行性的分析方法；讨论风险分析方法、如何标识并估算风险、制定风险管理方案；最后介绍软件项目规模及成本估算、项目计划的制定与实施。

5.1　可行性分析的内容

开发任何一个基于计算机的软件系统都会受到时间和资源的限制。因此，在项目开始之前需要根据客户提供的时间条件和资源条件进行研究分析，这一过程称为可行性分析。对软件项目进行可行性分析是为了尽早发现在开发过程中可能遇到的问题，并及时做出决定，避免大量人力、财力和时间的浪费。

可行性分析与风险分析密切相关。如果项目的风险很大，就会降低产生高质量软件的可行性。可行性分析主要集中在以下几个方面。

（1）经济可行性分析

进行成本效益分析，评估项目的开发成本，估算开发成本是否会超过项目预期的全部利润，是否值得投资，同时分析软件系统的开发对其他产品或利润的影响。

（2）技术可行性分析

分析待开发软件系统的功能、性能和限制条件，从技术的角度研究在现有资源条件下实现软件系统的可行性。其中，现有的资源包括已有的或将来可以获得的硬件和软件资源、现有的技术人员水平与已有的工作基础。

（3）法律可行性分析

确认待开发软件系统在开发过程中是否存在可能会涉及的各种合同、侵权、责任以及与法律相抵触等问题。

（4）方案选择

对开发软件系统的不同方案进行比较评估。成本和时间的限制会给方案的选择带来局限性，对一些合理的方案都应加以考虑，并从中选出一种最佳方案用于软件系统开发。

5.2 经济可行性

从经济角度评价开发一个软件系统是否可行，称为经济可行性分析，也称成本-效益分析。首先估算待开发软件系统的开发成本，然后与可能取得的效益（有形的和无形的）进行比较和权衡。有形的效益可以用货币的时间价值、投资回收期、纯利润等指标进行度量，无形的效益主要是从效率、心理等方面进行衡量，很难直接进行比较。无形的效益在某些情况下会转化成有形的效益。例如，高质量的设计产生了先进的软件，使得用户更加满意，从而提升产品的满意度和公司的知名度，最终带来更多的客户。本节主要分析有形的收益。

软件系统的经济效益包括因使用新软件系统而增加的收入和使用新软件系统可以节省的运行费用。运行费用包括操作员人数、工作时间、消耗的物资等。

常见的效益度量方法有以下几种。

（1）货币的时间价值

在进行成本-效益分析时，必须认识到投资是现在的，效益是将来获得的，因此不能简单地比较成本和效益，应该考虑货币的时间价值。通常用利率表示货币的时间价值。设利率为 i，现已存入 P 元，则 n 年后可得钱数 F 为

$$F = P(1+i)^n$$

这就是 P 元钱在 n 年后的价值。反之，若 n 年后能收入 F 元，那么这些钱现在的价值 P 是

$$P = \frac{F}{(1+i)^n}$$

例如，企业引入软件系统来代替人工作业，每年可节省 9 万元。若软件可使用 5 年，则 5 年可节省 45 万元，而开发这个项目需花费 16 万元。

这里不能简单地把 16 万元与 45 万元相比较，因为前者是现在投资的钱，而后者是 5 年以后节省的钱，需要把 5 年内每年预计节省的钱折合成现在的价值才能进行比较。设年利率是 5%，利用上面的公式，可以计算出引入软件系统后每年预计节省的钱的现在价值。项目的货币分析如表 5.1 所示。

表 5.1 项目的货币价值

时间/年	将来值/万元	$(1+i)^n$	现在值/万元	累计的现在值/万元
1	9	1.050 0	8.571 4	8.571 4
2	9	1.102 5	8.163 3	16.734 7
3	9	1.157 6	7.774 7	24.509 4
4	9	1.215 5	7.404 4	31.913 8
5	9	1.276 3	7.051 6	38.965 4

（2）投资回收期

投资回收期是衡量一个工程项目的经济指标，是使累计的经济效益等于最初的投资所需要的时间。投资回收期越短，就能越快获得利润，该工程项目也就越值得投资。例如，在上例中引入某软件系统两年后企业可节省 16.73 万元，投资已全部回收，并产生赢利 0.73 万元，那么

$$0.73 / 8.163\ 3 = 0.089$$

因此，投资回收期是 $2 - 0.089 = 1.911$ 年。

（3）纯利润

工程的纯利润是衡量工程价值的另一项经济指标，是指在整个生存期之内软件系统的累计经济效益折合成现在值后与投资之差。

例如，上例中引入某软件系统 5 年后，工程的纯利润预计是 $38.97 - 16 = 22.97$ 万元。

引入该软件系统的成本-效益分析如图 5.1 所示。从图 5.1 中可知，在 1.911 年处软件系统的成本与赢利刚好相等，达到盈亏平衡点。

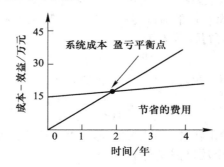

图 5.1　软件系统成本-效益分析

5.3　技术可行性

技术可行性是从技术的角度对系统开发的可行性进行分析，详细阐述为：完成软件系统的功能和性能所需要的技术、方法、算法或者过程，其中存在的开发风险以及这些技术问题对成本的影响。

技术分析的方法有数据模型、概率和统计、排队论、优化技术等。系统分析员通过对现实世界的观察和分析建立技术分析模型，评估模型的行为，并将它们与现实世界对比，论证软件系统开发在技术上的可行性和优越性。

将需求问题转化为模型的过程称为模型化。模型化的基础是现实世界中的需求问题，通过获取数据、理解结构、观察特性三种方式分析现实世界中的问题，分别得到数据的参数表

示、结构的符号表示和模型的特性，从而建立问题对应的模型。模型化过程的数据流图如图 5.2 所示。

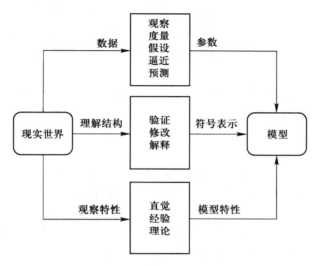

图 5.2　模型化过程的数据流图

Blan Chard 和 Fabrychy 为软件系统的技术分析定义了一套使用模型的准则：

① 模型应表现待评估软件系统构成的动态特性，其操作应尽可能接近真实结果。

② 模型应包括所有的相关元素，并且保证其可靠性。

③ 模型应突出表现与现实问题最相关的因素，对次要的因素要谨慎地回避。

④ 模型设计应尽量简单，并应很快解决问题。分析员应尽量使用现有的工具和有效的方法。

⑤ 模型设计应制定要求，以便修改或者扩充，并在需要时进行评估；对模型要进行一系列的实验，以使其不断地接近软件系统的目标。

根据技术分析的结果，项目管理人员必须作出是否进行软件系统开发的决定。如果软件系统开发技术风险很大，或者模型演示表明当前采用的技术和方法不能实现软件系统预期的功能或性能，或者软件系统的实现不支持各子系统的集成等，项目管理人员将不得不停止软件系统的开发。

5.4　风险分析

与其他任何工程项目一样，软件工程项目的开发也存在着各种各样的风险，有些风险甚至是灾难性的。R.Charette 认为：风险与将要发生的事情有关，它涉及诸如思想、观念、行为、地点、时间等多种因素；风险随条件的变化而改变，人们改变、选择、控制与风险密切相关的条件，可以减少风险，但改变、选择、控制条件的策略往往是不确定的。在软件开发过程中，人们关心的问题是：什么风险会导致软件项目彻底失败；顾客需求、开发环境、目标、时间、成本的改变对软件项目的风险会产生什么影响；必须抓住什么机会、采取什么措施才能有效地减少风险、顺利完成任务。所有这些问题都是软件开发过程中不可避免并需要妥善处理的。

对付风险应该采取主动策略，即在技术工作开始之前就启动风险分析活动：风险标识、风险估算、风险评价和风险管理。

5.4.1　风险标识

从宏观上看，风险可以分为项目风险、技术风险和商业风险三类。由于项目在预算、进度、人力、资源、顾客和需求等方面的原因，对软件项目产生的不良影响称为项目风险；软件在设计、实现、接口、验证和维护过程中可能发生的潜在问题，如规格说明的二义性、采用陈旧或尚不成熟的技术等对软件项目带来的危害称为技术风险；开发了一个没有人需要的优质软件，或推销部门不知如何销售这一软件产品，或开发的产品不符合公司的产品销售战略等称为商业风险。这些风险有些是可以预料的，有些是很难预料的。为了帮助项目管理人员、项目规划人员全面了解软件开发过程存在的风险，Barry W. Boehm 建议设计并使用各类风险检测表标识各种风险。例如，一个参考性的"人员配备风险检测表"一般包括以下内容。

- 开发人员的水平如何？
- 开发人员在技术上是否配套？
- 开发人员的数量如何？
- 开发人员是否能够自始至终地参加软件开发工作？
- 开发人员是否能够集中全部精力投入软件开发工作？
- 开发人员对自己的工作是否有正确的期望？
- 开发人员是否接受过必要的培训？
- 开发人员的流动是否能够保证工作的连续性？

上述问题给出了人员因素对于项目进展的影响，即人员风险分析。各个项目根据项目的实际情况对风险进行分类。通常，项目的风险类别包括需求风险、计划编制风险、组织和管理风险、人员风险、开发环境风险、客户风险、产品风险、设计和实现风险、过程风险等。在进行项目的风险标识后需要对每项风险可能导致的结果进行评估，即风险估算。

5.4.2　风险估算

软件项目管理人员可以从影响风险的因素和风险发生后带来的损失两方面度量风险。为了对各种风险进行估算，必须建立风险度量指标体系；必须指明各种风险带来的后果和损失；必须估算风险对软件项目及软件产品的影响；必须给出风险估算的定量结果。软件风险通常包括性能、支持、成本和进度等因素，这些因素对项目目标可能产生的影响可以划分为可忽略的、轻微的、严重的和灾难性的 4 个级别，如表 5.2 所示。

表 5.2 软件项目的风险级别内容

风险因素	风险级别	
性能	灾难性的	不能满足需求而导致的任务失败
		软件严重退化使其根本无法达到要求的技术性能
	严重的	不能满足需求而导致的系统性能下降，使得任务成功受到怀疑
		技术性能有些降低
	轻微的	不能满足需求而导致次要功能降级
		技术性能稍微降低一点
	可忽略的	不能满足需求而导致使用不方便或对非运行方面有影响
		技术性能没有降低
支持	灾难性的	不能满足需求而导致的任务失败
		无响应或无法支持的软件
	严重的	不能满足需求而导致的系统性能下降，使得任务成功受到怀疑
		软件修改工作有些延迟
	轻微的	不能满足需求而导致次要功能降级
		较好的软件支持
	可忽略的	不能满足需求而导致使用不方便或对非运行方面有影响
		易于支持的软件
成本	灾难性的	错误导致成本增加和进度延迟，预计超支非常大
		资金严重短缺，很可能超出预算
	严重的	错误导致支持延迟和成本增加，预计超支比较大
		资金有些短缺，可能会超支
	轻微的	成本有些增加，进度延迟可补救，预计超支一些
		资金无短缺
	可忽略的	错误对成本和进度影响很小，基本无超支
		可能低于预算

续表

风险因素	风险级别	
进度	灾难性的	错误导致成本增加和进度延迟，预计超支非常大
		项目将延期一段很长的时间
	严重的	错误导致支持延迟和成本增加，预计超支比较大
		交付日期可能延后一段时间
	轻微的	成本有些增加，进度延迟可补救，预计超支一些
		现实的、可完成的进度计划
	可忽略的	错误对成本和进度影响很小，基本无超支
		交付日期提前

风险管理人员可根据此表对每个类别的风险进行估算，设定风险影响的量化结果。或者风险管理人员根据项目需要修改或制定每个类别的风险影响等级，为量化风险影响提供依据。

5.4.3 风险评价和管理

在风险分析过程中，经常使用如下三元组描述风险：

$$[R_i, L_i, X_i]$$

其中，R_i 表示风险，L_i 表示风险发生的概率，X_i 表示风险带来的影响，$i = 1, 2, \cdots, n$，n 表示风险序号。

软件开发过程中，项目超支、进度拖延和软件性能下降等因素可能导致软件项目的终止，因此多数软件项目的风险分析需要给出成本、进度和性能三种典型的风险参考量。当软件项目的风险参考量达到或超过某一临界点时，软件项目将被迫终止。在软件开发过程中，成本、进度和性能相互关联。例如，项目投入成本的增长应与进度相匹配，当项目投入的成本与项目拖延的时间超过某一临界点时，项目应该终止进行。

通常，风险估算过程如下。

① 定义项目的风险参考量。

② 定义每种风险的三元组 $[R_i, L_i, X_i]$。

③ 定义项目被迫终止的临界点。

④ 预测几种风险组合对参考量的综合影响。

三元组 $[R_i, L_i, X_i]$ 是风险管理的基础。R_i 可以根据风险标识的结果来确定，L_i 和 X_i 需要根据经验或直觉进行量化。通常，项目组对项目中可能出现的风险建立风险清单，向所有成员公开，并鼓励项目团队的每个成员勇于发现问题、提出警告。更重要的是，项目清单的内容随着项目的进展不断更新。

设风险对项目的影响分为 4 个级别，从可忽略的 1 到灾难性的 4，一个风险清单的例子如表 5.3 所示。

表 5.3 风险清单

风险（类别）	概率	影响
资金流失（商业风险）	40%	1
技术达不到预期效果（技术风险）	30%	1
人员频繁流动（人员风险）	60%	3

一旦完成了风险清单的内容，就要根据概率进行排序，高发生率、高影响的风险排在前列，并对重要的风险进行管理，制定相应的风险管理措施。

例如，设人员的频繁流动给项目带来的风险为 R_i。根据历史经验或直观感觉，人员离开课题组的概率 $L_i = 60\%$。这一事件发生带来的影响 X_i 是项目开发时间延长 15%、项目成本增加 20%，于是项目负责人可以采取下列风险管理措施：

① 项目开始前应控制产生风险的原因，在项目开工后应想方设法减轻风险影响。

② 了解导致项目开发人员变动的原因，在项目开发期间应控制上述原因，尽量减少人员的流动。

③ 在工作方法和技术上应采取适当措施，防止因人员流动给工作带来损失。

④ 项目在开发过程中应及时公布并交流项目开发的信息。

⑤ 建立组织机构，确定文档标准，并及时生成文档。

⑥ 对工作进行集体复审，让多数人了解工作的细节，跟上工作进度。

⑦ 为关键技术准备后备人员。

为了降低人员频繁流动给软件项目带来的风险，管理人员可以采取培养后备人才的措施，在软件开发过程中尽量让更多的人参与总体设计和关键技术的攻关工作。当然，实施这些措施需要一定的人力、时间和经费。管理人员应根据降低风险、减少损失的原则，客观地分析形势，做出正确决策。

一个大型软件的开发大约存在 30 至 40 种风险。如果每种风险需要 3 至 7 个风险管理步骤，那么风险管理本身也可以构成软件开发过程的一个子项目。人们必须懂得，风险管理不仅需要人力资源，而且还需要经费的支持。

5.5 方案选择

一旦解决了与分析任务相关的问题，就应该开始考虑问题的解决方案。通常，复杂软件系统的解决方案不是唯一的，每种方案对成本、时间、人员、技术、设备等都有一定的要求。

不同方案开发出来的软件系统在系统功能和性能上会有很大差异。软件系统开发成本可划分为研究成本、设计成本、设备成本、程序编码成本、测试和评审成本、系统运行和维护成本等，在开发软件系统所有总成本不变的情况下，软件系统开发各阶段所有成本分配方案的不同也会对软件系统的功能和性能产生较大的影响。

在确定软件系统方案之初，一个较好的做法是对各种系统开发方案进行充分论证，反复比较各种方案的可行性。因此，需要对各种方案进行评价和选择。方案评价的依据是待开发软件系统的功能、性能、成本，系统开发采用的技术、设备、风险，以及对开发人员的要求等。

软件系统开发方案的选择过程如图 5.3 所示。

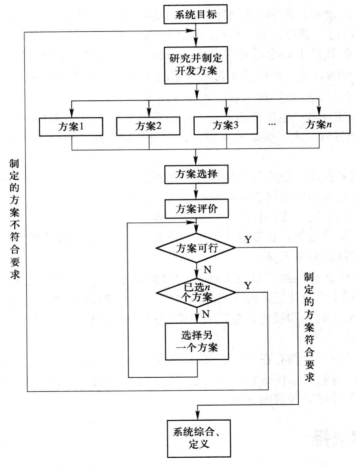

图 5.3   方案选择过程

由于软件系统的功能和性能受到多种因素的影响，某些因素之间相互关联和制约。例如，为了达到高精度可能导致程序执行时间增加，为了达到高可靠性会导致高成本等。因此，项目管理人员需要对可行性研究报告的评审结果进行综合权衡，比较、分析开发与选购软件产品的利弊后，作出是否开发软件项目的决策。

例如，某学校拟开发一套教师工资发放管理系统以替代手工的计算工作，而目前该工作由两名工作人员共同完成，依据教务部门和人事部门提供的教师基本信息和工作量计算教师的月工资。根据学校的需求及实际情况，设计人员提出如下方案。

① 不开发新的软件，只购买电子表格软件，每月将数据录入到电子表格中，利用电子表格的自动计算功能计算教师的工资。

② 开发一个工资发放管理系统，操作人员只需将教师的基本信息录入到系统中，系统根据教师的基本情况自动计算当月工资，当教师的基本信息变化时，操作人员及时更新信息。

③ 开发一个教师综合管理系统，将教师的基本信息、工资信息、晋升情况、科研情况等相关信息进行综合管理，自动计算月工资。当教师的基本信息发生变化时，系统能根据教师情况的变化自动计算修改后的月工资。

综合上述三套方案，第一套方案实施较为简单，但方案的自动化程度较低，需要人为参与程度较高，成本即为电子表格软件的价格；第二套方案开发周期尚可，软件系统的自动化程度中等，但目标明确，只完成应有的工资管理功能；第三套方案自动化程度高，开发周期也相对较长，成本也较高。

从长远来看，第三套方案更为合适，因为构建的是一个综合管理系统，将各种相关信息都纳入到软件系统中进行管理，关联的信息能自动更新，软件系统的集成程度高，但开发的成本也较高。因此，从实际出发，第二套方案更合适，成本不高且能满足所需要的功能，只是需要预留与其他系统的接口。

5.6 规模及成本估算

5.6.1 软件规模估算

软件规模指待开发软件系统的总体工作量。由于固有的特性，无法直观地度量软件开发的工作量。如何准确地估算软件开发的总体工作量、制定开发计划、保证项目按期保质地完成，是软件项目管理人员需要解决的一大难题。

1. 代码行估算

代码行估算法是比较简单的定量估算软件规模的方法。该方法根据以往开发类似产品的经验和历史数据，估计实现一个功能需要的源程序行数。当有以往开发类似项目的历史数据可供参考时，该方法估计出的数据比较准确。把实现每个功能需要的源程序行数累加起来，得到实现整个软件需要的源程序行数。

为了保证估算的客观性和准确性，代码行估算可以由多名有经验的开发人员分别给出，最终计算出所有估算的平均值。此外，开发人员可以提出一个有代表性的估算值范围，即分别按最小规模（a）、最大规模（b）和最可能的规模（m），计算出这三种规模的平均值后，再用下式计算程序规模的估计值：

$$L = \frac{\overline{a} + 4\overline{m} + \overline{b}}{6}$$

用代码行技术估算软件规模，当程序较小时常用的单位是代码行数（Lines of Code，LOC），当程序较大时常用的单位是千行代码数（Kilo Lines of Code，KLOC）。

代码行技术的优点如下：

① 代码行是所有软件开发项目都具有的属性，容易计算。

② 历史数据可靠的情况下，可以快速、较准确地估算出代码行数。

许多现有的软件估算模型把 LOC 或 KLOC 作为关键的输入数据。

代码行技术的缺点如下：

① 源程序仅是软件配置的一个部分，用它的规模代表整个软件规模不太合理。

② 与开发语言紧密相关，用不同语言实现同一个软件产品的代码行数不相同。

③ 该方法并不适用于非过程语言。

2．功能点估算

功能点估算是一种比较流行的估算方法，是依据对软件信息域特征和软件复杂性的评估结果估算软件规模，这种方法以功能点为单位。

（1）信息域特征

功能点技术定义了软件信息域的 5 个特征：外部输入、外部输出、外部查询、内部逻辑文件和外部接口。各个特征的具体含义如下：

① 外部输入（Inp）：用户向软件输入的项数，这些输入给软件提供面向应用的数据。输入不同于查询，查询另外计数，不计入输入项。

② 外部输出（Out）：软件向用户输出的项数，即向用户提供面向应用的信息，如报表、屏幕和出错信息等。报表内的数据项不单独计数。

③ 外部查询（Inq）：所谓查询是一次联机输入，它导致软件以联机输出方式产生某种响应。

④ 内部逻辑文件（Maf）：即数据的一个逻辑组合，可能是某个大型数据库的一部分或一个独立的文件。

⑤ 外部接口（Inf）：机器可读的全部接口数，如磁带或磁盘上的数据文件，通过这些接口将信息传递至另一个系统。

（2）估算功能点步骤

① 计算未调整的功能点数（Unadjusted Function Points，UFP）。首先把产品信息域的每个

特征分成简单级、平均级或复杂级，然后根据划分的等级为每个特征分配一个功能点数。例如，一个平均级的外部输入分配 4 个功能点，一个简单级的外部输入分配三个功能点，一个复杂级的外部输入则分配 6 个功能点，然后依据表 5.4 计算出未调整的功能点总数。

表 5.4　计算未调整的功能点数

信息域特征	估算值	乘以	分类			单项总和
			简单	中等	复杂	
外部输入	——	×	3	4	6	——
外部输出	——	×	4	5	7	——
外部查询	——	×	3	4	6	——
内部逻辑文件	——	×	7	10	15	——
外部接口	——	×	5	7	10	——
未调整功能点总数：						——

② 计算技术复杂性因子（Technical Complexity Factor，TCF）。软件规模可能受诸如性能、数据处理、可用性、可维护性等多种技术因素的影响，因此在计算功能点时需要确定影响软件规模的主要因素。14 种主要技术因素如表 5.5 所示，用 F_i（$1 \leqslant i \leqslant 14$）表示。根据软件的实际情况为每个因子分配一个从 0 到 5 的值，0 表示没有影响，1 表示偶然产生影响，2 表示产生轻度的影响，3 表示产生一般程度的影响，4 表示产生重要的影响，5 表示产生非常重要的影响。然后，用下式计算技术因素对软件规模的综合影响程度 DI：

$$DI = \sum_{i=1}^{14} F_i$$

用下式计算技术复杂性因子 TCF：

$$TCF = 0.65 + 0.01DI$$

表 5.5　技术复杂度因素

F_i	技术因素
F_1	系统需要数据通信的程度
F_2	系统需要分布式处理的程度
F_3	性能对系统的重要程度
F_4	系统需要可靠的备份与恢复程度
F_5	系统运行在现存的高度实用化操作环境的可行度

F_i	技术因素
F_6	需要联机数据输入的多少
F_7	联机数据项是否需要建立多窗口显示和操作
F_8	系统内部逻辑文件是否需要联机更新
F_9	系统的输入、输出、文件、查询复杂程度
F_{10}	系统内部处理过程的复杂度
F_{11}	程序代码的复用程度
F_{12}	设计中是否包括转换和安装
F_{13}	系统设计是否支持在不同站点的重复安装
F_{14}	系统设计的易修改性和易使用性

③ 用下式计算功能点数（Function Point，FP）：

$$FP = UFP \times TCF$$

功能点数与所用的编程语言无关，因此功能点技术比代码行技术更为合理。但是，在判断信息域特征复杂级别与技术因素的影响时存在很大的主观因素，对结果有一定的影响。

5.6.2　软件成本估算

软件成本估算是指软件开发过程中所花费的工作量与相应的代价，不包括原材料和能源的消耗，主要是人的劳动消耗。由于各个项目的软硬件条件、人员状况各不相同，因此估算方法也层出不穷。

目前，软件成本估算一般包括专家判断、类比估算和经验模型三种技术，这些技术一般采用自上而下或自下而上的方式进行估算。自上而下估算整个项目总开发时间和总工作量，然后把它们按阶段、步骤和模块进行分配；自下而上估算每个模块所需的开发时间，汇总得到总的工作量和开发时间。

1．专家判断

专家判断技术是依靠一个或多个专家对项目成本作出估算。这是一种近似的推测，要求专家具有专门的知识和丰富的经验。专家判断的一种比较流行的方法是 Delphi 方法，它鼓励参与者就问题相互讨论，互相说服对方，最终达成共识。

Delphi 方法的具体步骤如下。

① 项目协调人发给每位专家一份软件系统的需求规格说明书（省略名称和单位）和一张记录估算值的表格，请他们进行估算。

② 专家详细研究软件需求规格说明书的内容，项目协调人召集小组会议，专家们与协调

人一起对估算问题进行讨论。

③ 各位专家对该软件提出以下三个规模的估算值：

● a_i：该软件可能的最小规模（最少源代码行数）。

● m_i：该软件最可能的规模（最可能的源代码行数）。

● b_i：该软件可能的最大规模（最多源代码行数）。

无记名地填写表格，并说明做此估算的理由。

④ 项目协调人对各位专家在表中填写的估算值进行综合、分类，计算各位专家（序号为 i，$i=1, 2, \cdots, n$）的估算值期望 E_i 和估算值的期望中值 E。

⑤ 项目协调人召开专家小组会讨论较大的估算差异。

⑥ 专家复查估算总结，并在估算表上提交另一个匿名估计。

⑦ 重复步骤④～⑥，直到估算结果中的最低和最高达到一致。

2．类比估算

类比估算是一种比较科学的传统估算方法，适合评估与历史项目在应用领域、环境和复杂度上相似的项目，通过新项目与历史项目的比较得到规模估算。类比估算的结果精确度取决于历史项目数据的完整性和准确度。因此，使用好类比估算的前提条件之一是组织建立起较好的项目后评价与分析机制，保证历史项目的数据分析是可信赖的。

类比估算的具体步骤如下。

① 整理出项目的功能列表和实现每个功能的代码行数。

② 标识每个功能列表与历史项目的相同点和不同点，特别注意历史项目中不足的地方。

③ 通过步骤①、②得到各个功能的估算值。

④ 产生成本估算。

3．COCOMO2 模型

Barry W. Boehm 在《软件工程经济学》一书中首次提出构造性成本模型（Constructive Cost Model，COCOMO）。它是一种精确、易于使用的基于模型的成本估算方法，COCOMO2 是 COCOMO 的修订版，反映了在成本估计方面所积累的经验，本书介绍 COCOMO2 模型。

COCOMO2 给出了三个层次的软件开发工作量估算模型：应用系统组成模型、早期设计模型与后体系结构模型。这些模型既可用于不同类型的项目，也可用于同一个项目的不同阶段。在估算工作量时，三个层次模型对软件细节考虑的详尽程度逐级增加。模型把软件开发工作量表示成以下代码行 $KLOC$ 的非线性函数：

$$E = a \times KLOC^b \times \prod_{i=1}^{17} f_i$$

其中，E 表示开发工作量（以人月为单位），a 表示模型系数，$KLOC$ 是估计的源代码行数（以千行为单位），b 表示模型指数，f_i（$i=1, 2, \cdots, 17$）是成本因素。

每个成本因素根据它对工作量影响的大小被赋予一定数值，称为工作量系数。这些成本因素对任何一个项目的开发工作量都有影响，这些因素可细分为产品因素、平台因素、人员因素和项目因素 4 类。成本因素及与之相联系的工作量系数如表 5.6 所示。

表 5.6　成本因素及工作量系数

成本因素		级别					
		很低	低	正常	高	很高	特别高
产品因素	要求的可靠性	0.75	0.88	1.00	1.15	1.39	
	数据库规模		0.93	1.00	1.09	1.19	
	产品复杂程度	0.75	0.88	1.00	1.15	1.30	1.66
	要求的可重用性		0.91	1.00	1.14	1.29	1.49
	需要的文档量	0.89	0.95	1.00	1.06	1.13	
平台因素	执行时间约束			1.00	1.11	1.31	1.67
	主存约束			1.00	1.06	1.21	1.57
	平台变动		0.87	1.00	1.15	1.30	
人员因素	分析员能力	1.50	1.22	1.00	0.83	0.67	
	程序员能力	1.37	1.16	1.00	0.87	0.74	
	应用领域经验	1.22	1.10	1.00	0.89	0.81	
	平台经验	1.24	1.10	1.00	0.89	0.81	
	语言和工具经验	1.25	1.12	1.00	0.88	0.81	
	人员连续性	1.24	1.10	1.00	0.92	0.84	
项目因素	使用软件工具	1.24	1.12	1.00	0.86	0.72	
	多地点开发	1.25	1.10	1.00	0.92	0.84	0.78
	要求的开发进度	1.29	1.10	1.00	1.00	1.00	

　　为了确定工作量方程中模型指数 b 的值，原始的 COCOMO 模型把软件开发项目划分为组织式、半独立式和嵌入式三种类型，并指定每种项目类型所对应的 b 值（分别是 1.05、1.12 和 1.20）。COCOMO2 采用了更加精细的 b 分级模型，即采用 5 个分级因素 W_i（$1 \leqslant i \leqslant 5$），每个因素又划分成从很低（$W_i = 5$）到特别高（$W_i = 0$）共 6 个级别，并用下式计算 b 的数值：

$$b = 1.01 + 0.01 \times \sum_{i=1}^{5} W_i$$

因此，b 的取值范围是 1.01～1.26。

5.7 软件项目计划

软件项目计划是软件工程过程中的一项重要活动，在进行软件规模估算和成本估算后，可开始实施软件项目计划，包括进度安排、预算和资源分配等。

5.7.1 进度安排

进度安排的目的是确保软件项目在规定的时间内按期完成。通常，在软件项目管理工作中，进度安排有时比对软件成本估算的要求更高。成本的增加可以通过提高产品定价或通过大批量销售得到补偿，而项目进度安排不当会引起顾客不满，影响市场销售。软件项目的进度安排必须妥善处理以下几个问题。

（1）任务分配、人力资源分配、时间分配要与工程进度相协调

在小型软件开发项目中，一个程序员能够完成从需求分析、设计、编码到测试的全部工作。随着软件项目规模的扩大，人们无法容忍一个人花 10 年时间去完成一个需要十几个人一年才能完成的软件项目。大型软件的开发方式必然是程序员们的集体劳动。由于软件开发是一项复杂的智力劳动，在软件开发过程中加入新的程序员往往会对项目产生不良影响，因为新手要从了解这个软件系统和以前的工作做起，当前正在从事这项工作的"专家"不得不停下手中的工作，抽出时间对他们进行培训。于是，在一段时间内工作进度便拖后了。软件开发人数的增加将导致信息交流路径和复杂性的增加，项目进行中盲目增加人员可能造成事倍功半的效果。

适用于大型项目的 Rayleigh-Norden 曲线如图 5.4 所示。

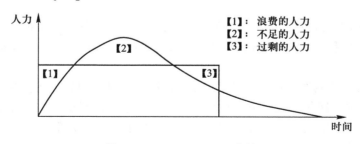

图 5.4 Rayleigh-Norden 曲线

从图 5.4 中可知，完成软件项目的成本与时间不是线性关系，使用较少的人员在可能的情况下，相对延长一些工作时间可以取得较大的经济效益；程序员小组的正常技术交流能改进软

件质量，提高软件的可维护性，减少软件错误，降低软件测试和正确性维护的开销。任务、人力、时间三者之间存在最佳组合，应引起项目负责人的足够重视。

（2）任务分解与并行化

软件工程项目既然需要软件开发人员集体的劳动，就需要采取一定的组织形式将软件开发人员组织起来。软件人员的组织和分工与软件项目的任务分解不可分割。为了缩短工程进度，充分发挥软件开发人员的潜力，软件项目的任务分解应尽力挖掘并行成分，以便软件施工时采用并行处理方式。

（3）工作量分布

5.6 节介绍的估算技术可以估算出软件开发各个阶段的工作量，通常用人月或人年表示。软件在需求分析和设计阶段占用的工作量达到总工作量的 40%～50%，说明软件开发前期的活动非常重要，其中也包括分阶段开发原型的开销。编码工作只占全部工作量的 10%～20%，而软件测试和调试的工作量占总工作量的 30%～40%，这对保证软件产品质量十分必要，实时嵌入式系统软件的测试和调试工作量所占的比例更高。

（4）工程进度安排

软件项目的工作进度安排与其他工程项目十分相似。目前，比较常用的方法是甘特图（Gantt Chart）和工程网络图，两种方法都能描述项目进展状态。甘特图能详细描述完成某项工序所需时间、各工序之间的先后关系、完成的时间节点以及任务进展的里程碑；工程网络图按一定的次序列出所有的子任务和任务进展的里程碑，它表示各子任务之间的依赖关系。网络图是作业分解结构的发展，子任务不仅可以用网络图的形式表示，还可以用树形或层次结构图表示。

采用这些工具可以大大减轻软件项目管理人员在制定软件项目进度表方面的工作量，提高工作质量。下面重点介绍甘特图的使用。

5.7.2　甘特图

甘特图由 Henry Laurence Gantt 于 1910 年提出，通过条状图显示项目进度和其他时间相关的系统进展的内在关系。其中，横轴表示时间，纵轴表示活动（项目），线条表示计划和实际的活动完成情况。

甘特图可以直观地表明任务计划在什么时候进行、实际进展与计划要求的对比。管理者由此可以非常清晰地了解每一项任务（项目）还剩下哪些工作要做，并可评估工作是提前还是滞后，亦或正常进行。除此以外，甘特图还有简单、醒目和便于编制等特点。因此，甘特图是一种项目管理的理想控制工具。

甘特图的含义如下：

① 以图形或表格的形式显示活动。

② 是一种通用的显示进度的方法。

③ 构造时包括实际日历天和持续时间，一般不要将周末和节假日算在进度之内。

甘特图的示例如图 5.5 所示。

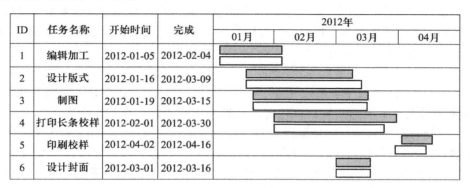

ID	任务名称	开始时间	完成	2012年			
				01月	02月	03月	04月
1	编辑加工	2012-01-05	2012-02-04				
2	设计版式	2012-01-16	2012-03-09				
3	制图	2012-01-19	2012-03-15				
4	打印长条校样	2012-02-01	2012-03-30				
5	印刷校样	2012-04-02	2012-04-16				
6	设计封面	2012-03-01	2012-03-16				

图 5.5 甘特图

图 5.5 中，时间以月为单位表示在图的上方，主要活动从上到下列在图的左边。需要确定书的出版包括哪些活动、这些活动的顺序，以及每项活动持续的时间。时间框里的线条表示计划的活动顺序，灰色线框表示活动的计划进度，空白线框表示活动的实际进度。甘特图作为一种控制工具，帮助管理者发现实际进度偏离计划的情况。

甘特图有如下优点：

① 直观明了（图形化概要）、简单易懂（易于理解）、应用广泛（技术通用）。

② 适用于中小型项目，一般不超过 30 项活动。

③ 有专业软件支持，无需担心复杂计算和分析。

甘特图有如下局限性：

① 甘特图事实上仅仅部分反映了项目管理的三重约束（时间、成本和范围），因为它主要关注进程管理（时间）。

② 软件存在不足：尽管能够通过项目管理软件描绘出项目活动的内在关系，但是如果关系过多，纷繁芜杂的线图必将增加甘特图的阅读难度。

5.7.3 项目计划工具

随着计算机技术的不断发展，涌现出了大量的项目计划工具。它们适用于各种软件项目，提供便于操作的图形界面，帮助用户制定计划任务、管理项目资源、跟踪项目进度等。目前，市场上大约有几十种项目计划工具，这些软件各具特色、各有所长，有商业软件，也有开源软件。本书介绍以下几种常见的项目计划工具。

（1）Microsoft Project

微软的 Project 软件是 Office 办公软件的组件之一，是一个通用的项目管理工具软件，它集成了国际上许多现代的、成熟的管理理念和管理方法，能够帮助项目经理高效准确地定义和管理各类项目。它可以创建项目、定义分层任务、制定项目实施计划、安排项目进度，使项目管理者从大量繁琐的计算绘图中解脱出来，还可以设置企业资源和项目成本等基础信息，轻松实现资源的调度和任务的分配。Project 产品可分为标准版、专业版、服务器版和 Web 版，分别适用于不同的用户和项目规模。

（2）P3

P3（Primavera Project Planner）是美国 Primavera 公司的工程项目计划管理软件，由从事工程计划管理的土木工程师开发。该软件比较切合工程实际，可操作内容多，功能完备。P3是进行项目计划管理的软件，它依据的基本原理是网络计划技术，使用该技术来计算进度，进行进度计划管理。P3 依据进度计划和资源投入的曲线分布原理进行资源计划和成本/投资（统称为费用）计划管理。它提供了多种组织、筛选、比较和分析工程数据的方法，可以制作符合工程管理要求的多种类型数据图形和报表。

（3）DotProject

DotProject 是一款免费的开源软件，它基于 Web 的超文本预处理语言（Hypertext Preprocessor，PHP）。作为一个项目管理的构架，它包含公司、项目、任务（带甘特图）、论坛、文档、工作日历、联系人表、投票、帮助和多语言支持、用户/模块权限、主题等等模块，以简洁统一的界面满足了多种复杂的管理需求。DotProject 的访问完全基于 Web 协议，跨越所有防火墙（80 端口），可以建立在 Internet 上，因此项目组成员即使在异地也能够便捷地访问和协作。

（4）GanttProject

GanttProject 是一款开源的项目管理软件，可以制定项目计划并跟踪项目资源。它能够将项目的各个组成部分分层次排列，并与相应的人员和时间期限挂钩。它使用一个条状图显示项目的进展情况，能看到每项任务的预定完成时间和实际进度，可以为每个项目组成员分配任务，设定任务的优先级和完成期限。GanttProject 的输出功能相当完备，不仅可以把数据保存为.pdf 文件和.csv 表文件，还可以输出为超文本标记语言（Hypertext Markup Language，HTML）文件并发布到 Internet 上。由于 GanttProject 是一款纯 Java 应用程序，因此它可以运行于 Windows、Linux 和 Mac OS 等多个平台上。

本章小结

软件项目实施从可行性分析和计划制定开始。可行性分析的总体任务是分析软件项目实施的可行性，主要从项目的经济可行性和技术可行性角度出发提供方案选择的依据。软件项目实施前需要进行细致的风险分析，标识开发过程中可能存在的风险，制定对应的风险处理措施；项目实施前还需要对项目的规模和成本进行估算，根据项目的规模和资源配置制定项目计划，借助项目计划工具管理项目计划的实施过程。

习题

5.1　可行性研究主要研究哪些问题？试说明之。

5.2　可行性研究的步骤是怎样的？

5.3　可行性研究报告有哪些主要内容？

5.4　软件开发成本估算方法有哪几种？

5.5　试分析代码行估算与功能点估算技术的优缺点。

5.6　什么是软件配置管理？

5.7　成本-效益分析可用哪些指标进行度量？

5.8　项目开发计划有哪些内容？

5.9　试结合你所参与的某个项目分析项目中存在的风险，并针对分析结果制定风险管理措施。

5.10　设计一个软件的开发成本为 5 万元，寿命为 3 年，未来 3 年的每年收益预计为 22 000 元、24 000 元、26 620 元，银行年利率为 10%。试对此项目进行成本效益分析。

5.11　某学校拟开发一个教学管理系统来减轻部分人工操作，每年可节省 5 万元。若软件可使用 8 年，开发这个软件项目需花费 12 万元。试分析该项目的投资回收期。

5.12　某项目开发小组拟开发一个软件系统，进度安排如下：可行性分析半个月；需求分析一个月；概要设计在需求分析进展一半后开始进行，持续两个月；详细设计在概要设计完成后开始，持续两个月；编码工作在详细设计进展 1 个半月后开始，持续一个月，测试工作与编码工作同时进行，持续一个半月。试绘制该系统进度安排的甘特图。

5.13　以"无线校园"为背景，分析项目的技术可行性、操作可行性与经济可行性。

5.14　请以"城市交通流监视与控制"为背景，书写该系统的可行性分析报告。

5.15　请以"智能家居"为例，分析其经济可行性与技术可行性。

5.16　请以"信息尘埃"在现代战争中的应用为背景，进行可行性分析。

5.17　请以"网络视频社区"为背景，按照国标规范书写该项目可行性分析报告。

第 6 章　面向对象分析

面向对象分析从面向对象的思维角度分析和构建软件系统的基本元素，是面向对象方法学的核心环节。本章主要介绍面向对象分析过程，从需求获取到对需求的详细分析、标识参与者与用例、建立用例图、编写用例描述、构建软件系统的领域模型（Domain Model），得到软件系统的详尽需求规格说明。

6.1　面向对象分析过程

面向对象分析是指利用面向对象的概念和方法为软件需求建造模型，使用户需求逐步精确化、一致化、完全化的分析过程，如图 6.1 所示。分析的过程也是提取需求的过程，包括理解、表达和验证；分析的结果采用 UML 结合文字的方式表现，为面向对象设计与实现提供基础。

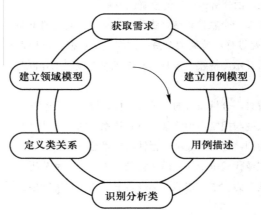

图 6.1　面向对象分析过程

首先进行需求获取，获取用户的初步需求，即用户对软件系统有何要求。获取需求是一个较为艰难的过程，一方面分析人员对业务需求所在行业并不熟悉，需要了解行业背景；另一方面，用户很难把所有的业务流程描述清楚，并让分析人员接受。而需求对于软件系统而言是极为重要的，需求不明确将导致软件系统的失败。因此，需要通过一系列需求获取技术获取用户的真实需求。

获取初步的需求后，要找到软件系统的使用者，即用例的操作者。操作者是在软件系统之外，透过系统边界与系统进行有意义交互的任何事物。"系统之外"指操作者本身不是软件系统的组成部分，而是与软件系统进行交互的外界事物。这种交互应该是"有意义"的交互，即操作者向软件系统发出请求后，软件系统要给出相应的回应，而且操作者并不限于人，也可以是时间、温度和其他系统等。例如，目标系统需要每隔一段时间进行一次系统更新，那么时间就是操作者。

可以把操作者执行的每一个功能看作一个用例。用例描述了软件系统的功能，涉及软件系统为了实现一个功能目标而关联的操作者、对象和行为。识别用例时，要注意用例是由软件系统执行的，并且用例的结果是操作者可以观测到的。用例是从用户角度对软件系统进行的描述，所以描述用例应尽量使用业务语言而不是技术语言。

确定了软件系统的所有用例之后，可以开始识别目标软件系统中的对象和类。把具有相似属性和操作的对象定义为一个类。属性定义对象的静态特征，一个对象往往包含很多属性。例如，读者的属性可能有姓名、读者号、出生日期、性别、学号、身份证号、籍贯、民族和血型等。目标软件系统不可能关注对象的所有属性，一般只考虑与业务相关的属性。例如，"图书借阅管理系统"中，可以不考虑读者的民族、血型等属性。操作定义了对象的行为，并以某种方式修改对象的属性值。

确定了软件系统的类和对象之后，就可以分析类之间的关系，构建软件系统的领域模型。领域模型主要描述软件系统的静态特性，指明软件系统的主要实现对象及其特征。

最后，需要依据所分析的用例模型、用例描述和领域模型撰写需求规格说明书，并对其进行评审。需求分析的过程是一个循序渐进的过程，合理的分析模型需要多次迭代才能得到。

6.2　需求获取

6.2.1　项目需求的来源

需求是项目开始的基础，也是项目实施的目标，需求分析的第一步是明确项目需求的来源。项目需求来源于以下几方面。

（1）问题描述

用户最初提供的对目前存在问题的描述，即目前实际业务中存在的问题，或建议通过何种方式解决问题。

（2）业务规范

用户业务相关的规范，如用户业务的工作规范、规章制度、工作手册、业务指南等与业务相关的参考资料。

（3）用户交流

与用户进行各种形式的交流，如谈话、会议、邮件等，通过这些形式的交流得到用户理解的真实需求。

（4）业务分析

对用户的实际业务操作和业务流程进行分析，得到语言或文字无法直观表达的需求，或业务流程中隐藏的需求。

6.2.2　需求获取技术

在分析阶段的开始，分析人员往往对问题知之甚少，用户对问题的描述、对目标软件的要求通常也相当零乱、模糊。更为严重的是，分析人员与用户共同的知识领域不多，容易造成相互理解方面的困难。因此，分析人员需要通过一些特定的技术，提高与用户之间的沟通效率，以获取用户的真实需求，与用户达成共识。

常用的需求获取技术如下。

1. 访谈

访谈是分析人员获取需求最常见的方式，分析人员与用户约好时间地点，并详细交谈需求相关内容。在访谈前，分析人员应该精心准备一系列问题，通过用户对问题的回答获取有关问题及环境的知识，逐步理解用户对目标软件的要求。问题应该是循序渐进的，应从简单的、一般的问题开始，再逐渐转入细节的、复杂的问题。

所提问题不应限制用户，而是尽量让用户在回答过程中自由发挥，用户的自由发挥一方面有助于分析人员理解用户的业务，另一方面还可了解到一些特殊的业务流程。逐步提出的问题在汇总后应能反映应用问题或其子问题的全貌，并覆盖用户对目标软件或其子系统在功能、行为、性能等诸多方面的要求，当然，细节问题可以留待以后解决。

访谈方法的要点在于访谈之前所作的准备、准备向用户询问的问题以及问题的次序。一个项目的用户访谈问题大纲如表 6.1 所示。

表 6.1　用户访谈问题大纲

1. 用户情况	
姓名	（用户姓名）
公司及部门	（用户所在公司及部门）
职务	（用户在公司中的职务）
主要职责	（用户在公司中所负的主要职责）
（注：多留些空白，以记录其他基本情况）	

续表

2. 了解用户环境	
主要用户	（将来使用本软件系统的主要用户群）
教育背景	（主要用户的教育背景统计数据）
计算机背景	（主要用户的计算机背景统计数据）
类似产品使用经验	（主要用户之前是否有使用过类似产品的经验）
对产品可用性的预期	（主要用户对产品可用性方面的预期）
3. 询问业务问题	
业务问题	（访谈前就应该把业务问题划分为多个类别，分别提出问题）
问题由来	（该问题是如何产生的，有助于分析人员理解业务）
现在解决方案	（目前是如何解决该问题的，如果有流程，最好用业务流程图或活动图等方式辅助描述）
打算解决方案	（打算在未来的软件系统中如何解决，流程可用业务流程图或活动图等方式辅助描述）
重要等级	（该业务问题对整个需求的重要等级）
（注：在此过程中，可进行开放式问答，让用户尽可能详细地描述业务流程）	
4. 反馈理解情况	
业务问题理解	（对刚才询问用户的业务问题，用自己的话复述问题，以确认问题没有被误解）
有否补充问题	（用户对刚才的理解是否有需要补充之处）
5. 询问非功能需求	
可靠性预期	（用户对可靠性的预期）
性能预期	（用户对性能的预期）
维护和服务预期	（用户对维护和服务的预期）
安全需求	（用户对安全需求的预期）
安装和配置需求	（用户对安装和配置的预期）
其他需求	（用户对除以上需求之外的其他需求）
6. 总结	
访谈之后如何联系	（在访谈之后如何联系用户，是否可以打电话或在线联系用户）
用户参加需求审阅	（询问用户是否愿意参加需求审阅）
需求优先级	（让用户总结出需求的优先级，可列出优先的几条需求）

访谈方法的优点在于：可系统性地了解用户需求，通过开放式的问答可全面地了解各种特殊需求。

访谈方法的不足之处在于：对于大规模的用户，需要多个分析人员花费较长时间才能完全了解需求。

2. 需求专题讨论会

需求专题讨论会是需求获取的另一种有效方法。分析人员将多个用户在短暂而紧凑时间内集中在一起，一般为 1～2 天，与会者充分表达自己对需求的观点和要求，最终在应用需求上达成共识，对业务操作过程取得一致意见。

需求专题讨论会的实施要点如下。

（1）专题讨论会的准备。充分的准备是专题讨论会成功的关键。首先，向参加讨论的人员宣传专题讨论会的意义，使其对专题讨论会充满信心；其次，确定真正的用户，并保证其按时参与；再次，做好后勤保障准备工作；最后，在讨论会之前分发资料，便于与会者进行准备，提高专题讨论会的效率。

（2）安排日程。专题讨论会的日程应建立在具体项目需求和所讨论的开发内容基础之上，大多数会议可以遵循一种比较标准的形式，一个典型的日程安排如表 6.2 所示。

表 6.2　专题讨论会的日程安排示例

时间	议程	内容
08:00 – 08:10	介绍	议程
08:10 – 10:00	相关情况简介	项目现状、市场需要、用户访谈结果等
10:00 – 12:00	自由讨论	用户需求
12:00 – 13:00	午餐	
13:00 – 14:30	自由讨论	用户需求
14:30 – 15:00	特征定义	2～3 句话的特征定义
15:00 – 16:00	意见精简、设置顺序	精简讨论意见、设置特征优先级
16:00 – 17:00	结束	总结

（3）举行专题讨论会。专题讨论会上可能出现行政人员间的责备或冲突，会议主持人应该能够掌握讨论会气氛并控制会场，避免挑起项目相关人员之间过去的、现在的或将来的矛盾。

专题讨论会最重要的部分就是自由讨论阶段，这种技术非常符合专题讨论会的气氛，并能营造一种创造性的、积极的氛围，同时可以获得所有用户的意见。

在专题讨论会上，主持人应该注意控制会议时间，并配有专人记录用户的发言。

专题讨论会具有以下优点：所有的与会者充分表达自己的需求和观点，分析人员容易从多个角度理解用户的需求，容易协调解决各个与会者对于需求的不一致。

专题讨论会存在以下不足之处：需要一个有经验的主持人或主持人团队，引导着讨论会沿着既定目标顺利行进，灵活处理讨论过程中存在的问题和争执。

3．问卷调查

所谓"问卷调查法"，指对用户需求中的一些个性化的、需要进一步明确的需求（或问题），采用向用户发问卷调查表的方式，彻底弄清项目需求的一种需求获取技术。

这种方法适合于开发人员和用户方都比较清楚项目需求的情况。因为如果开发人员和用户方都清楚项目的需求，那么需要双方进一步沟通的需求（或问题）就比较少，只是存在极少数的问题，而这极少数问题涉及大多数用户，那么通过采用问卷调查法能使问题得到较好的解决。

问卷调查法的一般操作步骤如下。

（1）先根据合同和以往类似项目的经验，整理出一份《用户需求规格说明书》和相关业务层面的《问卷调查表》提交给用户。

（2）用户阅读《用户需求规格说明书》，并回答《问卷调查表》中提出的问题，如果《用户需求规格说明书》中有描述不正确或未包括的需求，用户可一并修改或补充。

（3）拿到用户返回的《用户需求规格说明书》和《问卷调查表》进行分析，如仍然有问题，则重复步骤（2），否则执行步骤（4）。

（4）经过反复交流沟通，最后整理出《用户需求规格说明书》，提交给用户确认签字。

这种方法的优点在于：方法比较简单、侧重点明确，因此能大大缩短需求获取的时间、减少需求获取的成本、提高工作效率。

这种方法的不足之处在于：无法对所有问题都采用问卷调查方式，只能对某些大多数用户都使用的功能，或者存在着争论的问题，采用问卷调查。

"图书借阅管理系统"的问卷调查如表 6.3 所示。

表 6.3　问卷调查表示例

软件问卷调查表					
--基本资料--					
学院		专业		性别	
学历/职称		手机		职务	
--希望新软件包含哪些你关注的功能--					
□图书关联	□新书速递	□借阅记录	□到期提醒	□电子图书	□统计分析
□网上缴纳罚款		□网上图书续借		□其他（请注明）：	
--希望新软件采用何种通信方式？--					

续表

□客户端/服务器架构	□浏览器/服务器架构	□手机端接入	□邮件提醒
□其他（请注明）：			
--在新软件中你希望的操作方式--			

□鼠标为主	□键盘为主	□两者均衡	□无所谓	□其他
--权限控制--				

□严格控制	□无需太紧	□方便为主	□其他（请注明）：
……			

4. 情境分析法

有时客户可能无法有效地表达或只能片面地表达自己的需求，开发人员很难通过访谈和专题讨论会得到完整的信息。此时，进行情境分析是一种比较好的解决方法。

进行情境分析有如下两种形式。

（1）观察用户实际流程。分析人员可以在不受干扰或直接干预的情况下，观察用户的业务活动，为了避免用户受影响，可以使用摄像机等设备帮助观察。

观察用户实际流程的优势在于：分析人员可以直接了解用户的实际工作环境，对业务需求有最真实的感受，对业务理解较对话方式更为容易。

观察用户实际流程的不足之处在于：无法观察到所有的实际流程，需花费大量时间等待某些业务流程的出现。

（2）模拟实际流程。因为各种原因而无法观察到用户的实际流程时，可建议用户模拟实际流程的操作过程，在设定的条件下，用户详细描述完成业务流程的操作过程，分析人员据此了解实际流程。

模拟实际流程的优点在于：不受实际业务的限制，可充分了解各种特殊情况下业务流程的操作方式。

模拟实际流程的不足之处在于：因为不是实际流程，用户可能会漏掉业务流程中的某些操作或文档，分析人员也没有直观的感受。

情境分析用户工作流程需要一段较长的时间，而且需要涉及各种不同的业务阶段，分析人员需进驻用户工作场景，以获取最佳需求。

例如，图书管理员处理读者还书时，如果该图书借阅超期，即弹出交纳罚款窗口。如果读者交纳罚款，管理员进行记录，以确认读者已交完罚款，此时还书成功；如果读者选择下次再还，应跳过收取罚款，继续其他操作。

通过观察该实际流程，需求人员可以为图书管理员提供一种互动性较好的操作界面，一有罚款即弹出交纳罚款的窗口，因为默认情况下读者都会交纳罚款。通过这种方式，可以减少用户的操作次数，提高操作效率，提升软件的可操作性。

5. 原型法

所谓"原型法"，指分析人员根据自己所了解的用户需求，描绘出应用系统的功能界面后与用户进行交流和沟通，通过"界面原型"这一载体，达到双方逐步明确项目需求的一种需求获取的方法。

这种方法比较适合于分析人员不了解项目需求，而用户对项目的最终面貌也不清楚，即双方对于需求的理解未达成一致。为了使分析人员和客户对需求的理解尽快达成一致，需要借助于一定的"载体"加快对需求的获取，以及双方对需求的理解。这种情况下，采用"可视化"的界面原型法比较可取。

原型法方法的一般操作步骤如下。

（1）根据了解到的需求，采用界面制作工具描绘出应用系统的功能界面。

（2）将应用系统的功能界面提交给用户，并与用户沟通，挖掘出新需求或就需求达成理解上的一致。

（3）分析人员对不断获取的需求进行增量式整理，根据新需求丰富、细化界面原型。

（4）双方经过多次界面原型的交互，分析人员最终整理出《用户需求规格说明书》，提交给用户方确认签字。

由于双方对需求存在着理解不一致，因此需求获取工作将比较困难，可能导致的风险也比较大。这种方法的优点在于：采用"界面原型"方式，能加速项目需求的"浮现"以及双方对需求的一致理解，从而减小由于需求问题给项目带来的风险。

这种方法的不足之处在于，制作界面原型以及修改原型都需要花费额外的时间和人力，而且界面最后有可能被抛弃，因此可能会浪费一定的人力和物力。

6.3　面向对象的需求分析

需求分析是软件开发生命周期中非常关键的一环。从面向对象的角度来看，需求分析是软件分析人员着手分析软件系统，并标识出用于解决问题所需要的软件特性，即它不仅反映了用户系统的客观要求，更重要的是还包含了开发人员对客观域的对象实体结构的认识、分析和归纳。

需求分析由一系列活动组成，包括对需要解决方案问题的研究和确定软件系统解决方案所必须具有的行为。根据选择的特定开发过程，需求分析的完整性和持续时间各不相同，但是它们的基本目标是一致的，即评估和确定最终系统的行为。

需求分析的主要过程如下：分析问题定义、标识参与者和用例、复查参与者和用例、建立用例图、编写用例描述、建立领域模型。

6.3.1 分析问题定义

分析问题定义是对用户所提的软件系统目标和描述的实际业务的一种综合分析，其目标是将用户观点的业务软件系统转为以软件方式实现的业务软件系统。因为用户一般是非计算机专业人员，而且也仅仅是对要实现软件系统的粗略规划，其可行性与实现细节尚未得到验证，必须对其进行分析和细化。

例如，对"图书借阅管理系统"而言，用户定义的系统目标如下。

- 能借阅图书和归还图书。
- 能查询读者所需图书。
- 能查看读者已借的图书和到期信息。
- 能预订当前借不到的图书。
- 还书时，能判断图书是否超期。
- 超期自动计算需要缴纳的罚款。
- 能添加、更新和删除系统中的图书资料信息等。
- 能在 Web 环境下运行，界面友好、响应快速、扩展容易。

用户提出的构想通常认为设计人员能够熟悉他们的业务环境，理解提出的需求，因而往往容易忽视一些默认的业务条件。如上述需求中并未提及读者的类型，通过分析和理解需求，并经过实际的考察查证，读者可分为教职工、学生两个类别。因此，需要对用户所提供的业务流程进行详细的分析和理解。

6.3.2 标识参与者和用例

参与者是与软件系统、子系统或类发生交互的外部用户、进程或其他系统。参与者可以是人、另一个计算机系统或一些可运行的进程。标识参与者是从业务系统分析中找到系统的参与者，并根据参与者确定软件系统的功能。

标识参与者可以从以下问题入手。

① 谁使用此软件系统？
② 谁从此软件系统获得信息？
③ 谁向此软件系统提供信息？
④ 谁支持、维护此软件系统？
⑤ 哪些其他系统使用此软件系统？

这里的"谁"不一定是用户，也可能是部门或其他系统。

分析"图书借阅管理系统"，按照上节的业务描述，可以通过逐条回答以上问题找寻答案，从而标识出其中的参与者，分析过程如表 6.4 所示。

表 6.4 标识参与者的分析过程

问题	问题解答	参与者	附注
谁或什么使用此系统	图书管理员使用该系统来处理借书、还书等事务	图书管理员	无
	教师、学生使用该系统来查询图书、预订图书等	教师、学生	
	系统管理员使用该系统增加读者、增加图书等	系统管理员	
谁或什么从此系统获得信息	图书管理员可从该系统中查询读者状态、图书状态等信息	图书管理员	无
	教师和学生可从系统中查询图书状态和自身借阅状态信息	教师、学生	
谁或什么向此系统提供信息	系统管理员向此系统录入图书信息、修改教师和学生信息	系统管理员	系统也可以作为参与者
	教务系统向此系统导入学生和教师信息	教务系统	
谁或什么支持、维护此系统	系统管理员支持、维护此系统	系统管理员	无
哪些其他系统使用此系统	无	…	无
哪个部门使用此系统	流通部	图书管理员	图书管理员属于流通部
	维护部	系统管理员	系统管理员属于维护部

通过对软件系统提出问题并回答问题，可以标识出"图书借阅管理系统"的参与者主要有图书管理员、系统管理员、教师、学生、教务系统。通过这一步骤初步得到软件系统的参与者，还需要进行参与者的复查。

用例是外部可见的一个软件系统功能，这些功能由软件系统提供，并通过和参与者之间消息的交换来表达。用例的用途是在不揭示软件系统内部构造的情况下定义行为序列，它把软件系统当作一个黑箱，表达整个软件系统对外部用户可见的行为。

鉴于用例的特点，用例一般被命名为一个能够说明目标的动名词组。

可以为每个参与者提出以下问题来识别用例。

① 为什么该参与者想要使用此软件系统？

② 该参与者是否要创建、保存、更改、移动或读取软件系统的数据？

③ 该参与者是否要通知软件系统外部事件或变化？

④ 该参与者是否需要知道软件系统内部的特定事件？

参照这些问题，可以识别"图书借阅管理系统"的用例。以图书管理员和读者为例，图书管理员的用例分析过程如表 6.5 所示，读者的用例分析过程如表 6.6 所示。

表 6.5　识别参与者"图书管理员"的用例过程

问题	问题解答	识别的用例	附注
为什么该参与者想要使用此系统	图书管理员使用此系统以实现处理借书、处理还书、收取罚款、取消预订功能	处理借书	无
		处理还书	无
		收取罚款	无
		取消预订	无
该参与者是否要创建、保存、更改、移动或读取系统的数据	借书时要首先验证读者的状态	验证读者状态	无
该参与者是否要通知系统外部事件或变化	无	无	无
该参与者是否需要知道系统内部的特定事件	无	无	无

表 6.6　识别参与者"读者"的用例过程

问题	问题解答	识别的用例	附注
为什么该参与者想要使用此系统 该参与者是否要创建、保存、更改、移动或读取系统的数据 该参与者是否要通知系统外部事件或变化	读者需使用此系统查询图书信息、预订图书、查询借阅信息、借阅图书、归还图书、交纳超期罚款	查询图书	无
		预订图书	无
		查询借阅	无
		借阅图书	无
		归还图书	无
		交纳超期罚款	无
该参与者是否需要知道系统内部的特定事件	无	无	无需知道

6.3.3　复查参与者和用例

标识出参与者和用例之后，还需要进一步对标识出的参与者和用例进行复查，核对标识的结果，并检查是否有遗漏或不当。

参与者复查的参考标准如下。

① 是否已找到所有的参与者，即是否已经对软件系统环境中的所有参与者都进行了说明和建模。

② 每个参与者是否至少涉及一个用例。

③ 能否列出至少两名可以作为特定参与者的人员。

④ 是否有与软件系统相关的相似参与者，如有，应将他们合并到一个参与者中。

参照以上问题，可以对上述得到的参与者进行复查，复查过程如表 6.7 所示。

表 6.7 参与者复查过程

问题	问题解答	修改内容
是否已找到所有的参与者，即是否已经对系统环境中的所有参与者都进行了说明和建模	已对照业务功能描述分析了所有功能的参与者	无
每个参与者是否至少涉及一个用例	每个参与者至少涉及一个用例	无
能否列出至少两名可以作为特定参与者的人员	对于除教务系统外的参与者都可以。教务系统的更新学生和教师信息功能是自动完成的	无
是否有与系统相关的相似参与者	通过分析发现，教师和学生是相似的参与者，因为他们执行的功能是相同的	教师和学生参与者合并为"读者"

通过表 6.7 的检查过程可知，软件系统最终的参与者为图书管理员、系统管理员、读者、教务系统。

用例复查的参考标准如下。

① 用例模型的简介部分简明清晰地概述此软件系统的目的和功能。

② 所有的用例已确定，这些用例共同说明所有的必要行为。

③ 所有的功能性需求都至少映射到一个用例。

④ 该用例模型不包含多余的行为，所有的用例都可回溯到某个功能性需求来证明其合理性。

参考此复查标准，对"图书借阅管理系统"中参与者"图书管理员"和"读者"所识别的用例进行检查，过程如表 6.8 所示。

表 6.8 用例复查过程

问题	问题解答	修改内容
用例模型的简介部分简明清晰地概述此系统的目的和功能	已清晰描述了系统的功能和目的	无
所有的用例已确定，这些用例共同说明了所有的必要行为	用例都已确定，且覆盖了系统的必要行为	无
所有的功能性需求都至少映射到一个用例	已对照功能，所有的功能性需要至少映射到一个用例上	无
该用例模型不包含多余的行为，所有的用例都可回溯到某个功能性需求来证明其合理性	用例模型不包含多余的行为，而且用例都可以回溯到功能性需求	无

6.3.4　建立用例图

根据业务分析的结果标识出参与者，并识别出相应的用例后，需要构建软件系统的完整用例图，以表达出软件系统的需求。用例图中除了用例和参与者外，还需要分析参与者和用例之间、用例和用例之间、参与者和参与者之间的关系。如何分析并正确表达它们之间的关系，对于分解软件系统功能、理解用例模型、设计软件系统结构都较为重要。

（1）关联关系

参与者和用例之间的关系为关联，关联的方向为从参与者指向用例。

（2）包含关系

包含关系用于将基本用例的部分工作分离出去，对这部分工作来说，基本用例只关注结果，而不关注获得结果的方法。如果这种分离可以简化对基本用例的理解，或者可以在其他基本用例中复用被分离的行为，就可以将这部分工作分离出去。

包含关系通常适用于以下情况：从基本用例中分解出来这种行为，基本用例需依赖被包含用例的结果；将两个或者多个用例所共有的行为分离出来。

包含关系的方向为基本用例指向被包含的用例。

（3）扩展关系

以下情况常常存在扩展关系。

① 用例的某一部分是可选的或可能可选的系统行为。这样，可以将模型中的可选行为和必选行为分开。

② 只有在特定条件或异常情况下才执行的分支流，如触发警报。

③ 可能有一组行为段，其中一个或者多个段可以在基本用例中的扩展点处插入，所插入的行为段（以及插入的顺序）将取决于在执行基本用例时与参与者进行的交互。

扩展关系的方向为扩展用例指向基本用例。

上节用例分析中，可以对用例间的关系进行进一步分析，通过分析可以发现：图书管理员用例中，"处理借书"用例与"验证读者状态"用例存在包含关系，"处理借书"用例操作时，需先验证读者状态、账户状态是否正常，是否能借书，还能借几本书等。这种情况说明，"处理借书"用例需要依赖"验证读者状态"用例的处理结果，没有验证读者状态就不能借阅图书，因此，包含关系从"处理借书"用例指向"验证读者状态"用例，表示"处理借书"用例需要先执行"验证读者状态"用例。"处理还书"用例与"收取罚款"用例之间存在扩展关系。处理还书时，如果图书借阅超过规定的时限，会产生罚款，读者需缴纳罚款，因此，"收取罚款"用例扩展于"处理还书"用例。由实际情况可知，"收取罚款"用例不是每次"处理还书"用例时都会发生，只是在某些特定条件下，如借阅超期，才会发生，因此为扩展关系。扩展关系从"收取罚款"用例指向"处理还书"用例，表示"收取罚款"用例从"处理还书"用例扩展而来。

图书管理员用例图如图 6.2 所示，读者用例图如图 6.3 所示。

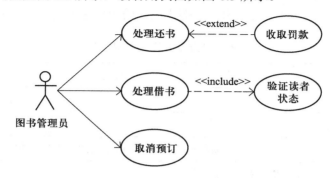

图 6.2　图书管理员用例图

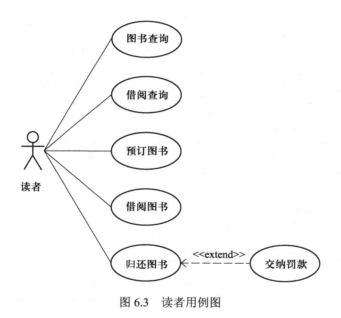

图 6.3　读者用例图

6.3.5　编写用例描述

用例图大致描述了软件系统所能提供的各种服务，使得客户和开发人员对软件系统的功能有一个总体认识，还需要进一步描述每一个用例的详细信息，即用例描述。

用例描述是关于执行者与系统如何交互的需求规格说明，要求清晰明确，没有二义性。在描述用例时，应该只注重外部能力，不涉及内部细节。

常见用例描述模板包含以下内容：用例名称、用例标识号、简要说明、事件流、用例场景、特殊需求、前置条件、后置条件。

以"借阅图书"用例和"归还图书"用例为例，用例描述分别如表 6.9 和表 6.10 所示。

表 6.9 "借阅图书"用例描述

标题	说明
用例名称	借阅图书
用例标识号	UC204
简要说明	读者可通过此用例借阅图书，借阅成功后修改读者和图书的状态
前置条件	读者选择要借阅的图书
基本事件流	① 判断该读者的状态是否为正常 ② 判断该图书的状态是否为正常可借 ③ 判断读者是否还能借阅图书，即是否已到最大借阅数 ④ 上述条件都满足时，修改读者状态和图书状态，完成借阅过程 ⑤ 用例结束
其他事件流	① 如果读者的状态不是正常的状态，则提示"该读者的状态异常" ② 如果该图书的状态不是正常可借，则提示"该图书目前无法借出" ③ 如果该读者的借阅数量已到最大借阅数，则提示"该读者已到最大借阅数，不能再借阅"
异常事件流	① 如果读者不存在，提示"读者不存在"异常 ② 如果图书不存在，提示"图书不存在"异常 ③ 修改读者和图书状态失败，提示"访问数据失败"异常
后置条件	① 图书的状态修改为已借出，借阅者修改为该读者，借阅时间为当前日期 ② 读者的已借阅数量增加 1
特殊需求	用例中的事件需进行事务处理，保持操作的一致性

表 6.10 "归还图书"用例描述

标题	说明
用例名称	归还图书
用例标识号	UC205
简要说明	归还读者所借的图书，归还后分别修改读者和图书的状态
前置条件	读者选择要归还的图书
基本事件流	① 判断图书是否为已借出状态，且为该读者所借 ② 判断该图书是否借阅超期

标题	说明
基本事件流	③ 正常还书，将图书的状态修改为"可借"，从读者所借书目中删除该图书 ④ 用例结束
其他事件流	如果该图书已超过读者所能借阅的期限，则提示"该图书已超期"，并按超期时间交纳罚款
异常事件流	① 如果图书不存在，提示"图书不存在"异常 ② 如果图书不是已借出状态，则提示"图书状态不正确"异常 ③ 如果读者所借图书在列表中没有，则提示"图书不是该读者所借" ④ 修改读者和图书状态失败，提示"访问数据失败"异常
后置条件	① 图书的状态修改为正常，借阅者修改为空，归还时间为当前日期 ② 读者的已借阅数量减少 1
特殊需求	用例中的事件需进行事务处理，保持操作的一致性

用例描述通常采用文本方式进行表述，为了更加清晰地描述事件流，也可以选择使用状态图、活动图或序列图辅助说明。状态图有助于描述与状态相关的系统行为，活动图有助于描述复杂的决策流程，序列图适合描述基于时间顺序的消息传递。此外，只要有助于简洁明了地表达用例，也可以在用例中粘贴用户界面、图形化的流程或其他图形。

6.3.6　建立领域模型

领域即业务领域，是用户进行业务活动的主要内容。一些领域与现实世界中的实体相对应，例如，雇员管理系统中的雇员，"图书借阅管理系统"中的图书，零售管理系统中的商品；有些领域和现实世界中的虚拟实体相对应，例如，金融系统中的借贷关系，商务系统中的合同关系等。

领域模型是现实世界中的实体在代码中的体现与合理抽象，它能表现出实体的基本信息。

建立领域模型是软件构建的核心环节，如果它没有被合理地抽象，那么软件能提供的服务、数据的持久化和数据在软件中的表现都将是空中楼阁。因此，从现实世界中的实体中抽象出合理的领域模型是软件构建中提纲挈领的一个环节，这一环节将成为软件各个层次的基石，也是软件构建的起点。

分析目标系统的需求，设计系统的用例图，写出用例描述之后，可开始建立领域模型。建立领域模型的主要内容包括识别分析类、定义类关系、绘制类图并复查模型。

1. 识别分析类

识别分析类包括识别和分析两个过程。识别类是分析已建立的用例，从中提取出软件系统的基本元素——类；分析类是根据用例所提供的功能特性，将这些功能特性分配给对应的类，作为类所提供的服务，根据这些服务确定类应具备的操作及属性。

　　类是面向对象方法的基本单元，是现实世界中实体在面向对象体系中的表现形式。因此，识别类的任务就是找出完成用例功能的实体单元，分析类则是在识别出初步的类后对类作进一步分析，确定是否需要合并或分析一些类的职责。

　　可以通过以下几种途径识别类。

　　（1）名词识别法

　　该方法的关键是识别问题域中的实体。问题域中的实体通常以名词或名词短语来描述，通过对软件系统简要描述的分析，在提出实体对应名词的基础上识别类。

　　名词识别法的步骤如下。

　　① 按照指定语言对软件系统进行描述。描述过程应与领域专家合作完成，并遵循问题域中的概念和命名。

　　② 从软件系统中标识名词、代词、名词短语。其中，单数名词（代词）可以标识为对象，复数名词可以标识为类。

　　③ 识别确定类。并非所有列出的名词、代词、名词短语都是类，应根据一定的原则进行识别确定，去除不适合的名词。确定的原则通常如下。

　　a. 删除冗余类。如果两个类表述同一信息，应保留最具有描述能力的类。例如，在银行网络系统中，"用户"与"顾客"是重复的描述，由于"顾客"更具有描述能力，因此删除"用户"类。

　　b. 删除不相干的类。删除与问题无关或关系不大的类。这些与软件系统无关或关系不大的类通常不是主要的类，因此可删除。

　　c. 删除模糊的类。有些初始类边界定义不确切，或范围太广，应该删除。如"系统"这个类的范围比较广，可以删除。

　　d. 删除那些独立性不强的类，这些类应该是类"属性"的候选类。

　　e. 所描述的操作不适宜作为对象类，并被其自身所操纵，所描述的只是实现过程中的暂时对象，应删去。

　　（2）系统实体识别法

　　该方法不关心软件系统的运作流程和实体之间的通信状态，只考虑系统中的人员、组织、地点、表格、报告等实体，经过分析将它们识别为类（或对象）。

　　被标识的实体有软件系统需要存储、分析、处理的信息实体，系统内部需要处理的设备，与系统交互的外部系统，系统相关人员，系统的组织实体等。

　　（3）从用例中识别类

　　用例图本质上是系统的一种描述形式，可以根据用例的描述来识别类。通过用例识别类的方法与实体识别法很相似，只不过实体识别法针对整个软件系统考虑，用例识别法则分别对每一个用例进行识别。因此，用例识别法可能会识别出实体识别法未识别出来的类。

　　针对每个用例，可通过回答以下问题识别类。

① 用例描述中出现了哪些实体？或者用例的完成需要哪些实体的合作？
② 用例在执行过程中会产生并存储哪些信息？
③ 用例要求与之关联的角色应该向该用例输入什么信息？
④ 用例向与之关联的角色输出什么信息？
⑤ 用例需要对哪些硬件设备进行操作？

识别出的类将作为候选类，成为分析类的基础。分析类主要分析候选类是否满足用例的功能要求，是否需要合并或分解，以增强软件系统的可扩展性。

2. 分析类关系

类间关系主要反映现实世界中实体存在的联系，或者业务流中实体之间的相互作用。类间的关系分为以下几种。

（1）泛化关系

如果两个实体间存在着继承关系，则这两个实体对应的类可转化为泛化关系，如汽车类和小轿车类。如果几个实体的属性比较相似或大部分相同，也可以构建一个抽象的父类，组成泛化关系，可提高软件系统的复用性。

（2）关联关系

对于两个相对独立的类，当一个类的实例与另一个类的一些特定实例存在固定的对应关系时，这两个对象之间表现为关联关系。关联关系是类图中最常见的一种类关系。

（3）聚合关系

如果对象 A 被加入到对象 B 中成为对象 B 的组成部分时，对象 B 和对象 A 之间为聚合关系。聚合是关联关系的一种，是较强的关联关系，强调的是整体与部分之间的关系。

（4）依赖关系

对于两个相对独立的对象，当一个对象负责构造另一个对象的实例，或者依赖另一个对象的服务时，这两个对象之间主要表现为依赖关系。

3. 绘制类图并复查模型

标识出软件系统中的类元素并确定类之间的关系后，可绘制出基本类图。类图绘制后需要对模型进行复查，进一步完善模型，可从以下几方面对软件系统进行复查。

① 从程序的功能角度入手，考虑需要几个类才能完成这个功能，再由此考虑类之间的联系。例如，需要雇员类和资源类的协助，借贷关系才能完整地表现出来。

② 从类所对应的实体对象入手，考虑实体之间是否有级联、回溯、包含等常见关系。例如，个人信息包含地址、公司类和雇员类的级联关系，雇员类查找自己所属公司的回溯关系等。

③ 从反持久化入手，考虑把一个类对象从存储介质中提取出来需要哪些类对象的帮助，这些类对象是通过哪种方式联系在一起的。例如，表之间的主键和外键，类对象同样应具有相对应的成员变量。

4．建立领域模型示例

结合"图书借阅管理系统"，通过上述识别分析类的方法可以构建出领域模型。例如，采用名词识别法理解用例，分析业务中的业务流程和业务规则，从中归纳出基本实体。

以借书用例为例，对借书的过程采用规范的语言进行描述可得到如下的流程描述：读者选择一本图书，图书管理员读入图书的条形码，确认图书能被借且读者还能借书后，修改图书和读者状态，完成借书操作。

在上述描述中，可得到以下名词：读者、图书、图书管理员、条形码、读者状态、图书状态、借书操作。

得到名词之后，根据上文所述的确定类原则，对名词进行进一步确定。

在用例分析中，可以将学生与教职工对象合二为一，因为两者的功能基本相同。但是，在分析类间关系时，由于两者存在一些特性上的差异，如两者可借图书数目不一样、借阅期限不同，因此需要进行区分，读者类可增加两个子类，分别是教职工和学生，它们与读者是泛化关系。这样处理将增强软件系统的可扩展性，如果还需要增加读者类型，直接进行泛化即可。

条形码如果作为对象，它只有一个属性——条形码的值，考虑条形码不会单独存在，只是作为图书的一部分，因此将条形码作为图书对象的一个属性。

图书管理员与读者虽然都是系统的用户，但两者的工作职责与功能使用都不相同，对两者的管理方式也不相同，因此，两者仍然保持为两个对象。

通过上述分析，可确定借阅图书流程的基本类为：读者、教职工、学生、图书、图书管理员，建立的基本领域模型如图 6.4 所示。

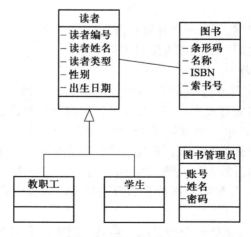

图 6.4　基本领域模型

分析借书用例，得到基本领域模型的一部分，还需要对前面分析的所有用例模型进行分析，找出新类或类中新的属性和操作，逐步完善基本领域模型，最终形成完整的领域模型。

领域模型的建立过程是一个不断迭代的过程，正如面向对象分析所采用的喷泉模型的无缝迭代一样，先进行面向对象分析，再进行面向对象设计。设计中如发现问题，需要再分析，分析之后再修正设计。面向对象实现中如发现问题，也需要再设计，最终的目标是越来越接近实际需求。

6.4 需求规格说明与评审

在与用户沟通、获取用户需求并进行分析之后，必须形成正式的需求描述文档，即需求规格说明书。需求规格说明书形成之后，还需经过相关的评审，才能正式作为设计和编码的依据。

6.4.1 需求规格说明书

需求规格说明阐述一个软件系统必须提供的功能和性能，以及它所要考虑的限制条件，它不仅是软件系统测试和用户文档的基础，也是所有子系列项目规划、设计和编码的基础。它应该尽可能完整地描述软件系统预期的外部行为和用户可视化行为。

分析业务系统与用户需求后，需要借助需求规格说明书描述这些需求。需求规格说明书的主体包括功能需求与非功能需求描述两部分。功能需求主要描述软件系统的输入、输出及其相互关系；非功能需求主要描述软件系统在工作时应具备的各种属性，包括效率、可靠性、安全性、可维护性、可移植性等。为使得软件需求规格说明书更专注于业务系统的需求，其他与需求无关或关联不紧密的内容，如人员组织、成本预算、进度安排、软件设计、质量控制等内容可单独形成文档。

根据 GB 8566－1988 的需求规格说明书模版，结合"图书借阅管理系统"的用例分析过程，可撰写出软件需求规格说明书，下面给出需求规格说明书的片段。

　　…

　5. 功能需求

　　…

　　5.2 功能描述

　　…

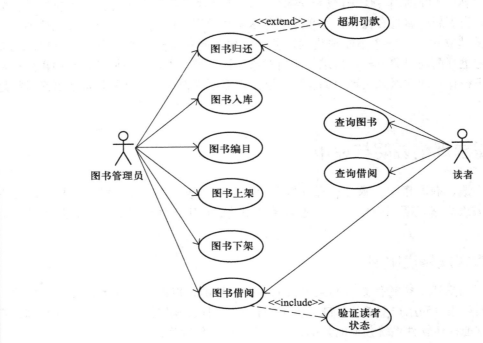

"图书借阅管理系统"用例图

（3）借阅图书

借阅图书用例描述

标题	说明
用例名称	借阅图书
用例标识号	UC204
简要说明	读者可通过此用例借阅图书，借阅成功后修改读者和图书的状态
前置条件	读者选择要借阅的图书
基本事件流	① 判断该读者的状态是否为正常 ② 判断该图书的状态是否为正常可借 ③ 判断读者是否还能借阅图书，即是否已到最大借阅数 ④ 上述条件均满足时，修改读者状态和图书状态，完成借阅过程 ⑤ 用例结束
其他事件流	① 如果读者的状态不是正常的状态，则提示"该读者的状态异常" ② 如果该图书的状态不是正常可借，则提示"该图书目前无法借出"

续表

标题	说明
其他事件流	③ 如果该读者的借阅数量已到最大借阅数，则提示"该读者已到最大借阅数，不能再借阅"
异常事件流	① 如果读者不存在，提示"读者不存在"异常 ② 如果图书不存在，提示"图书不存在"异常 ③ 修改读者和图书状态失败，提示"访问数据失败"异常
后置条件	① 图书状态修改为已借出，借阅者修改为该读者，借阅时间为当前日期 ② 读者的已借阅数量增加 1
特殊需求	用例中的事件需进行事务处理，保持操作的一致性

（4）归还图书

归还图书用例描述

标题	说明
用例名称	归还图书
用例标识号	UC205
简要说明	归还读者所借的图书，归还后分别修改读者和图书的状态
前置条件	读者选择要归还的图书
基本事件流	① 判断图书是否为已借出状态，且为该读者所借 ② 判断该图书是否借阅超期 ③ 正常还书，将图书的状态修改为"可借"，从读者所借书目中删除该图书 ④ 用例结束
其他事件流	如果该图书已超过读者所能借阅的期限，则提示"该图书已超期"，并按超期时间交纳罚款
异常事件流	① 如果图书不存在，提示"图书不存在"异常 ② 如果图书不是已借出状态，则提示"图书状态不正确"异常 ③ 如果读者所借列表中无该图书，则提示"图书不是该读者所借" ④ 修改读者和图书状态失败，提示"访问数据失败"异常
后置条件	① 图书的状态修改为正常，借阅者修改为空，归还时间为当前日期 ② 读者的已借阅数量减少 1
特殊需求	用例中的事件需进行事务处理，保持操作的一致性
...	

6.4.2 需求评审

形成需求规格说明书之后，在提交给设计阶段之前需要进行需求评审。需求评审是为了发现说明书中存在的错误或缺陷，及时进行更改或弥补，通过重新进行相应部分的初步需求分析建模，修改需求规格说明书，再进行评审，使得说明书更准确地描述用户需求和需求分析的结果。

　　需求评审可以分为正式评审与非正式评审。在需求规格说明书完成后，需求组必须自己对需求做评审。为了减少后续设计和编码工作的反复次数，分析人员需要对提交的内容进行审核，直到他们认为自己的工作成果足够好，才会将需求规格说明书提交给正式评审组。

　　正式评审组的成员一般由经验最丰富的技术人员担任，同时参加评审的人还应该包括项目经理、品质保证（Quality Assurance，QA）人员、测试人员、架构师，他们需要仔细阅读需求规格说明书，针对自己将开展的工作内容进行检查，提出问题。

　　需求评审的主要内容，即需求的 8 个特性如下：正确性、无歧义性、完全性、可验证性、一致性、可理解性、可修改性、可追踪性。

　　（1）正确性

　　需求规格说明书中的功能、行为、性能描述必须与用户对目标软件产品的期望吻合。

　　（2）无歧义性

　　对于用户、分析人员、设计人员和测试人员而言，需求规格说明书中的任何语法单位只能有唯一的语义解释。确保无歧义性的一种有效措施是在需求规格说明书中使用标准化术语，并对术语的语义进行显式的、统一的解释。

　　（3）完全性

　　需求规格说明书中不能遗漏任何用户需求。具体地说，目标软件产品的所有功能、行为、性能约束以及它在所有可能情况下的预期行为，均应完整地包含在需求规格说明书中。

　　（4）可验证性

　　对需求规格说明书中的任意需求，应有技术和经济上可行的手段进行验证和确认。

　　（5）一致性

　　需求规格说明书的各部分之间不能相互矛盾。这些矛盾可以表现为术语使用方面的冲突，功能和行为特征方面的冲突，以及时序方面的前后不一致。

　　（6）可理解性

　　追求上述目标不应妨碍需求规格说明书对用户、设计人员和测试人员的易理解性。特别是对非计算机专业的用户而言，不宜在说明书中使用太多的专业化词汇。

　　（7）可修改性

　　需求规格说明书的格式和组织方式应保证能够比较容易地接纳后续的增加、删除和修改，修改后的说明书应能够较好地保持其他各项属性。

　　（8）可追踪性

　　需求规格说明书必须将分析后获得的每项需求与用户的原始需求项清晰地联系起来，为后续开发和其他文档引用这些需求项提供便利。

　　一般而言，需求评审以用户、分析人员和软件系统设计人员共同参与的会议形式进行。首先，分析人员要说明软件产品的总体目标，包括产品的主要功能、与环境的交互行为和其他性能指标；其次，需求评审会议对说明书的核心部分——需求模型进行评估，讨论需求模型与说明书其他部分是否在上述关键属性方面具备良好的品质，进而决定该说明书能否构成良好的软件设计基础；再次，需求评审会议针对原始软件问题讨论除当前需求模型之外的其他解决途径，并对各种影响软件设计和软件质量的因素进行折中，决定说明书中采用的取舍是否合理；最后，需求评审会议应对软件的质量确认方法进行讨论，最终形成用户和开发人员均能接受的各项测试指标。

本章小结

需求是软件项目实施的基础，也是软件项目实施的目标。本章介绍了面向对象分析的基本方法和分析过程，首先进行需求获取，通过多种需求获取方法得到用户对于目标软件系统的需求，然后采用面向对象方法对需求进行分析，识别参与者和用例并进行复查，得到用例图，完成用例描述；识别出软件系统中的类，确定类之间的关系，建立软件系统的领域模型；撰写需求规格说明书，并进行复审。面向对象分析是面向对象设计的基础，为面向对象设计规定了总体的框架。

习题

6.1 面向对象分析包括哪些活动？应该建立什么模型？

6.2 常见的需求获取技术有哪些？

6.3 标识参与者的主要途径有哪些？

6.4 识别用例的主要途径有哪些？

6.5 需求评审的主要内容有哪些？

6.6 参与者之间的关系有哪些？

6.7 简述用例之间有哪些关系？

6.8 试编写预订图书的用例描述。

6.9 某公司对员工使用公司公车进行统一管理，使用公车的流程如下。

① 员工要使用公车，必须提前一天提出申请，填写《公务用车申请表》，内容包括用车人及所在部门、用车事由、用车时间、目的地等，由部门经理审批、调度中心主任审查同意后，根据不同用车要求安排不同的车辆，将出车任务下发给司机，司机根据要求按指定时间和地点执行。

② 用车完毕，司机填写《行车记录》，包括出发地点和目的地、出发时间和结束时间、路线、过路过桥费用等，使用公车的员工签字确认，并对司机的服务进行评级。司机将《行车记录》交回调度中心。

根据以上描述，画出相应的用例图，写出审查用车申请的用例描述。

6.10 分析如下案例，并绘制出用例图，写出用户转账的用例描述。

自动柜员机（ATM）为用户提供了查询、存款、取款、转账、修改密码等功能，用户在操作之前需插入自己的银行卡，输入正确的银行卡密码。银行工作人员能查询机器状态、形成日报表和月报表。

6.11 某公司要求开发一个公文处理系统，其中发文管理的处理流程如下。

发文草拟人新拟文件交给发文审核人审核，如需要修改，由发文草拟人对公文进行修改后交发文复核人复核，复核完毕后，由发文签发人签发公文，由分发人进行分发，最后由发文草拟人将发文送到档案室存档。根据以上描述，画出相应用例图，写出公文草拟的用例描述。

6.12 某汽车租赁系统的需求描述如下。

① 客户可以通过不同的方式（包括电话、前台、网上）预订车辆。

② 能够保存客户的预订申请单。

③ 能够保存客户的历史记录。

④ 工作人员可以处理客户申请。

⑤ 技术人员可以保存对车辆检修的结果。

试画出该系统相应的用例图，并写出车辆预订的用例描述。

第 7 章　面向对象设计

完成面向对象分析之后便进入了面向对象设计阶段。本章首先阐述面向对象分析与面向对象设计之间的关系，然后介绍面向对象设计中的体系结构设计、问题域设计、人机交互设计、数据管理设计和任务管理设计 5 项活动，目的在于使读者较为全面地了解面向对象设计阶段的各项活动所需完成的任务与其完成的方法和步骤。

7.1　面向对象设计简介

7.1.1　面向对象分析与设计之间的关系

面向对象设计（OOD）是应用面向对象方法进行软件设计全过程中的一个中间过程，其主要任务是将面向对象分析过程所得到的接近问题域的分析模型转换为接近计算机的设计模型。与结构化方法不同，面向对象方法并不强调分析与设计之间严格的阶段划分。面向对象分析（OOA）与 OOD 所采用的概念、原则和表示法都是完全一致的，所以面向对象方法中的分析过程与设计过程之间通常没有明显的界限。

如果按照面向对象软件工程的开发流程进行开发，次序应该是先进行 OOA，再进行 OOD，但 OOD 概念产生的时间却早于 OOA。OOD 术语最早出现在 1982 年 Grady Booch 发表的题为 Object-Oriented Development 的论文当中。之后，随着人们对 OOD 理解的不断深入，陆续有新的 OOD 方法出现。由于早期的 OOD 方法不是在 OOA 的基础之上进行的，所以存在着很多的不足。早期 OOD 方法的缺点如下。

① 设计是基于结构化的分析方法，而不是面向对象的分析方法展开的，分析与设计之间的过渡不够平滑。

② 大部分方法都针对特定的编程语言，方法的抽象层次不够。

③ 设计方法不是纯面向对象的，包含了许多非面向对象的元素。

④ 分析与设计不分，设计阶段事实上包含了很多应当在分析阶段完成的工作。

20 世纪 80 年代末，人们开始关注 OOA，将 OOA 与 OOD 相结合，提出了系统的面向对象分析与设计（Object-oriented Analysis and Design，OOAD）方法。在这段时间，形成了很多具有特色的面向对象方法，例如，对象模型（Object-modeling Technique，OMT）方法、Booch 方法、需求驱动设计（Requirement Driven Design，RDD）方法、Coad/Yourdon 方法、

Jacobson 方法等。这些方法各成体系，各有特色。由此开始，OOD 不再是独立的面向对象设计方法体系，而是基于 OOA 基础之上的设计方法体系。此时的 OOD 与早期的 OOD 相比有如下特点。

① 设计不再基于结构化分析方法，而是面向对象分析方法。

② 设计与分析成为一个整体，都采用一致的面向对象概念体系。

③ 设计与分析之间的过渡更为平滑。

④ 设计方法独立于具体的语言，所得到的设计模型有一定的抽象层次。

目前，各种面向对象的分析和设计方法对于分析和设计之间该如何分工的看法还未达成一致。一种观点是继续沿用传统的分工方式——分析侧重于弄清楚"做什么"，设计则更倾向于弄清楚"怎么做"。在分析阶段，软件开发人员对系统实际需求的理解往往是模糊的、不确切的，所以在分析过程中，通过寻找系统中的对象、理清对象之间的关系来加深对系统需求的理解，在此过程中逐步构建出基于问题域的领域模型。所以说，分析阶段侧重的是弄清楚系统到底要"做什么"；在设计阶段，软件开发人员基本上已经掌握了系统的需求，得到了系统的领域模型，所以关心的是如何安排与组织系统中的这些对象，并利用这些对象和一些新设计出来的对象来构建一个有效、可靠且可实现的系统模型。从这个角度来说，设计阶段更侧重的是"怎么做"的问题。

Peter Coad 和 E. Yourdon 提出另一种观点，在分析阶段只考虑问题域和系统责任，建立一个独立于实现的 OOA 模型；在设计阶段才开始考虑与实现相关的因素，对 OOA 模型进行调整，并补充与具体实现相关的部分，最终形成 OOD 模型。OOA 模型一般与平台无关，这是因为 OOA 主要研究问题域，是抽象层次较高的系统模型，分析所得到的模型是一个与平台无关的模型；OOD 模型一般与平台相关，这是因为 OOD 需要作出一些具体的技术选型和细节设计，它的抽象层次较低，设计所得到的模型是一个与平台相关的模型。

上述两种观点中，OOA 和 OOD 有各自的侧重点，但是，自从迭代思想进入面向对象软件开发过程之后，分析与设计过程往往会交替进行。因此，实际软件开发过程中开发人员可能不会刻意去区分哪个阶段是分析过程，哪个阶段是设计过程，而是倾向于把两者结合在一起，从而使开发过程更加平滑。

7.1.2　面向对象设计的内容

7.1.1 节提到的面向对象方法中，关于面向对象设计的描述以 Coad/Yourdon 方法最为系统。Coad/Yourdon 方法中的 OOD 模型主要包括以下 4 个部件：人机交互部件、问题域部件、任务管理部件和数据管理部件。与此相对应的 OOD 过程也包含了 4 项活动：问题域设计、人机交互设计、任务管理设计和数据管理设计。其中，问题域设计的主要工作是从实现角度对问题域模型做一些补充和修改，调整不同类之间的相互关系；人机交互设计的主要工作是设计命令层次结构，确定人机交互的细节；任务管理设计的主要工作是识别任务及其类型，审查并定义每个任务；数据管理设计的主要工作是设计数据管理系统中存储和检索对象的基本结构，选择具体的数据管理方案（如普通文件、关系数据库或面向对象数据库等），隔离数据管理系统对其他部分的影响。同时，Coad/Yourdon 方法把 OOD 模型分成如下 5 个层次，如图 7.1 所示。

图 7.1　Coad/Yourdon 方法的 OOD 模型

① 类与对象层：给出反映问题域和系统责任的类和对象。

② 结构层：描述类与对象之间的结构关系。

③ 主题层：将系统划分为多个主题，每一主题由相互联系的类与对象组织在一起，便于读者从不同的侧面阅读系统模型。

④ 属性层：定义类与对象的属性以及实例关联。

⑤ 服务层：定义类与对象的操作以及消息关联。

近年来，随着面向对象方法与技术的不断发展，人们对 OOD 模型中各个部分的内涵有了一些新的认识与看法。例如，随着图形用户界面（Graphical User Interface，GUI）技术的不断发展，人机交互部分的设计已经从传统的文字界面设计演变为图形界面设计；随着持久化概念的提出与持久化技术的发展，数据管理部分已经从过去以数据库为中心的数据存取问题演变为以域模型为中心的对象持久化问题。此外，实际的软件设计过程中，软件体系结构（Software Architecture，SA）设计也是一项非常重要的设计活动，因为体系结构的设计是一个全局性的问题，所以，体系结构的设计也应该成为 OOD 的主要内容之一。OOD 所包含的常见活动如下。

① 确定系统的软件体系结构。

② 通过静态建模与动态建模完成系统问题域部分的设计。

③ 通过持久化设计完成系统数据管理部分的设计。

④ 以界面设计为核心完成人机交互部分的设计。

⑤ 合理地设计系统中的并发与任务调度，完成任务管理设计。

7.1.3 面向对象设计基本原则

如果回溯到 20 世纪 90 年代以前，功能、性能、可靠性是软件开发中要关心的主要问题，随着计算机技术的不断发展，人们开始对软件有了新的要求，可扩展性、可维护性等一些非功能性要求成为评价一个软件好坏的重要指标。那么如何才能使软件满足这样一些要求呢？答案是必须遵循一些软件开发的原则。事实上，很多优秀的软件设计师已经总结出了面向对象软件设计的基本原则（Principle）和设计模式。

面向对象软件设计的基本原则如下。

（1）开放-闭合原则（Open Closed Principle）

软件实体应该对扩展开放、对修改关闭。该原则要求软件开发人员在设计类的时候，应该使类便于扩展，即如果以后要对这个类的功能进行扩展，应当不需要去修改这个类已有的方法或功能，而只需要从该类扩展出新的类。这样做的好处是，可以充分保证扩展系统功能时，不会导致原有功能失效，即所谓的向后兼容。例如，计算机主板的生产厂商在设计计算机主板时预留了很多插槽，所以当用户需要扩充内存的时候，用户不会去要求计算机厂商重新修改主板。开放-闭合原则是一个通用原则，它不仅适用于类，而且适用于模块、包、库等其他软件实体。

（2）依赖倒置原则（Dependency Inversion Principle）

高层次的模块不应该依赖于低层次的模块，两者都应该依赖于抽象；抽象不应该依赖于细节，细节应该依赖于抽象。该原则要求在编写模块时应该解耦高层次模块和低层次模块之间的联系。例如，一个网络应用程序的工作模型如图 7.2 所示。

图 7.2 中，网络被划分为多个层次，高层次模块内的对象或实体不直接依赖于低层次模块内的对象或实体。例如，IP 包既可以通过 PPP 协议（Peer to Peer Protocal）用电话线传输，也可以通过 802.11 协议在无线网络上传输。也就是说，网际层中传输的数据对象并不受网络访问层中具体物理传输介质的影响，但它们之间如果要协同工作，则必须遵循一致的协议（即原则中所说的"两者都应该依赖于抽象"）。又如，在网络中 Modem 是具体的事物，协议是抽象的事物，显然，Modem 依赖于协议，而不是协议依赖于 Modem。与此类似，在设计中也应该遵循"细节应该依赖于抽象"的原则。遵循依赖倒置原则的最大好处是可以任意替换模块而不会影响到其他模块。

（3）接口隔离原则（Interface Segregation Principle）

不应强制要求客户依赖于他们不用的接口。该原则说明了应该如何去编写合适的接口，即应当针对不同的客户编写不同类型的接口，要求接口的实现类必须实现它所定义的所有方法。例如，医院在设置门诊部门的时候，是应该让所有的门诊室都能看所有的病，还是应该让不同类型的门诊室能够看不同的病？答案显然是后者。接口隔离原则说明在进行接口设计时应宁可设计多个专用接口，也不要设计单个通用接口。这样做的好处就是，当某个客户程序的需求发生变化的时候，不会因为接口的原因而影响到其他的客户程序。

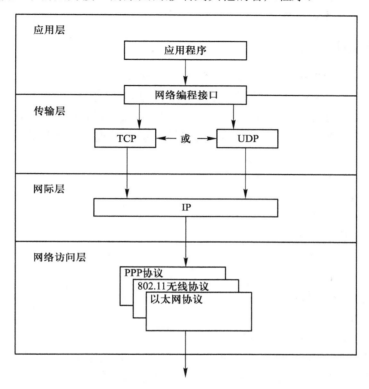

图 7.2 网络应用程序的工作模型

（4）单一职责原则（Single Resposibility Principle）

一个类只能有一个引起它变化的原因。该原则说明如果有两个原因可能引起一个类的改变，那么这个类就应该被拆分成两个类。这是因为在软件设计时，应该尽量减小某个方面的变化对软件其他方面的影响，如果每个类中包含的可变因素单一化，就容易减小变化的范围与影响。

（5）Liskov 替换原则（Liskov Substitution Principle）

子类必须能够完全替代它的父类。在面向对象设计中，类的继承是一种非常普遍的现象，但在向系统添加子类的时候，应当注意，在继承时不要改变父类的方法。只有这样，在程序中出现父类的引用指向子类对象的情况时才不会出错。Liskov 替换原则实际上是开放-闭合原则的扩展与延伸，目的就是在对类进行扩展的时候，避免造成对系统中其他部分的修改。

上述面向对象设计原则都是在系统设计时需要注意的一些常见原则，对软件设计有着普遍的指导意义。根据这些原则进行软件设计，可以使软件呈现出高内聚、松耦合、封装性强等特征。不过，也不能教条地使用这些原则，因为在一些特定的场合下，使用这些原则有可能造成过度设计，增加系统不必要的复杂性。

7.1.4 GRASP 模式

所有设计模式中，通用职责分配软件模式（General Responsibility Assignment Software Patterns，GRASP）是最为基础的设计模式，它的核心思想是"职责分配（Responsibility Assignment）"，即如何通过职责分配来设计类。GRASP 模式提出了几个基本原则，用来解决面向对象设计的一些问题，这些原则对于类的设计来说有着重要的指导意义。

GRASP 模式主要包含以下设计模式。

- 信息专家（Information Expert）。
- 创建者（Creator）。
- 控制器（Controller）。
- 低耦合（Low Coupling）。
- 高内聚（High Cohesion）。
- 多态性（Polymorphism）。
- 纯虚构（Pure Fabrication）。
- 间接性（Indirection）。
- 变化预防（Protected Variations）。

职责分配是类设计中的一项重要内容，其实质就是要确定类应该有哪些方法。职责分配的好坏将直接影响到软件的结构与性能。表 7.1 描述了前三种模式的具体内容，这些内容将在后面的设计描述中用到。

表 7.1　部分 GRASP 模式

模式名称	主要内容
信息专家	问题：给对象分配职责的基本原则是什么
	答案：把职责分配给具有完成该职责所需要信息的那个类
创建者	问题：让谁来创建 A 的实例
	答案：以下条件之一为真的情况，类 A 实例的创建职责就分配给类 B ① B 包含 A ② B 由 A 组成或聚集 ③ B 记录 A ④ B 频繁使用 A ⑤ B 有 A 的初始化数据 如果有一个以上的选择，创建职责通常由聚集或包含 A 的类承担

续表

模式名称	主要内容
控制器	问题：由谁去负责接收来自 UI 层的事件消息，并工作委派给其他的对象 答案：可以分配给下列类之一 ① 代表整个"系统"的对象 ② 代表用例场景中所有系统事件的接收者或处理者 对于同一场景中的所有系统事件应使用相同的控制器类，也可以将会话看作和参与者进行交谈的实例，但"窗口""视图"或"文档"类一般不作为控制器类

7.2　软件体系结构设计

随着系统的日益复杂化，系统的全局结构设计和规划变得比算法与数据结构设计等细节问题更加重要。所谓对系统的全局结构设计和规划，包括全局组织结构、通信与同步协议、物理分布设计、设计方案的选择等一系列问题。软件体系结构是对子系统、系统组件以及它们之间相互关系的描述。一个设计良好的软件体系结构可以为系统的开发设计人员提供一个易于理解的模型，便于他们之间的交流，同时，良好的软件体系结构还可以使后期的修改与维护更为简单易行。

近年来，随着网络技术和软件技术的发展，软件体系结构也在不断变化，一些新型的软件体系结构相继出现，例如，正交软件体系结构、C/S（Client/Server，客户机/服务器）软件体系结构、B/S（Browser/Server，浏览器/服务器）软件体系结构、C/S 与 B/S 混合软件体系结构、面向服务的软件体系结构（Service-oriented Architecture，SOA）等。随着系统的复杂性不断增加，一个实用的系统往往是以一种软件体系结构为主体、多种软件体系结构混合的异构体系结构系统。在这些不同的软件体系结构中，目前最常见的软件体系结构就是其中的 C/S 软件体系结构与 B/S 软件体系结构。

C/S 结构出现于 20 世纪 80 年代中期，该结构下的应用程序被划分为两个部分，即客户端与服务器端。客户端部分被部署在客户机上，而服务端部分被部署在服务器上。B/S 结构是随着 Internet 的发展而发展起来的，B/S 结构实际上是 C/S 结构的一个特例，但由于其客户端是一个标准的浏览器，与传统的 C/S 结构区别较大，所以常常将它们区别对待。由于 B/S 结构部署方便，客户端只需浏览器，无需另外安装客户端程序，这种结构已经成为一种非常常见的软件结构。

传统的 C/S 结构和 B/S 结构都是两层结构，即只是简单地将系统分为两个层次——客户层与服务器层。两层结构（2-tier）虽然简单、灵活，但是，对于一些大型的系统来说，这种结构在系统的部署和扩展性方面存在明显的不足。因此，两层结构逐渐被以下三层结构（3-tier）所替代。

- 表现层（Presentation Tier）：该层用于向用户展现信息，即用户界面。
- 应用层（Application Tier）：该层用于处理用户请求，包含了具体业务逻辑。
- 数据层（Data Tier）：该层用于存取数据，可以是数据库服务器、文件系统或外部系统。

三层结构相对两层结构来说是一个更加灵活的体系结构，它把显示逻辑、业务逻辑数据存取相互独立起来，有利于提高系统的扩展性、伸缩性、移植性和安全性。

"图书借阅管理系统"采用三层结构来实现，系统结构如图 7.3 所示。

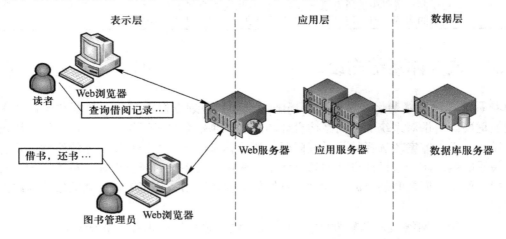

图 7.3　"图书借阅管理系统"体系结构

读者可以通过 Web 浏览器进行借阅、查询等操作，图书管理员可以通过 Web 浏览器进行借书、还书等日常管理工作，读者和管理员均通过 Web 浏览器与服务器通信。

7.3　问题域设计

问题域设计是面向对象设计 OOD 的核心内容，主要任务是完善系统的问题域模型。通常，问题域设计仅需从实现角度对问题域模型作一些补充或修改，主要包括补充类、修改类的属性与操作、调整类之间的关系等。

问题域设计的起点是在分析阶段所获得的领域模型、用例模型以及相关的业务规则说明，其中分析阶段所获得的领域模型描述了系统领域模型的初步原型，用例模型描述了系统的功能性描述，业务规则说明给出了关键信息的描述方式以及系统内对象之间的相互关系，这三项内容都是问题域设计的基本依据。

问题域设计主要可以通过两种途径来完成，即静态建模和动态建模。静态建模是一种以建立系统的静态模型为目的的建模行为，该过程关心系统中类的组成以及类之间的组织结构，设计过程中建立的静态模型通常通过静态视图来展现，主要由类图构成；动态建模则是以得到系统的动态模型为目的的动态建模过程，该过程关心的是系统中的动态行为与交互，动态模型通常通过动态视图来展现。

动态视图包括系统的行为视图与交互视图。行为视图关注系统内对象状态的变化，主要由状态图构成；交互视图关注系统中各对象之间的通信与交互，主要由顺序图和通信图构成。

问题域设计过程中所要进行的活动比较多，如完善域模型、职责分配、业务规则验证、状态建模、交互建模等。其中，完善域模型、职责分配活动主要修改静态模型，是静态建模过程中的活动；状态建模和交互建模活动主要修改动态模型，是动态建模过程中的活动；业务规则验证活动是在静态建模与动态建模过程中都要进行的活动。

在实际设计过程中，静态建模与动态建模过程中的活动通常交替进行，这是因为这两类活动之间往往互有影响。例如，进行动态建模时，有时发现域模型不完善或存在错误的职责分配，这时必须暂停动态建模，转而去完善域模型或重新进行职责分配；当域模型被修改、职责被重新分配之后，必须调整与这些修改相关的动态模型。因此，静态建模与动态建模的交替进行是无法避免的，下面给出的设计步骤展示了两者是如何进行交替的。

① 细化并完善分析过程中所获得的域模型。

② 从用例模型中寻找职责，职责代表某个需要解决的问题或需要完成的功能。

③ 将得到的职责分配给域模型中合适的类，完成初步的职责分配。

④ 参照系统需求与业务规则，验证域模型的正确性。如发现错误，则修改域模型直至正确为止。

⑤ 对系统中的复杂功能或业务流程进行动态建模，获取系统的动态模型。

⑥ 动态建模过程中，可能需要对复杂的职责进行分解，也可能发现新的职责，寻找这些新的职责，并重新进行职责分配。

⑦ 反复进行步骤④、⑤、⑥，直至域模型正确为止。

从上面步骤可以看出，问题域设计的最终目标是建立符合系统功能性需求和业务规则要求的、正确且完备的域模型，静态建模与动态建模是为实现这个目标采用的方法。

7.3.1 完善域模型

面向对象方法中，分析阶段所获得的域模型往往只是一个初步的模型，因此，设计工作开始之后，首先应对该模型进行细化与完善。在这项活动中，需要完成的任务主要包括丰富类属性、调整类与类之间的关系、补充遗漏的类等。

在分析阶段，域模型往往只关注对象的一些关键属性，忽略了一些描述对象细节的属性，因此，在设计阶段必须对这些属性进行补充。图 7.4 将分析阶段的图书类与设计阶段的图书类进行了一个直观的比较，显然，设计阶段的类属性更加细致、完善。

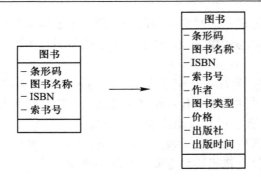

图 7.4　丰富类的属性

由于面向对象设计与面向对象分析的出发点不同，它们的域模型在类的组成与结构上有所不同。面向对象分析关注现实生活中对象的组成与关系，面向对象设计应考虑如何从软件设计的角度描述系统，而且设计过程中，常常需要简化现实生活中的对象模型，或是添加一些在现实生活中不存在的对象模型。因此，在设计过程中补充类、修改类以及调整类与类之间的关系在所难免。

分析阶段所获得的域模型通常不够完善，类的添加往往必不可少。例如，从图 7.4 可以看出，图书类应有一个所在阅览室属性，该属性记录了图书所属的阅览室，但通过分析图书馆的规章制度可以发现，在不同阅览室中，读者能够借阅图书的数量不相同，而且不同阅览室规定的超期罚款额度也不同。因此，图书类中的阅览室属性不足以处理与阅览室相关的信息与业务操作，有必要添加一个新的类，即阅览室类，以处理与阅览室相关的信息和业务操作。

图书类与阅览室类之间的相互关系如图 7.5 所示。添加了阅览室类之后，"所在阅览室"属性成为一个关联属性，删除关联属性不会影响对域模型的理解，所以在图书类中没有给出"所在阅览室"属性。

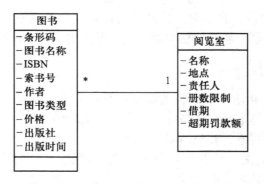

图 7.5　图书类与阅览室类

由此可见，完善域模型时应关注一些重要的属性，这些属性可能成为需要在域模型中补充的类。这种由属性演变而来的类与原先的类之间一般是"一对多"或"一对一"的关系，阅览室类与图书类之间就是"一对多"的关系。

某些情况下，对象之间的"多对多"关联中，也可能隐藏被遗漏的类。例如，在"图书借阅管理系统"中，读者可以借阅多本书，而每本书也有可能被多个人多次借阅，所以读者类与图书类之间是"多对多"的关系。通过分析可以发现，图书的借阅时间、到期时间、归还时间都无法在读者类与图书类中表达，因此需要添加一个借阅记录类，处理这些图书的借阅信息，该类同时也是读者类与图书类之间的关联类。读者类与图书类之间的"多对多"关系如图 7.6 所示，它们的关联类是借阅记录类。

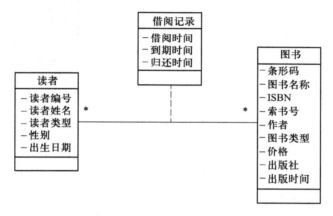

图 7.6   添加关联类

7.3.2   职责分配

面向对象方法中，系统的功能最终依靠类的相互协作来实现，因此，确定每个类在协作过程中应该完成的功能，即确定每个类应该解决的问题，是系统能够正常工作的关键。这些应该完成的功能或应该解决的问题就是职责，确定每个职责应该由哪个类完成的过程叫做职责分配。职责分配的实质是定义类的方法。

职责分配之前，必须进行职责识别，寻找系统中所需完成的职责。职责识别的主要参考依据是用例模型和动态模型。例如，从"图书借阅管理系统"的用例模型可知，有借阅图书、归还图书、图书查询、借阅查询、超期罚款等用例，那么借书、还书、图书查询、借阅查询、罚款等操作就是从用例模型中寻找到的职责。

找到职责之后，可以对这些职责进行分配，分配的原则可以借助面向对象设计的基本原则与 GRASP 模式等职责分配模式来完成。根据 GRASP 模式中的信息专家模式，借书、还书、罚款、借阅查询等职责应该分配给借阅记录类，图书查询职责应该分配给图书类。分配完上述职责后的类图如图 7.7 所示。

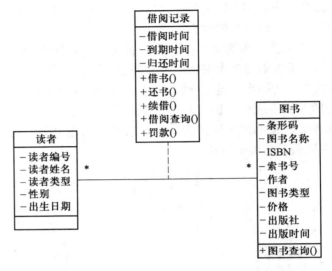

图 7.7　职责分配

在职责分配的过程中，有时遇到职责无法分配给合适的类的情况，此时必须重新修改域模型，直至所有职责都能被分配到合适的类。

7.3.3　业务规则验证

业务规则是在系统模型中表述的领域规则，它可以从业务策略、需求、技术指导、约束条件等要素中派生出来，与具体的技术无关。

系统中的业务规则可以分成两类，即静态业务规则和动态业务规则。静态业务规则是在任何时间点都能够验证的业务规则，这些规则与类的静态结构相关，一般可以在域模型中直接反映。动态业务规则只能够在特定的时间点进行验证，这些业务规则涉及类的动态行为，在域模型中通常无法直接体现，需要结合动态模型进行观察、验证。

一般在对域模型进行修改与补充之后进行静态业务规则的验证。如果域模型无法满足业务规则的要求，则应该对域模型进行进一步的调整。例如，图书馆关于光盘借阅的规定如下。

光盘限借 2 张，借期 5 天。逾期未还按每张每天罚款 0.20 元……

光盘是图书资料的一种，但从图书馆的借阅规定中可以看出，关于它的借阅数目与借期不同于普通图书，已有的域模型如图 7.8 所示，验证其是否可以满足该项规定。从域模型中可以看出，没有哪个类包含了图书资料的借阅期限与超期罚款额，因此有必要修改现有的域模型，使其能够符合该项规定。

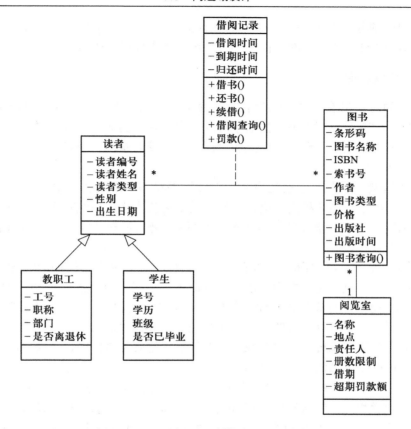

图 7.8　域模型

　　将类型属性从图书类中抽取出来，添加一个图书类型类，在该类中包含可借数目与借期，调整之后关于光盘借阅的规定便能够在域模型中体现，如图 7.9 所示。

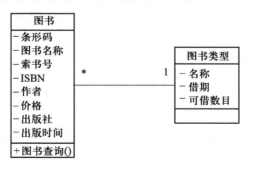

图 7.9　图书类与图书类型类

动态业务规则的验证与静态业务规则的验证类似，在业务规则不满足时也会造成类的添加与修改，具体的验证过程将会在下面的小节中结合动态建模过程讲述。

7.3.4　状态建模

现实生活中的对象都有从产生到消亡的生命周期，系统模型中的业务对象也不例外，有自己的生命周期，但有时不同于现实生活中对象生命周期。例如，一本图书在现实生活中的消亡，应该理解为书已经破损得无法阅读，而"图书借阅管理系统"中有可能图书被遗失或处理就算消亡。

同样，系统模型中业务对象在生命周期中经历的状态和现实生活中对象经历的状态也有所不同。大多数情况下，系统模型只会选取它所关心的状态作为系统对象的状态。例如，图书要经历在编、出版、销售、借阅等一系列过程，"图书借阅管理系统"只关心图书在图书馆被借阅过程中产生的状态。

系统模型中，业务对象生命周期的概念还应和程序中对象生命周期的概念区分开来。程序中创建的对象在程序执行完毕之后就消亡了，但系统模型中的业务对象却不会因为程序执行完毕就随之消亡，而只会在满足某个业务条件之后消亡。例如，"图书借阅管理系统"中用面向对象的语言编写了一个查询图书的程序。执行完该查询程序之后，程序中的图书对象被销毁了，是不是该图书对象在系统中不再存在了呢？显然，答案是否定的，系统中的图书对象依然存在，因为它有可能以记录的形式被存储。

"图书借阅管理系统"主要有三个业务对象：管理员、读者和图书。其中，管理员的状态变化比较简单，读者和图书的状态变化相对复杂。下面对读者对象进行状态分析。

通过对系统中的读者对象进行分析，可以发现，借书证是读者的唯一合法证件，图书馆通过借书证管理读者，因此，可以以借书证作为参照物来绘制读者对象的状态图。在绘制读者对象状态图之前，对借书证的生命周期分析如下。

① 如果读者想到图书馆借阅图书，他首先要到图书馆去申请办一张借书证。

② 图书馆在接受读者的请求之后，为该读者创建一张借书证，创建成功之后，该借书证处于可用状态。

③ 如果读者不小心遗失了借书证，他应该去图书馆办理挂失手续，挂失之后，该借书证处于挂失状态。

④ 如果读者找到了该借书证，他应该去图书馆办理恢复手续，恢复之后，该借书证就会回到可用状态。

⑤ 如果读者没有找到该借书证，他应该去图书馆办理注销手续，注销之后，该借书证就会作废，其生命周期结束。

⑥ 如果读者不再想到图书馆去借阅图书，他同样应该去图书馆办理注销手续，注销之后，该借书证就会作废，其生命周期结束。

通过上面的分析，可以绘制出读者对象的状态图，如图 7.10 所示。

读者对象状态图给出了借书证的基本状态和转换事件，但没有考虑动态业务规则的限制，因此应对其进行动态业务规则验证。经验证，发现图 7.10 中的对象状态图未考虑规则"注销借书证之前必须还清所有的图书"，根据该项规则对图 7.10 进行调整、补充之后，得到改进后的读者对象状态图，如图 7.11 所示。

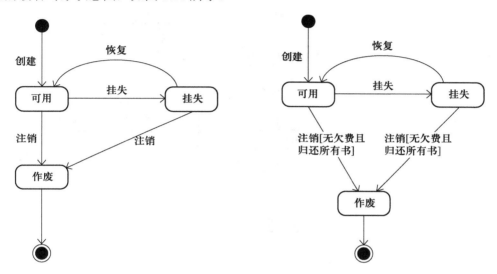

图 7.10　读者对象状态图　　　　图 7.11　改进后的读者对象状态图

绘制完状态图之后，还应对它进行仔细检查，检查的内容包括"对象是否有正式的终止状态""每个状态是否都有路径可以到达终止状态""分支中的转换条件是否有重叠"等。状态图只有通过了检查，才能保证是正确无误的。

7.3.5　交互建模

面向对象软件系统依靠对象之间的交互与通信完成各项功能，因此设计对象之间的交互过程即交互建模是设计过程中的一项重要任务。交互建模的主要目的是寻找并设计系统中的关键交互过程，获得系统的交互视图，从而进一步完善域模型。

以借阅图书用例为例，阐述如何以用例为起点获得系统的交互视图。

"图书借阅管理系统"的借阅图书用例如图 7.12 所示，该用例有两个参与者。假设读者不直接和系统交互，只有管理员直接使用系统，因此该用例的实际操作者是管理员。

为直观起见，用活动图来描述管理员如何完成借书流程，如图 7.13 所示。

从图 7.13 可知，有"扫描借书证""扫描图书条形码""完成借书"三个动作，其中，"完成借书"是最关键动作，对该动作做进一步分解，并考虑如何利用现有类实现分解后的动作。

图 7.12   借阅图书用例图

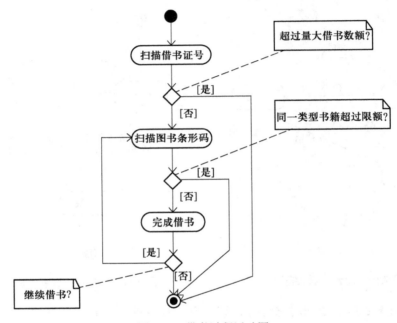

图 7.13   借书过程活动图

分解"完成借书"动作,由以下几个步骤组成。

① 创建一个借阅记录对象。

② 根据图书条形码创建图书对象。

③ 将图书对象和当前时间设置到该借阅记录对象中。

④ 存储该借阅记录。

按照上述步骤,可以绘制"完成借书"动作顺序图,如图 7.14 所示,通过顺序图可以观察到所有职责是否已被正确地分配,是否还有被遗漏的职责。

图 7.14 中省略了激活框,直接用生命线表示每个对象的生命周期,同时,为了清楚表达对象之间的调用,图中对每个对象进行了命名,消息名称与类的方法名相同。该顺序图较为清晰地展现了对象之间的相互调用关系。

上述过程也可以用通信图表示。相对于顺序图,通信图对消息先后顺序的描述不够直观，但可以清晰地表达对象之间的关系。与图 7.14 对应的通信图如图 7.15 所示。

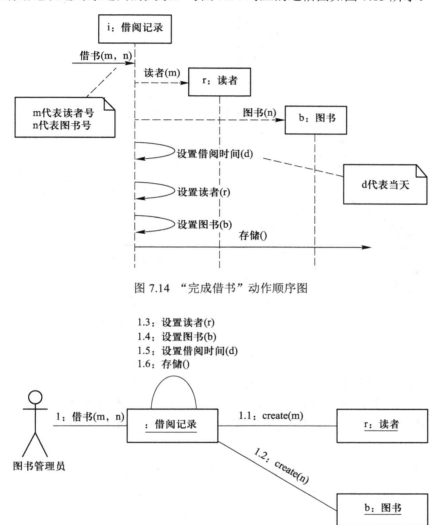

图 7.14 "完成借书"动作顺序图

图 7.15 与图 7.14 对应的通信图

通过前面若干次迭代设计之后，得到如图 7.16 所示的类图。

7.3.6 类的组织

在软件系统的结构视图中不是只有类图一种图形，还应该有包图等其他静态视图。包图用于对系统中的类进行分组，由于本书所介绍的"图书借阅管理系统"的类比较少，所以只创建了两个包，即系统包和业务包。

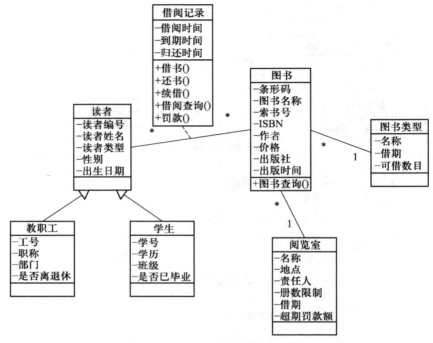

图 7.16　"图书借阅管理系统"类图

图 7.16 中，类与借书、还书等具体业务密切相关，所以均被放入到业务包中。系统中存在一些工具类、公共类，这些类均可以放入系统包，按照该方式划分的包图如图 7.17 所示，业务包中的类需使用系统包中的类，所以它们之间存在依赖关系。

图 7.17　"图书借阅管理系统"包图

7.4　持久化设计

7.4.1　问题域模型到关系模型的转换

信息在计算机系统中的存储形式可能是文件或数据库。文件管理是操作系统的一个组成部分，它有成本低、操作简单等优势，但由于文件难以完成一些复杂的数据操作（如查询、统计等），所以在信息管理系统中很少使用。关系数据库管理系统是目前的主流数据库管理系统，其接口标准化程度高，数据管理功能丰富，已经成为信息管理系统中最为常见的一种数据存储方式。

在建立了一个软件系统的问题域模型之后，可以直接将建立好的问题域模型映射为数据库的关系模型，注意不同的对象关系应当按照不同的规则进行映射。

在进行映射的过程中，应遵循如下规则。

① 多对多关联：用两个关联类的主键创建一张新表，新表的主键为两个关联类的组合。如果这个关联还有属性，将其也放入到这张表中。

② 一对多关联：将位于"一"端的关联类的主键放入与"多"端关联类映射的表中作为外键。

③ 一对一关联：将任意一个关联类的主键放入与另一个关联类映射的表中，作为外键。

④ 组合与聚合：遵循与关联相同的实现规则。

⑤ 单一继承的泛化关系可以对超类、子类分别映射表，但多层泛化要一次一级地应用映射。

⑥ 可以对映射后的库表进行冗余控制调整，使其达到合理的关系范式。

遵循上述规则可以很好地解决问题域对象到关系数据库的映射问题。例如，需要设计"图书借阅管理系统"的数据库，得到"图书借阅管理系统"的数据库模型，如图 7.18 所示，该图为原模型的简化，只保留了部分表和字段。

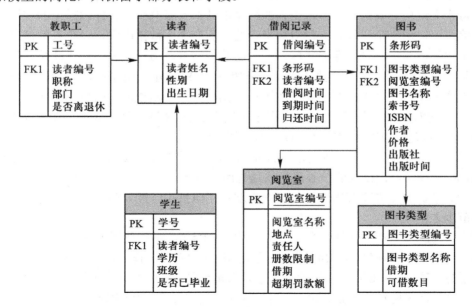

图 7.18 "图书借阅管理系统"数据库模型

针对图 7.16 中的实体类，在数据库中可以找到对应的表格，而类的属性则应转换成对应表中的字段。

系统中，一个实体类应该映射成系统中的一张表。如图 7.18 所示，读者类、教职工类、图书类分别被映射为读者表、教职工表和图书表。

由于教职工类和读者类之间是继承关系，所以依据第 5 条映射规则，应当在教职工表和读者表之间添加外键，如图 7.18 所示，通过在教职工表中增加"读者编号"外键，在数据库模型中实现了读者类和教职工类之间的继承关系映射。

借阅记录类和读者类之间是"一对多"关系，依据第 2 条映射规则，应当在借阅记录表和读者表之间添加外键，如图 7.18 所示，通过在借阅记录类中增加"读者编号"外键，在数据库模型中实现了借阅记录类和读者类之间的继承关系映射。

事实上，该映射如果直接从读者与图书之间的关系角度来分析会更好理解。因为在借阅图书的过程中，读者能够借阅多本书，同时每本书可能在不同时间被不同读者借阅，所以它们之间的借阅关系是"多对多"的关系，依据第 1 条映射规则，也可以得到与前面相同的分析结果。

7.4.2　持久化策略

在面向对象编程的数据处理过程中，对象的属性往往不是标准的数据类型（标准数据类型指 int、char 等基本数据类型），此类数据在关系型数据库中是无法直接对应的。例如，在地址簿中，每个人对应一条信息，但每个人的联系电话却有多有少。在面向对象的应用程序中，每个人的信息可以用一个"联系人"对象来表达，但在关系数据库中，一个人的信息至少应该用两张表来存储，其中一张表存储"联系人"的基本信息，另一张表存储"联系人"的所有联系电话信息，对象模型与关系模型之间的差别如图 7.19 所示。正是面向对象应用程序和关系型数据库之间的这种类型不匹配，才造成了对象模型与关系模型的"阻抗不匹配"。

在开发面向对象应用程序时，应用程序中的对象必然要去存取数据库中的数据，因此，"阻抗不匹配"问题成为数据访问接口设计的主要障碍。

应对"阻抗不匹配"的一种数据访问接口设计策略是采用数据访问对象（Data Access Object，DAO）模式。该模式的核心思想就是利用 DAO 来封装对关系数据库的访问，从而将业务对象与关系数据库隔离开来。该策略并未解决"阻抗不匹配"问题，只是将其影响局限在尽量小的范围之内。

应对"阻抗不匹配"的另一种数据访问接口设计策略是采用对象-关系映射（Object-Relational Mapping，ORM）。ORM 是一项来解决面向对象编程语言和关系型数据库之间类型不匹配问题的一项技术，ORM 通过使用描述对象和数据库之间映射的元数据，可以自动地将应用程序中的对象持久化到关系数据库中，开发人员可以自己编写代码实现 ORM，也可以利用开源的 ORM 框架（如 Hibernate 等）或是商业的 ORM 产品（如 TopLink 等）实现 ORM。

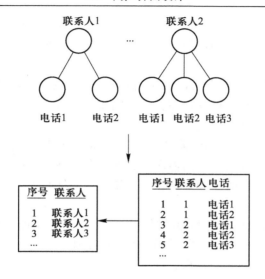

图 7.19   对象模型与关系模型的对比

7.5   用户界面设计

用户界面设计所面对的是用户的应用接口。对于交互式系统而言，用户界面设计是否成功直接影响着系统的质量，并最终影响着用户对系统的满意程度。

实际上，当用户对系统进行评价时，系统的用户界面将备受关注。也许系统在技术上非常先进，但如果用户发现其很难操作，那么他们就很难接受它。可以设想，一个不便于操作的界面可能造成用户的操作经常出错，使用户产生厌烦心理，直接影响了软件的应用价值。

图形用户界面的设计要求以用户为中心，应该使用用户术语实现与用户的交互。界面还应该具有逻辑性和一致性，应该具备帮助用户使用系统和从错误当中恢复的功能。

7.5.1   用户界面设计的基本原则

在设计用户界面时，应该随时想到用户。例如，如何才能使用户在没有专门指导的情况下，自己就能发现应用程序的各项功能？当有错误发生时，应用程序具有哪些排错措施，能够让用户从错误陷阱中跳出来？界面设计是否能通过一种艺术美使用户感觉舒适？当用户需要帮助时，能够通过哪些方式获得帮助？

实际上，用户界面设计受诸多来源于用户因素的影响，应遵循以下原则。

（1）一致性原则

软件系统中，要求使用一致的概念模式、语义、命令语言和显示格式。在类似的情况下，应具有一致的操作方式，在整个软件中使用一致的命令。一致的界面可以减少用户的学习时间，用户在一个界面上学习到的操作，可以应用到其他界面上去。

（2）能够及时提供信息反馈

当用户向计算机发出操作指令后，系统的用户界面应及时向用户提供反馈信息。否则，用户无法判断操作是否被计算机接受，并且对于操作的效果也是未知的。

（3）合理布局，保持界面的简洁

在界面空间的使用上，应当形成简洁明了的布局。布局合理、简洁的界面就是要求控件排列整齐、用户易于操作。简洁大方的界面是软件质量的外在体现，从侧面反映出软件系统的设计简洁、有条理，同时也增强了用户对软件系统质量的信心。

（4）合理利用颜色

合理的颜色搭配可以增加系统界面的美感，让用户更愉快地使用软件系统。由于个人对颜色的喜好和感知程度各不相同，因此最好采用一些柔和的颜色。如果可以给用户提供颜色的自由选择，则系统更具有人性化的特点。

（5）对用户出错的宽容性

用户在初次使用系统时都容易出错。系统设计应该能够检测出错误，并且提供简单、容易理解的处理错误的方式，其内容应该包含出错位置、出错原因以及修改出错建议等。此外，系统还应该具备一定容错和恢复功能。当用户误操作后，可以及时地恢复到误操作之前的状态。

（6）减少重复的输入

系统应该记录用户曾经输入过的较长信息，当另一个时间需要用户再次输入同样信息时，系统应能够提供某种方式让用户复用原来输入过的信息，以此减少用户重复的输入工作量。

（7）支持快捷方式的使用

随着使用频度的增加，用户对系统的熟悉程度逐渐提高，当用户希望能够减少输入的复杂度时，使用快捷键对经常使用系统的用户来说帮助更大。

（8）尽量减少对用户记忆的要求

当用户在使用和操作计算机时，一般需要具有一定的知识和经验作为准备。这些知识和经验本来可以由用户识记在大脑中，但是一个设计良好的系统应该尽可能地减少用户的记忆要求。

（9）快速的系统响应

人机用户界面应该追求在最短的时间内产生系统响应，并减少系统的开销。

（10）符合用户的工作环境和工作习惯

用户界面中的元素及其操作应该与用户的工作环境尽量贴近。例如，某电路控制系统的界面，其界面元素是控制开关、控制线路，相关操作应该是通电、断电、合闸、拉闸等。

界面设计还应该考虑到用户工作中已经形成的习惯。例如，不要与用户原有的业务流程发生冲突，使用用户熟悉的领域术语等。

（11）用户联机支持

用户联机支持也就是系统为用户提供的应用指导，包括系统运行时的错误消息提示和联机帮助系统两个方面的内容。错误消息提示的作用是指导用户在遇到错误时，需要如何应对；使用系统初期，或在操作中出现困惑时，用户可以求助于联机帮助系统。不同的系统可能需要不同类型的联机帮助。通常情况下，联机帮助系统中的文档应当组织成与软件系统功能组织保持一致的树形结构，以利于用户的学习。

7.5.2 用户界面的形式

用户界面的主要功能是负责获取和处理系统运行过程中的所有命令、数据并提供信息显示。目前，以 Macintosh、Windows、UNIX、Linux 等操作系统软件为基础的应用系统构成软件系统的基本风格和标准，而人与计算机交互的形式主要包括命令语言、菜单选择、数据输入、WIMP（Window、Icon、Menu、Pointer）、Web 等界面形式。

1. 命令语言界面形式

命令方式的语言起始于操作系统的命令。虽然命令方式的交互方式没有漂亮的界面，但目前依然有很多的应用，如网络设备和硬件设备的配置过程中常用到命令行方式进行交互。

命令语言的特点是：界面功能性较好，丰富的命令语言可以提供丰富的系统功能；命令语言的使用较灵活，用户能够自主地用命令语言描述自己的要求；命令语言交互效率高，执行速度快，并且占用屏幕空间少。

命令语言的主要不足是难记忆和学习且输入需要一定的基础。因此，命令语言的使用方式一般适合专门从事计算机或具有计算机专业基础的技术人员使用。不仅如此，命令语言的交互方式对用户输入命令的准确度要求较高，若用户不熟悉命令，可能会出现命令的错误使用。Oracle SQL*Plus 的命令行交互窗口如图 7.20 所示。

2. 菜单选择界面形式

菜单界面是一种使用最广泛的用户界面。随着软件系统广泛地应用在各类领域，菜单界面几乎成为了一种必不可少的界面控制方式。和命令语言的界面方式相比，菜单选择方式不要求用户必须记住操作命令，也避免了输入错误的命令而引起的不必要麻烦。用户可以借助菜单界面，通过选择菜单的某项目就能够操作系统。

进行菜单界面设计时，要求对系统功能做合理的分类，合理组织菜单的结构，菜单项命名应该简洁易懂，保持各级菜单显示格式和操作方式对应。

目前，菜单界面的样式主要有下拉式菜单、弹出式菜单和图标式菜单等类型。图 7.21 中，从左至右分别为 Word 2003 的下拉式菜单、弹出式菜单和图标式菜单的样式。

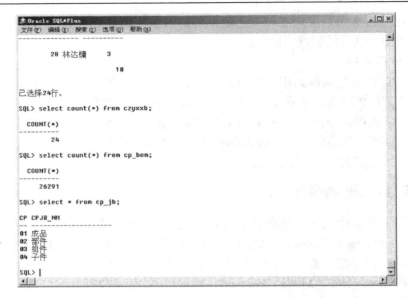

图 7.20　Oracle SQL*Plus 命令交互窗口

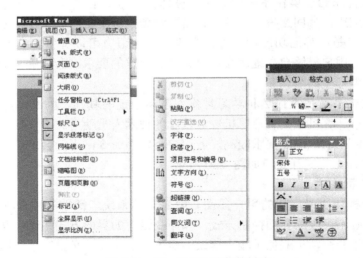

图 7.21　Word 2003 的菜单样式

3．数据输入界面形式

对于数据的输入支持是用户界面最常用的功能之一。数据输入一般提供计算机系统运行时所需的数据，数据输入界面设计的总目标是尽量简化输入的难度，方便用户完成输入工作。

数据输入界面的设计需要保持输入方式的统一性和数据输入的连续性。例如，用户在输入数据时，最好支持整个过程的键盘操作，若需要键盘和鼠标频繁地互换使用，则会增加输入的复杂度，降低交互的效率。在设计数据输入界面时，应考虑增加简单的编辑功能，支持数据的删除、复制、剪切和粘贴等功能。

数据输入界面的表现形式主要有表格输入和在屏幕上填写表单两种形式。无论哪种形式都应该保证界面的整洁、控件排列整齐、单元格大小一致，Excel 2003 的输入界面如图 7.22 所示。

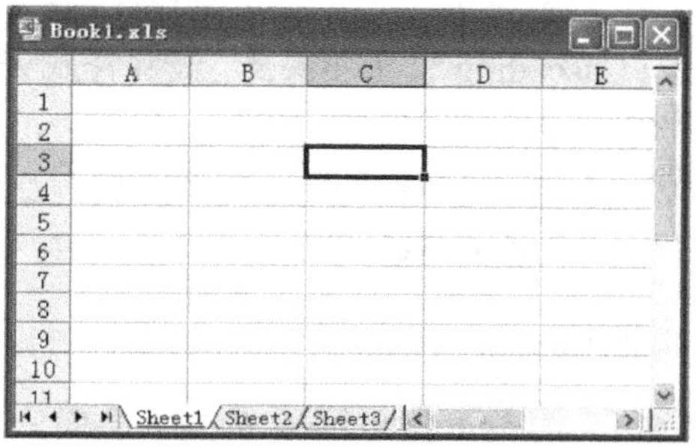

图 7.22　Excel 2003 的输入界面

4．WIMP 界面形式

WIMP 是窗口、图标、菜单和鼠标定位器的统称，其命名方式也指明了它所倚赖的四大互动元件。WIMP 是目前广泛采用的交互界面组织方式，微软的 Windows、苹果计算机的 Mac OS，甚至其他以 X Window 系统为基础的操作系统均采用 WIMP 界面形式。文件浏览器是一个典型的 WIMP 图形用户界面，如图 7.23 所示。

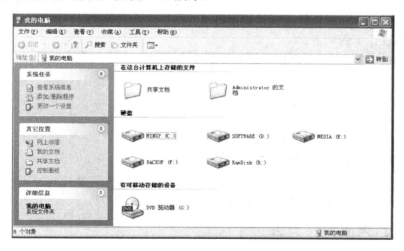

图 7.23　Windows 的文件浏览器

WIMP 通过窗口、鼠标和其他方式直接操作窗口中的控件，以达到操作系统的目的。随着软件形式的不断发展和变化，WIMP 中的互动元件类型不断丰富，按钮、工具栏、对话框等许多元件已成为 WIMP 中不可或缺的元素。

5. Web 界面形式

近年来，随着互联网技术的飞速发展，Web 技术的应用越来越广泛。Web 应用的客户端为浏览器，其界面采用网页形式呈现。

Web 界面可使用的技术手段非常丰富，可以通过 HTML 技术为用户提供页面导航与信息内容，通过图片、Flash、CSS（Cascading Style Sheet，级联样式表）实现界面的美化，通过动态技术实现用户与应用之间的交互。

Web 界面有着表现力丰富、易于维护等优点，是目前被广泛采用的一种界面形式。本书所设计的"图书借阅管理系统"即采用了 Web 界面形式。

7.5.3   用户界面设计过程

早期的用户界面外观通常较为简单，重点通常在技术层面，一般可以由软件设计人员独立完成。今天的用户界面设计已经不再只是软件技术问题了，它还涉及图形学、美学、行为学、心理学和社会学等众多学科，因此需要图形设计人员、系统分析人员、系统设计人员、程序员、应用领域专家和社会行为专家，以及最终用户的共同参与。

同时，用户界面的设计过程并非一蹴而就，通常用户界面设计是一个迭代的过程，需要进行多次反复并逐步趋于完善。目前通常采用的方法是界面原型法，即在软件设计的初期开发出界面原型，该原型并不实现实际的功能，但能够让用户界面设计的各类参与者直观地感受到软件系统的工作过程和使用效果。界面设计参与者通过不断地修改原型，使系统的用户界面形式趋于合理，并形成最终用户界面设计规格模型。

用户界面的设计步骤如下。

① 通过调研、查阅已有文档建立界面需求规格模型。

② 以界面需求规格模型为依据创建界面原型。

③ 让界面设计参与者评价界面原型，并提出建议。

④ 根据建议修改界面原型。

⑤ 反复进行步骤③、④，直至界面原型评价通过。

⑥ 根据最终的界面原型创建界面设计规格模型。

在界面设计过程中，必须邀请用户参与，而且用户参与界面设计的过程越早，则在界面设计问题上所花费的精力越少，创建的界面越具有可用性。

7.5.4   用户界面设计内容

用户界面设计主要由结构设计、交互设计、视觉设计三个部分组成。

① 结构设计即概念设计，其任务是通过对系统用户的使用习惯和工作任务进行分析、研究，制定出软件界面的整体架构。在结构设计中，对操作任务的分类和基本词汇的定义应该以用户易于理解为重要前提。

② 交互设计是设计人和软件系统之间的交互过程与步骤，设计原则是简单易用。

③ 视觉设计即美工设计，是在结构设计的基础上，参照用户群体的心理模型和任务进行视觉设计，包括对色彩、字体、页面等视觉元素的设计。视觉设计要以用户使用体验愉悦为目的，其原则是界面清晰明了、协调一致。

下面以"图书借阅管理系统"为例，介绍如何完成用户界面的设计。

结构设计关心的是系统界面的整体框架，该项设计考虑的是功能区域分布的合理性，以及操作功能项命名的易理解性。"图书借阅管理系统"界面如图 7.24 所示。

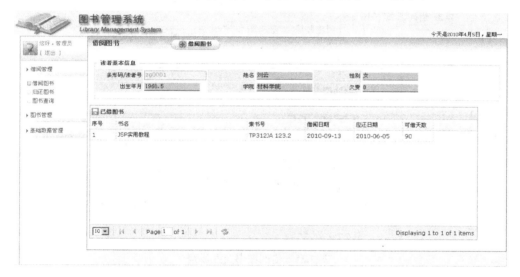

图 7.24 "图书借阅管理系统"界面

界面结构采用 B/S 结构中常见的框架式结构，该界面分为三个区域：标题信息区域（顶部）、功能菜单区域（左边）和工作区域（右边）。标题信息区域显示了系统的基本信息，用户可清楚地了解目前正在操作的系统的基本信息；功能菜单区域起到功能导航的作用，按照人们阅读的习惯，将功能菜单区域放在左边，让用户能够很容易地了解到系统所具备的功能，并能很快找到自己想要进行的操作；工作区域是用户的主要操作区域，该区域一般最大，且位于系统界面的主要位置。

系统功能操作的命名应当尽量简单、明确、规范，能够贴切地表达所要进行的功能操作。例如，借阅管理中的"借阅图书""归还图书""图书查询"等功能名称符合这一原则。此外，功能命名应在与用户的沟通中产生，这样有利于用户对系统功能的理解。

交互设计的主要内容是设计用户与系统的交互过程。以借书过程为例，读者需要借书时，管理员的操作流程如图 7.13 所示，根据该活动图可以设计出界面交互流程，如图 7.25 所示。

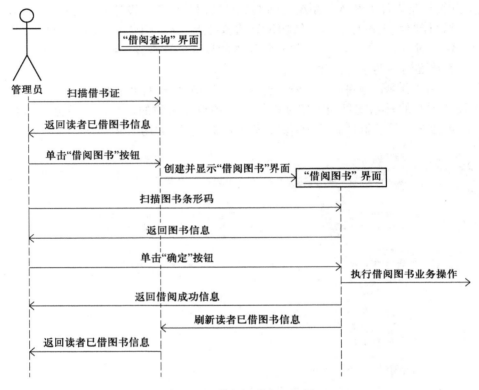

图 7.25　借阅图书交互流程

图 7.25 中，将所有界面看作对象，根据该顺序图设计的借阅查询界面如图 7.24 的工作区所示，该区域中上半部分显示读者的信息，下半部分是该读者已经借阅的图书列表。

当管理员得到读者的借书证，并通过读卡器读入读者号到对应的文本框中，便会获得该读者的基本信息，显示该读者借阅的图书列表，管理员单击"借阅图书"按钮，弹出"借阅图书"界面如图 7.26 所示。

当管理员拿到借书证，并通过读卡器读入图书的条形码到对应的文本框中，便获得该图书的基本信息，单击"确定"按钮，完成借书操作。

在视觉设计上，一般要求系统界面的整体风格一致，字体的大小整齐划一。本例中，采用了统一的图形界面框架、统一的界面风格样式、统一的颜色搭配，能够满足系统的视觉设计要求。

图 7.26　"借阅图书"界面

7.5.5　用户界面接口

在完成界面的设计之后，应当考虑用户界面与问题域之间的衔接。一般来说，为了使用户界面与问题域之间的相互影响较小，可以在两者之间直接设计一个服务接口，通过该接口定义界面要求问题域所提供的服务。"图书借阅管理系统"的服务接口及其实现类如图 7.27所示。

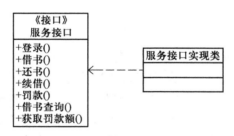

图 7.27　"图书借阅管理系统"的服务接口及其实现类

采用接口的好处是可以使用户界面与域模型完全隔离开来，当用户界面改变时，不需要修改域模型，当域模型发生变化时，也不需要重新开发界面，通常仅需修改服务接口的实现类即可。

7.6　任务管理设计

在多任务系统中，并发是一种很常见的现象。虽然从概念上说不同对象可以并发地工作，但由于不同的对象之间有时存在某种约束关系，往往会造成实际运行过程中由于对象的约束而无法实现并发。在设计多任务系统时，如何协调与管理这些任务的运行过程是一项重要的工作。在面向对象设计中，任务管理设计完成这一任务，主要内容包括分析并发性，确定事件驱动型任务，确定时钟驱动型任务，确定优先任务，确定关键任务，确定协调任务和确定资源需求。

任务管理子系统的设计过程中分析并发性是首先要完成的步骤，即确定哪些是必须同时工作的对象，哪些是相互排斥的对象。在确定了并发对象之间的关系后，可以通过具体的算法合理地规划任务，提高系统的效率。

在多任务系统中任务有多种类型，常见的任务有事件驱动型任务、时钟驱动型任务、优先任务、关键任务和协调任务等。不同类型的任务，其执行的方式有很大的差异。因此，进行任务规划之前必须确定任务的类型，以便于制定合理的任务调度和管理策略来高效地执行这些任务。

同样，不同的任务其需求也各不相同，所以确定任务的性质，即确定任务的关键程度、重要程度、所需的资源数都有着重要的意义。

此外，在进行任务管理设计时，设计者还应该综合考虑各种因素，确定哪些子系统用硬件实现，哪些子系统用软件实现，系统需不需要增加或减少任务数，需不需要增加协调任务等一系列问题。

本章小结

面向对象设计是面向对象软件工程中非常重要的一环，其任务是在面向对象分析的基础上完成系统的各项设计工作。面向对象设计过程主要包含 5 项活动：体系结构设计、问题域设计、人机交互设计、数据管理设计和任务管理设计。软件体系结构设计是系统的关键步骤，在面向对象设计时，应该根据系统需求的实际情况进行选择，良好的软件体系结构不仅可以保证系统总体设计方案的正确性，还可以使后期的修改和维护变得更为简单易行；问题域设计主要负责完善面向对象分析阶段完成后得到的问题域模型，静态建模与动态建模是完善问题域模型的主要手段；人机交互设计的主要工作是设计命令层次结构，确定人机交互的方式与步骤，人机界面应当对用户友好，并且操作方便；数据管理设计的主要工作是设计数据存储、检索以及管理方案，数据管理设计遇到的主要问题是对象模型与关系模型之间的"阻抗不匹配"，目前解决该问题的主要办法是采用 ORM 中间件；任务管理设计主要负责识别系统中的任务，制定合理的任务调度与管理策略。在多任务系统中，任务有很多类型，不同的任务其需求各不相同，所以在进行任务管理设计时，设计者应该综合考虑各种因素，保证任务管理设计的正确实施。

习题

7.1　面向对象软件设计的基本原则有哪些？

7.2　面向对象程序设计有哪些优点？

7.3　面向对象设计与面向对象分析的区别是什么？设计包括哪些活动？

7.4　面向对象的特征和要素有哪些？

7.5　类图划分的策略有哪几种？

7.6　什么是职责分配？GRASP 模式与职责分配之间有什么关系？

7.7　什么是软件体系结构？常见的软件体系结构有哪些？

7.8　什么是问题域设计？问题域设计有哪些关键内容？

7.9　什么是持久化？有哪些常见的持久化策略？

7.10　用户界面设计的基本原则有哪些？

7.11　GUI 界面的形式有哪些？

7.12　用户界面设计有哪些步骤？

7.13　主要的用户交互形式有哪些？

7.14　什么是任务管理设计？

7.15　根据以下描述画出环境控制器类的状态图。

在温室管理系统中有一个环境控制器类，当没有种植作物时系统处于空闲状态。一旦种上作物，就要进行温度控制，定义气候，即在什么时期应达到什么温度。当处于夜晚时，由于温度下降，要调用调节温度过程，以便保持温度；太阳出来时，进入白天状态，由于温度升高，要调用调节温度过程，保持要求的温度；当日落时，进入夜晚状态；作物收获后，终止气候的控制，进入空闲状态。

7.16　根据以下描述画出网络教学管理系统的类图。

网络教学管理系统中，学生可以浏览信息、查找信息、下载文件、上传作业；老师可以输入课程简介、上传课件、发布作业、批改作业；管理员可以对用户进行管理和系统设置。

7.17　根据以下需求描述画出汽车租赁系统的类图。

① 客户可以通过不同的方式（包括电话、前台、网上）预订车辆。

② 能够保存客户的预订申请单。

③ 能够保存客户的历史记录。

④ 工作人员可以处理客户申请。

⑤ 技术人员可以保存车辆检修的结果。

7.18　参照书中的例子，完成一个实际信息管理系统（如学生成绩管理系统、教务管理系统或办公系统等）的面向对象设计过程。

第8章　软件编码与测试

　　软件编码是将软件的详细设计说明转换为源代码的过程。虽然程序的质量主要取决于软件设计，但是程序设计语言的选择、代码编写的规范程度也会对软件的可靠性、可测试性和可维护性产生影响。正如其他产品在交付客户使用前必须经过严格的质量检验一样，软件系统在交付使用之前也需要经过仔细的验证和检查。软件测试是保证软件质量、提高软件可靠性的关键工作，为软件的可靠性分析和质量评审提供重要依据。本章主要介绍软件编码规范、代码复审方法、软件测试中的基本原则、测试技术、测试工具和面向对象的软件测试方法。

8.1　软件编码

8.1.1　程序设计语言的分类与选择

　　程序设计语言是人和计算机交互的基本工具，同时也是将详细设计的具体算法和要求转换为具有一定功能的程序源代码的必备工具。程序设计语言的特性影响着开发人员编程的思路和方式，同时也影响程序本身的功能和效率。因此，选择一种适当的程序设计语言进行编码是在软件编码工作开始之前的一项重要工作。

1. 程序设计语言的分类

　　自计算机问世以来，程序设计语言的发展和计算机技术的发展相互促进、共同演进，程序设计语言的发展为软件开发做出了重要贡献，软件的发展又促进了硬件技术和计算技术的进步。人们已经设计和实现的程序设计语言种类繁多，但是得到广泛应用的只是其中的一小部分。概括地说，程序设计语言的发展历程是从低级语言向高级语言演化，从第一代语言向第四代语言或更高级语言转变的历程。程序设计语言可以分为低级语言和高级语言两大类，具体分类如表 8.1 所示。

　　（1）低级语言

　　低级语言是伴随着计算机的产生而设计的基本语言，是程序设计语言的原始形式。低级语言与计算机硬件联系紧密，包括机器语言和汇编语言。低级语言的编写难度大，调试困难，开发效率较低。机器语言和汇编语言属于第一代语言（First Generation Language，1GL），机器语言基本按照二进制代码编写，程序很不直观，出错率高，现在已经几乎不使用，但它在计算机底层的运行效率却很高。汇编语言比机器语言直观，但每种汇编语言都依赖于相应的计算机硬件，其指令系统因计算机而异，难学难用。从软件工程的角度来看，生产率低，容易出错，维护困难。

表 8.1 程序设计语言分类表

语言级别	语言代级	特点	典型语言	
低级语言	第一代语言	不直观，出错率也高，维护困难	机器语言、汇编语言	
高级语言	第二代语言	不依赖于计算机硬件本身，通用性好	FORTRAN、COBOL、BASIC、ALGOL 等	
	第三代语言	具有较强的过程描述能力和数据结构的构造能力，部分具有面向对象的思想	通用语言	Pascal、Ada、C 等
			专用语言	LISP、PROLOG 等
			面向对象语言	Smalltalk、C++、Java 等
	第四代语言	比第三代程序设计语言的抽象层次更高，不需要涉及太多算法细节	数据库查询	SQL、Informix－4GL 等
			应用生成器	FOCUS、RAMIS 等
			形式化语言	Z 语言等

（2）高级语言

20 世纪 50 年代末至 60 年代初，高级程序设计语言开始出现。高级语言使用的符号和操作方式与人们在现实世界中的处理方式比较接近，所以，高级语言更容易被人们掌握和接受，且不依赖于计算机硬件本身，通用性好。高级语言包括第二代、第三代和第四代高级程序设计语言。

① 第二代程序设计语言是第三代语言的基础和早期版本，第二代语言的出现，一定程度上改变了人们对程序设计的看法，应用范围逐渐扩大。第二代语言包括 BASIC、COBOL 和 FORTRAN 等。

② 第三代程序设计语言利用类英语的语句和命令，具有较强的过程描述能力和数据结构构造能力，广泛应用在科学计算、嵌入式系统、应用软件和系统软件的开发中，典型的第三代语言有 ALGOL、Ada、Pascal、C、Java、C++等。

③ 第四代程序设计语言比第三代程序设计语言的抽象层次更高，更接近自然语言，它兼有过程性和非过程性的两重特性，不需要太多涉及算法细节。目前，使用最广泛的第四代语言是数据库查询语言（Structured Query Language，SQL），此外，决策支持语言、形式化规格说明语言等也属于第四代语言。

程序设计语言的发展对程序设计、软件开发以及计算机技术的发展带来了不可忽视的影响，随着语言的不断更新，编程效率将不断提高，开发难度将逐步下降。

2．程序设计语言的选择

使用何种程序设计语言实现软件系统是开发软件系统的一个重要决策。由于一种语言不可能同时满足对未来软件系统的各种需求，所以要对各种要求进行分析和权衡，选择最符合本软件系统开发实际的语言。

在目前通用的硬件环境和软件技术的背景下，通常优先考虑高级语言，而不是低级语言。当然，在选择程序设计语言时，还需要考虑程序的执行时间和内存的使用空间、今后的维护工作量等多方面的因素。

选择高级语言的标准可参考如下。

（1）软件的应用领域

在选择程序设计语言时，应该考虑待开发软件系统的特点和软件系统所在的应用领域，恰当地选择合适的程序设计语言，例如，在科学工程计算领域，需要大量如数学、统计方面的标准库函数，可选用 FORTRAN 或者 C 语言；如果要开发企业应用系统，可选用 Java 语言或 C#语言等；在人工智能领域，如果要开发模式识别、机器人视觉或自然语言处理等系统，可以选择 LISP、PROLOG 语言。

（2）用户需求

在许多情况下，用户对于采用何种语言开发软件系统会提出明确的要求，或对于软件系统性能也有具体的要求，此时需要综合考虑用户的需求来决定选择何种开发语言。

（3）软件集成开发环境

良好的开发环境不仅可以提高软件编码的效率，同时也能减少错误，提高软件质量。近年来，许多软件厂商推出可视化软件集成开发环境，如 Microsoft 公司的 Visual.NET Studio，IBM 公司的 Eclipse 和 Borland 公司的 Delphi 等，为软件的编码、调试提供了高效的开发环境，软件集成开发环境可以作为选择设计语言的标准之一。

（4）软件设计方法

如果软件系统采用传统软件工程的方法进行开发，可以选择面向过程的程序设计语言，如：C、FORTRAN 等；如果软件系统采用面向对象方法设计，一般采用面向对象的语言编程，如：C++、Java、C#等。

（5）软件的可移植性要求

考虑软件系统未来运行环境的多样性，如操作系统不同、计算机体系结构不同等，需要选择符合跨平台运行要求的程序设计语言进行开发，如 Java 等。选择此类语言开发软件系统，程序的可移植性才能满足要求。

（6）软件开发人员的知识

软件开发人员已掌握的开发知识和开发经验对选择编程语言也有很大影响。大部分软件编程人员会选择曾经成功开发过项目的语言来继续开发新软件系统。虽然新的语言会提供更多的功能和类库，但软件开发人员不熟悉该语言，反而会占用更多的时间熟悉新开发环境，影响软件的开发进度。

8.1.2　编码规范

一方面，源程序是将软件的设计结果具体化为可由计算机执行的指令载体；另一方面，源程序是供开发人员阅读的重要文档。随着软件系统规模的不断扩大，软件维护在整个软件生命周期中的比重不断扩大。在测试和维护过程中，阅读代码成为十分关键的工作，例如，在程序静态检查和代码复审的过程中，开发人员需要阅读大量的代码来完成检查工作。在软件工程快速发展的今天，单纯的编码技巧性已经不再是软件开发人员追求的目标，程序的可读性、规范性是衡量软件开发人员水平和代码质量的重要标准。

在长期的编码过程中，许多有经验的程序员逐渐认识到了代码编写中存在的一些问题。他们将这些问题加以总结，并归纳形成指导性的规则，用以指导编码工作，这就是编码规范。编码规范是所有程序员应该共同遵守的标准，通过建立编码规范，能够形成开发小组编码的共同约定，从而提高程序的可读性。

采用编程规范编写程序的意义如下。

① 编码规范可以改善软件的可读性，让开发人员尽快而彻底地理解新的代码，从而减少软件的维护成本。

② 编码规范可以让开发人员养成良好的编码习惯，形成更加严谨的思维，最大限度地提高团队开发的合作效率。

下面以 Java 语言的编码规范为例，说明其对文件的组织、文件命名、代码的排版、注释的编写以及变量命名等方面的要求和约束。

1．Java 文件的组织和命名规范

根据 JavaDoc 的统一要求，Java 源文件由 package 语句、import 语句、class、interface 和 method 等几部分组成。各部分之间由空行分隔，每部分之前应有注释说明。

此外，每个 Java 源文件包括一个 public class 或 public interface，与该 public class 或 public interface 密切相关的 private class 或 private interface 应置于同一个文件中。

public class 或 public interface 的定义应放在 private class 和 private interface 之前。

（1）Web 文件的命名规范

对于 Java 编程中的 JSP（Java Server Pages）、HTML 等 Web 文件，文件名一律用小写命名，其中 HTML 文件的扩展名为"htm"。文件名中的各部分单词采用"_"进行连接，第一个单词一般表示模块名称或简称，以后的单词为页面功能描述，如果用一个单词无法描述可以采用多个单词，但必须用下画线"_"进行连接。

例如，book_list.jsp 表示在图书管理模块中显示图书页面；book_borrow.jsp 表示在图书管理模块中图书借出页面。

（2）Java 文件的命名规范

文件名的命名应该与其类的名称相同，所有单词首字母大写。包名一般以项目或模块名命名，少用缩写和长名字，一律小写。包名一般按如下规则组成。

[基本包].[项目名].[模块名].[子模块名]…

例如，基本包：javax.servlet；子包：javax.servlet.http。

2．代码的排版

程序排版是程序设计规范最直观的体现。排版的基本原则是方便程序员自己和他人阅读代码。为了保证代码的可读性，排版规范主要体现在代码缩进、长度、行宽、行间隔、对齐等几个方面。

（1）缩进

子功能块在其父功能块后，应缩进排列。一般情况下，代码中以 Tab（4 个字符）缩进，在编辑器中将 Tab 设置为以空格替代，否则，在不同编辑器或设置下，会因 Tab 长度不等而影响整个程序代码的格式。例如，

```java
public class BookType {
    private int id;
    private String name;

    public BookType(int id,String name){
     this.id=id;
     this.name=name;
    }
}
```

（2）长度

为便于阅读和理解，单个函数的有效代码长度应尽量控制在 100 行以内（不包括注释行），当一个功能模块过大时，往往造成阅读困难，应该使用函数等将相应功能抽取出来，这也有利于提高代码的重用度。

单个类也不宜过大，当出现此类情况时，应将相应功能的代码重构到其他类中，通过组合等方式来调用，建议单个类的长度（包括注释行）不超过 1 500 行。

（3）行宽

行宽应该设置为 80 个字符。一般不要超过这个宽度，否则会导致在某些机器中无法以一屏来完整显示，但这一设置也可以灵活调整。在任何情况下，超长的语句应该在一个逗号后或一个操作符前折行。一条语句折行后，应该比原来的语句再缩进一个 Tab 或 4 个空格，以便于阅读。

（4）行间隔

类、方法及功能块间应以空行相隔，增加可读性，但不得有无规则的大片空行。操作符两端应当各空一个字符以增加可读性。相对独立的功能模块之间可使用注释行间隔，并标明相应内容。例如，

```java
public class ReadingRoom {
  private int id;
  private String name;

  /**
    * @return the id
    */

  public int getId( ) {
    return id;
  }

  /**
    * @param id the id to set
    */

  public void setId(int id) {
    this.id = id;
  }
  …
}
```

（5）对齐

关系密切的行应对齐，包括类型、修饰、名称、参数等各部分对齐。连续赋值时，应对齐操作符；当方法参数过多时，应在每个参数后（逗号后）换行并对齐；当控制或循环中的条件比较长时，应换行（操作符前）、对齐并注释各条件；定义变量时，最好通过添加空格形成对齐，同一类型的变量应放在一起。例如，

```java
public class Book {
  private String barCode;
  private String name;
  private String callNumber;
```

```
        private String isbn;

        private String author;

        private String press;

        private double price;

        private Date publishTime;

        private ReadingRoom readingRoom;

        private BookType type;

            …

        public String getName( ) {

                return name;

        }

}
```

（6）分行

在编码过程中，应尽量避免出现 80 个字符以上的行，每行尽量少于 70 个字符。对于过长行，需要进行分行，以提高代码的可读性，分行的原则如下。

①　最好在逗号 "," 之后分行。

②　在运算符之前分行。

③　以运算符优先级作为分行原则。

例如，

```
public BorrowRecord(long id,Reader reader,Book book,Date borrowTime,
                    Date returnTime,Date expiredTime,Boolean renewed,double lateFee);

bookFee = (borrowTime - fixedTime)*(basicFee+ extraFee+ punFee)
            +1.5* basicFee* fixedTime;
```

（7）空行

应用空行将源程序分隔成逻辑上的几部分，可以提高代码的可读性。

在 Java 编程中，出现如下情况时，应该使用一个空行。

①　方法之间。

②　方法内局部变量定义和语句之间。

③　块注释和单行注释之前。

④　方法内逻辑段之间。

有如下情况，应该使用两个空行。

①　源程序的各个部分之间。

②　类（class）定义或接口（interface）定义之间。

（8）大括号的排列

通常左括号"{"应该紧跟其语句后，右括号"}"单独作为一行，且与其匹配行对齐，并且较长的方法与类、接口等的右括号后应使用// end…等标识其结束。例如，

类的结束符：　　}　　// EOC ClassName

方法结束符：　　}　　// end methodName

可根据程序员的习惯决定左括号是否换行，若换行，则应与其前导语句首字符对齐。

3．代码的注释

代码注释的目的是使代码更易于被其他开发人员阅读和理解，注释不宜太多也不能太少，有效的代码注释量必须保持在整个源程序的 20％以上，注释语言必须准确、易懂、简洁，切勿通篇都是注释，切勿每条语句都加以注释。

注释通常用于描述源程序或者方法的版权、版本号、生成日期、作者、内容以及功能等重要信息，注释应该增加代码的清晰度。Java 语言除支持 C++风格的 /* */ 和 // 注释以外，还有一种特有文档注释（Documentation Comment）/** */，文档注释可通过 JavaDoc 工具生成 HTML 文档。如果由程序员自己完成对类、方法、变量等的注释，也需要符合 JavaDoc 的规范。

（1）文件注释

所有 Java 源文件都应该以注释开始，需要包含能够说明文件的功能、版本、版权声明、作者以及创建、修改记录等信息。例如，

```
/*
 * @FileName: GetBookServlet.java
 * @Created: 2012-7-10 20:18:53 by
 * @Copyright:    Copyright (c), 2009-2012
 * @Description: 对整个文件的功能进行描述
 * @Modification History:
 *         1 创建文件的描述
 *         2 对这个文件的修改历史进行详细描述，一般包括时间、修改者、修改的内容描述等
 *
 */
```

（2）类、接口注释

在类、接口定义之前，应对其进行注释，包括类、接口的目的、作用、功能、继承于何种父类、实现的接口、实现的算法、使用方法、示例程序等。例如，

```
/*
 * 图书存储类 Datastore
```

```
 * @Version      1.0, 2012/7/12
 * @Author       Zhonghua
 */
public class DataStore {

}
```

（3）方法注释

依据标准 JavaDoc 规范对方法进行注释，以明确该方法的功能、作用、各参数含义和返回值等。复杂的算法用 /* */ 在方法内注解出；参数注释时，应注明其取值范围等；返回值注释时，应注释出失败、错误、异常时的返回情况；异常注释时，应注释出什么情况、什么时候、什么条件下会引发什么样的异常。例如，

```
 /**
  * 借阅图书
  * @param readerNo  读者号
  * @param barCode  图书条形码
  * @return
  *         0 借阅成功<br>
  *         1 超出读者类型借书限制<br>
  *         2 超出阅览室借书限制<br>
  *         3 该图书已被该读者借阅，应进行续借操作
  */
public int borrowBook(String readerNo,String barcode);
```

（4）块注释

块注释用于说明文件、方法、数据结构或算法。位于一个方法内的块注释，应与其所注释的程序行具有相同的缩进级别，块注释与其前面的程序行应有一个空行分隔。

```
public double calculateLateFee( ){
    ReadingRoom room=book.getReadingRoom( );
    int days=getRemainDays( );

    /*
     * 若借阅图书超期，则需要计算费用
     */

    if (days>0)
```

```
        return 0;
    else
        return days*room.getLateFee( );
}
```

（5）单行注释

单行注释为其后的程序行提供一行的注释，单行注释应与其所注释的程序行具有相同的缩进级别，与其前面的程序行应有一个空行分隔。例如，

```
if (StringUtil.check(bookId)) {
    Service service = ServiceFactory.getService( );
    String retType, retMsg;
    int ret = service.payLateFee(bookId.toUpperCase( ), 100);
    switch(ret) {

        //还书成功
        case 0:
            retType = "0";
            retMsg = "归还图书成功";
            break;

        // 异常
        default:
            retType = "-1";
            retMsg = "系统出错，请联系系统管理员！";
    }
}
```

（6）行尾注释

行尾注释可用于一行的全部或部分，也可用于注释掉多行程序。

```
if (StringUtil.check(bookId)) {
    Service service = ServiceFactory.getService( );
    String retType, retMsg;
    int ret = service.payLateFee(bookId.toUpperCase( ), 100);
    switch(ret) {
        case 0:          //还书成功
```

```
        retType = "0";

        retMsg = "归还图书成功";

        break;


    default:          // 异常

        retType = "-1";

        retMsg = "系统出错，请联系系统管理员！";

    }

}
```

4．常量、变量、方法及异常的命名

（1）常量的命名

应尽量避免在源程序中出现常数，一般将常数定义为相应的常量，在后续源代码中使用常量。常量命名时，所有字母均采用大写表示，最好采用完整的英文大写单词组成，词与词之间用下画线连接。例如，

```
final static int HTTP_SERVER_PORT = 8080;
```

（2）变量和参数的命名

规范的命名能使程序更易阅读，变量和参数的命名一般遵循以下基本原则。

① 名字应能反映它所代表的实际事物，应有一定的实际意义。例如，用 fee 表示费用，用 book 表示图书，用 reader 表示读者等。

② 使用可以准确说明变量、字段、类、接口、包等的完整英文描述符。例如，firstName、borrowRecord。避免使用汉语拼音及不相关单词对包、类、接口、方法、变量、字段等命名。

③ 采用大小写混合，提高名字的可读性。一般应该采用小写字母，但是类和接口名字的首字母，以及任何中间单词的首字母都应该大写，包名全部小写。

④ 使用缩写时，应使用公共缩写和习惯缩写等。例如，实现（implement）可缩写成 impl，经理（manager）可缩写成 mgr 等。

⑤ 避免使用长名字（最好不超过 25 个字母）。

⑥ 避免使用相似或者仅在大小写上有区别的名字。

一般采用匈牙利命名法进行变量命名，即前缀+描述符。匈牙利命名法规定，使用表示标识符所对应变量类型的英文小写缩写作为标识符的前缀，后续使用表示变量意义的英文单词或缩写进行命名。前缀命名参考如表 8.2 所示。

表 8.2 前缀命名参考表

编号	前缀	含义	实例
1	arr	表示数组类型	char arrchName[20];
2	ch	表示字符数据类型	char chTemp;
3	n	表示 int 类型	int nNumber;
4	w	表示 Byte 类型	Byte wGet;
5	l	表示 long 类型	long lNumber;
6	f	表示 float 类型	float fCount;
7	d	表示 double 类型	double dPrise;
8	str	表示 String 类型	String strSend;
9	sb	表示 StringBuffer 类型	StringBuffer sbRecieve;
10	b	表示 boolean 类型	boolean bFlag;
11	m_	表示成员变量	int m_nCount;
12	btn	表示命令按钮	btnDel
13	cmb	表示组合框	cmbCondition
14	txt	表示文本框	txtBookName
15	lbl	表示标签	lblBorrowDate
16	lst	表示列表框	lstSelectedBook
17	chk	表示检查框	chkKey
18	pic	表示图片	picMainFrame
19	stb	表示状态条	stbStatus
20	pgb	表示进度条	pgbProgess

（3）方法的命名

应采用完整的英文描述符进行方法的命名，大小写可混合使用，所有中间单词的第一个字母大写。方法名称的第一个单词常采用能表示方法功能的动词。如取值类使用 get 前缀，设值类使用 set 前缀，判断类使用 is（has）前缀。例如，

```
public String getBarCode( ) { };              // 表示获取图书条形码的方法
public void setBarCode(String barCode) { };   // 表示设置图书条形码的方法
public String getISBN( );                     // 表示获取图书 ISBN 的方法
public String setISBN( );                     // 表示设置图书 ISBN 的方法
```

（4）异常的命名

异常类名由表示该异常类型的单词和 Exception 组成，如 ServletException，异常实例一般使用 e、ex 等，在多个异常时，使用该异常名或简写加 E、Ex 等组成。例如，ServletEx 表示执行 Servlet 时产生的异常，IOEx 表示输入输出时产生的异常。

5．声明与定义

（1）包的声明

在导入包时，应该完全指定代码所使用类的名字，尽量少用通配符的方式，但导入一些通用包，或用到一个包中的大部分类时，则可以使用通配符方式。例如，

```
import business.ServiceFactory;
import java.util.*;
```

此外，属于同一个包的类导入时，应当声明在一起，重要的包应当添加注释。

（2）类、接口的定义

类或者接口定义的语法规范如下。

```
[可见性][('abstract'|'final')] [Class|Interface] class_name[('extends'|'implements')][父类或接口名]{
}
```

例如，

```
public class ReturnBookWithFeeServlet extends HttpServlet {

}


public interface Service{

}
```

（3）方法的定义

在定义方法时，应尽量减小类与类之间的耦合。所遵循的经验法则是，尽量限制成员函数的可见性。如果成员函数没有必要设置为公有属性（public），则将其定义为保护属性（protected）；如果不需要设置为保护属性（protected），将其定义为私有属性（private）。

方法定义语法规范如下。

```
[可见性][('abstract'|'final')] ['synchronized'][返回值类型] method_name（参数列表）[('throws')][异常列表]{
// 功能模块
}
```

例如，

```
public void doGet(HttpServletRequest request, HttpServletResponse response)
```

```
throws ServletException, IOException {

}
```

此外，不同类型的方法一般按照如下顺序进行声明：构造方法、静态公共方法、静态私有方法、公共方法、受保护方法、私有方法、继承自 Object 的方法。

8.1.3 代码分析

程序是否采用编程规范编写，对程序的可读性、可测试性和可维护性有很大影响，下面以"图书借阅管理系统"中部分 Java 程序为例，说明如何编写风格良好的程序代码。

1. 注释问题

许多程序员认为代码的注释越详细越好，每行代码都给出详细的注释信息，几乎将每行程序代码都翻译成别的描述形式。

"图书借阅管理系统"的时间工具类源代码如下。

```java
package util;

import java.text.ParseException;
import java.text.SimpleDateFormat;
import java.util.Date;

public class DateUtil {
    public static String getCurDate( ) {
        SimpleDateFormat sdf = new SimpleDateFormat("yyyy-MM-dd");//指定日期的格式
        Date date = new Date( );      // 实例化一个日期对象
        return sdf.format(date);      // 返回日期的值
    }

    public static String getCurDateTime( ) {
        SimpleDateFormat sdf = new SimpleDateFormat("yyyy-MM-dd hh:mm:ss");//指定日期时间格式
        Date date = new Date( );      // 实例化一个日期对象
        return sdf.format(date);      // 返回日期时间的值
    }

    public static String addDate(String operDateStr, int duration){
        String returnStr = null;      // 声明一个字符串的变量
```

```
    SimpleDateFormat sdf = new SimpleDateFormat("yyyy-MM-dd");   // 指定日期的格式
    Date date = null;              // 初始化日期对象为空

    try {
        date = sdf.parse(operDateStr);
        date = new Date(date.getTime( ) + duration*24*60*60*1000);   // 增加时间间隔
        returnStr = sdf.format(date);   // 返回增加时间间隔后的最终时间
    }

    catch (ParseException e) {
        e.printStackTrace( );
    }

    return returnStr;
    }
}
```

通过程序阅读不难发现，以上程序的注释很多并没有太大的意义，如果每条语句都有注释，反而增加了程序员的工作量，且在程序的开头和方法的开头缺少必要的注释。因此注释的选择必须简洁、易懂，一般在程序的开头、函数或方法的开头做出部分注释，说明程序的功能、方法等信息；此外，对于特殊的变量名，也可以做出注释，但是要以简洁、准确的原则编写。

修改后的时间工具类源代码如下。

```
/*********************************************************************
* this is a date utility class, including three methods, getCurDate, getCurDateTime, addDate
* this package will be used in other modules in library book management system.
* @FileName: DateUtil.java
* @author Jack yang. 2012-07-01
* @version 1.0
*********************************************************************/

package util;

import java.text.ParseException;
import java.text.SimpleDateFormat;
```

```
import java.util.Date;

public class DateUtil {

    /**
     * 得到当前的日期
     * @return 日期的值
     */
    public static String getCurDate( ) {
        SimpleDateFormat sdf = new SimpleDateFormat("yyyy-MM-dd");
        Date date = new Date( );
        return sdf.format(date);
    }

    /**
     * 得到当前的日期（包含时间）
     * @return 日期的值
     */
    public static String getCurDateTime( ) {
        SimpleDateFormat sdf = new SimpleDateFormat("yyyy-MM-dd hh:mm:ss");
        Date date = new Date( );
        return sdf.format(date);
    }

    /**
     * 对某个日期，计算加上一定天数后的日期
     * @param operDateStr 计算的基准日期
     * @param duration 天数
     * @return 计算的结果
     */
    public static String addDate(String operDateStr, int duration){
        String returnStr = null;
        SimpleDateFormat sdf = new SimpleDateFormat("yyyy-MM-dd");
        Date date = null;
```

```
try {
    date = sdf.parse(operDateStr);
    date = new Date(date.getTime( ) + duration * 24 * 60 * 60 * 1000);
    returnStr = sdf.format(date);
}

catch (ParseException e) {
    e.printStackTrace( );
}

return returnStr;
    }
}
```

2．标识符的命名

有些程序员在开发程序的时候，为了编程的方便，将变量名或者函数名用简单的字符命名，例如，变量用 i、j、k 等命名，函数用 ff、ff1 等命名。这些命名方式在编写代码的时候似乎简单，但根本没有可读性，变量表示的含义、函数的功能根本无法理解，给后续维护人员带来了极大的障碍。

"图书借阅管理系统"的图书类源代码如下。

…

```
package domain;

import java.util.Date;

import data.DataAccess;
import data.DataAccessFactory;

public class Book {
    private String bC;
    private String nm;
    private String cN;
    private String isbn;
    private String athr;
```

```
    private String prs;

    private double prc;

    private Date pblshTm;

    private ReadingRoom rdRm;

    private BookType tp;

    …

    public String getbC( ) {

        return bC;

    }

    public void setBC(String bC) {

        this.bC = bC;

    }

    …

}
```

以上程序片段定义了图书类，由于变量的命名过于简单，大部分使用缩写进行命名，导致变量的命名不能很好地描述变量的意义。若变量或函数的命名规范，尽量包含其表示的含义等信息，对程序的理解会容易很多，修改后的图书类源代码如下。

```
…
package domain;

import java.util.Date;

import data.DataAccess;
import data.DataAccessFactory;

public class Book {
    private String strBarCode;          // 图书条码
    private String strName;             // 图书名称
    private String strCallNumber;       // 索书号
    private String strISBN;             // ISBN
    private String strAuthor;           // 作者
    private String strPress;            // 出版社
```

```
    private double dPrice;                  // 价格
    private Date dtPublishTime;             // 出版时间
    private ReadingRoom readingRoom;        // 阅览室号
    private BookType type;                  // 图书类型
    …
    /**
      * @return the barCode
      */
    public String getBarCode( ) {
        return strBarCode;
    }

    /**
      * @param barCode the barCode to set
      */
    public void setBarCode(String strBarCode) {
            this.strBarCode = strBarCode;
    }
    …
}
```

上述代码中，变量都具有前缀，表示该变量的数据类型，其后用完整的英文单词表示变量的意义，这种规范的命名方式提高了代码的可读性。

8.2　代码复审

代码复审是在代码编写完成后，由专门的复审人员参照编码规范对源代码重新进行阅读和检查的过程。构建高质量的软件时，代码复审是对编译、集成和测试等其他质量保证机制的补充。在复审代码之前，要对其进行编译，并使用诸如代码规则检查器之类的工具发现尽可能多的错误。如果使用可在运行时检测错误的工具来执行代码，还能够在进行代码复审之前检测和消除其他错误。

1．复审代码的意义

① 加强和鼓励在项目中使用一种共同的编码风格。复审代码是一种有效的让成员遵循编程指南的方法。要确保成员遵循编程指南，复审所有作者和实施者的工作结果比复审所有源代码文件重要得多。

② 发现自动测试发现不了的错误。代码复审捕捉到的错误与测试发现的错误不同，利于交流个人知识，让富有经验的个人将知识传授给经验较少的新手。

2．复审代码的方法

① 检查。一种用来详细检查代码的正式评估方法。尽管需要培训和准备，但检查仍被认为是最有效的复审方法。

② 走查。一种由代码制作者带领一个或多个复审员遍历代码的评估方法。复审员针对技术、风格、可能出现的错误、是否违反编码标准等提出问题，并发表意见。

③ 阅读代码。由一两个人阅读代码，如果复审员阅读完毕，他们可以碰头并提出各自的问题和意见。尽管碰头也可以省略，但复审员可以通过书面形式向代码制作者提出他们的问题和意见。在对一些小的改动进行检验时，建议使用阅读代码方法，它是一种"正常性检查"。

3．源代码检查点

本部分给出了一些通用的代码复审检查点，仅作为复审查找对象的示例，编程指南应作为代码质量的主要信息源。

（1）概述

① 代码是否遵循编程规范？

② 通过阅读能否较好地理解代码？

③ 是否已经解决了代码规则检查和（或）运行错误检测工具发现的所有错误？

（2）注释

① 注释是否反映了最新的修改情况？

② 注释是否清晰、正确？

③ 如果代码被变更，修改注释是否容易？

④ 注释是否着重解释了为什么，而不是怎么样？

⑤ 是否所有的意外、异常情况和解决方法错误都有注释？

⑥ 每个操作的目的是否都有注释？

⑦ 与每个操作有关的其他事实是否都有注释？

（3）源代码

① 是否每一个操作都有一个描述其操作内容的名称？

② 参数是否有描述性的名称？

③ 完成各个操作的正常路径是否与其他异常路径有明显区别？

④ 操作是否太长，它能否通过将有关语句提取到专用操作中进行简化？

⑤ 操作是否太长，它能否通过减少判定点的数目进行简化？决策点是代码可以采取不同路径的语句，例如，if else、while 和 switch 语句。

⑥ 循环嵌套是否已减至最少？

⑦ 变量命名是否适当？

⑧ 代码是否简单明了，是否避免了使用"技巧性"的方法？

8.3　软件测试

测试和检验是在工业生产和制造业中常见的生产活动，它常常和产品的质量检验密切相关。测试的目的是检验产品是否满足设计要求，软件测试是为了发现缺陷而执行程序的过程。Grenford J. Myers 在 *The Art Of Software Testing* 一书中阐明了软件测试的目的或定义，具体内容如下。

① 测试是为了证明程序中有错误，而不是证明程序中无错误。

② 一个好的测试用例指的是它可能发现至今尚未发现的缺陷。

③ 一次成功的测试指的是发现了新的软件缺陷的测试。

软件测试的目的是以最少的时间和人力尽可能多地找出软件中潜在的各种错误和缺陷。测试只能说明程序中潜在的错误，而不能证明程序中没有错误。一方面，软件的最终用户希望通过软件测试能够尽可能地暴露出软件中潜在的错误，并以此为依据评价软件质量；另一方面，软件开发人员希望软件测试能够反映出软件中已经没有严重的错误，从而可以发布软件。

软件测试的目的决定了测试方案的选择标准。软件测试应该针对软件中比较复杂的部分或以前出错比较多的部分进行检查，力求设计出最能暴露错误的测试方案。

8.3.1　软件测试的概念与原则

软件测试具有广义和狭义的理解形式。广义的软件测试是指在软件生命周期内，所有的检查、评审、验证和确认活动，如设计评审、功能验证或程序测试等；狭义的软件测试则是对软件的检验和评价，检查软件的功能、性能是否符合需求，并对软件的可靠性进行评价。

1. 软件测试中的术语

（1）错误、缺陷和故障

在软件测试中，常常遇到错误（Error）、缺陷（Fault）和故障（Failure）这几个术语。开发人员在软件开发的过程中，通常将某些信息以不正确的形式表示出来或误解用户需求，这些都称为错误（Error）。

缺陷常被称为 Bug，它可以导致软件失败或不能正常运行。当开发人员在开发过程中出现错误以后，就会在软件中引入一个或多个缺陷。例如，一个需求的理解错误将会导致需求规格说明书中的一个潜在缺陷，而这个需求缺陷必然导致软件设计中出现一个或多个缺陷。

符合以下 4 种情况之一的问题，称为软件缺陷。

① 软件未达到需求规格说明书规定的功能和性能。

② 软件超出了需求规格说明书规定的范围。

③ 软件中出现了需求规格说明书中规定不能出现的错误。

④ 软件测试员认为软件难以理解、不易使用、运行速度慢，或最终用户认为不好。

软件缺陷出现的原因非常复杂，它涉及整个软件开发周期中的所有要素。从小程序到大项目，大量研究表明：导致软件缺陷最大的原因是需求规格说明书，其次是设计方案，再次是编码。在软件工程的各阶段，越早发现并修复软件缺陷，所消耗的费用越少，软件缺陷发现的时间与修复费用的关系如图 8.1 所示。

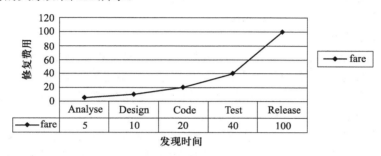

图 8.1 软件缺陷修复费用

故障（Failure）又称为失效，是指软件没有按照需求规格说明运行，从而引起软件行为与用户需求不一致的现象。故障可能发生在测试阶段，也可能发生在软件交付之后的运行阶段。

（2）测试用例

测试用例（Test Case）是在软件测试的过程中，由测试人员设计、为了检查程序功能和性能是否符合设计要求的一组测试序列和数据的集合。

测试用例通常包括测试的操作序列、输入数据和预期的输出三个部分。

2．软件测试的对象

软件测试并不等于程序测试，软件测试应贯穿于软件定义与开发的整个期间。因此，需求分析、概要设计、详细设计以及程序编码等各阶段所得到的文档，包括需求规格说明、概要设计规格说明、详细设计规格说明以及源程序，都应成为软件测试的对象。

3．软件测试的基本原则

为了较好地实现软件测试的目的，软件测试的主要任务是根据软件开发各阶段的文档资料和程序的内部结构，设计测试用例，以发现软件系统中不同类型的错误，并尽可能地节约成本和减少工作量。

软件测试的基本原则可以指导测试人员更好地开展测试工作，具体内容如下。

（1）完全测试是不可能的

由于系统中的输入量太大、输出结果多、软件实现途径太多、软件说明书没有客观标准等原因，使得对软件进行完全、穷举测试是不可能的。

（2）找到的软件缺陷越多，说明软件缺陷越多

经验表明，软件测试中存在群集现象，即测试后程序中残存的错误数目与该程序中已发

现的错误数目成正比。软件缺陷具有免疫性，测试人员完成的测试越多，其免疫能力就越强，寻找更多软件缺陷也就更加困难。

（3）80/20 原则

80/20 原则是指 80％的软件缺陷存在于软件 20％的空间里，软件缺陷具有空间聚集性。这个原则说明，如果想使软件测试更有效，应该将测试的重点放在缺陷聚集出现的软件模块中，在那里发现软件缺陷的可能性会大得多。

（4）并非所有软件缺陷都能修复

虽然测试的目标是找出软件缺陷，并予以修复，但是，在实际的测试中，并不是所有的缺陷都能修复，其原因是多方面的，例如，没有给测试人员足够的时间、缺陷的等级较低不会影响软件系统的使用、修复一个软件缺陷可能导致其他新的缺陷产生、不值得修复不常出现或在不常用功能中出现的缺陷等。

除了上述基本原则之外，还有一些前人总结出的经验，例如，测试工作要预先制定测试计划和文档，并严格执行，排除随意性；长期保留测试数据，将它留作测试报告，为以后的反复测试提供依据等。

8.3.2　软件测试的方法与过程

1．软件测试方法

软件测试方法研究以何种方式生成测试用例，从而更多地找出程序中潜在的缺陷。如何设计测试数据是测试的关键技术，根据测试用例的设计与系统源代码的关系，软件测试方法一般分为黑盒测试方法和白盒测试方法。

（1）黑盒测试

黑盒测试又称为功能性测试、数据驱动测试或基于需求规格说明的测试。

黑盒测试是在已知软件需求规格说明和功能需求的前提下，通过测试来检测每个功能是否都能正常使用。该方法将被测试对象看成一个黑盒子，测试人员完全不考虑程序的内部结构和处理过程，通过程序是否能正确地接收输入数据并产生正确的输出信息来检查程序是否满足功能要求。

黑盒测试方法主要有边界值分析、等价类（Equivalence Partitioning）测试、决策表分析等，黑盒测试示意图如图 8.2 所示。

图 8.2　黑盒测试的示意图

（2）白盒测试

白盒测试也称为结构性测试或逻辑驱动测试，它是在已知程序内部结构和处理过程的前提下，通过测试来检测程序中的每条路径是否按预定要求正常运行。该方法把被测试对象看成一个透明的白盒子，测试人员完全知道程序的内部结构和处理算法，并按照程序内部的逻辑测试程序，对程序中尽可能多的逻辑路径进行测试，在所有的点检验内部控制结构和数据结构是否和预期相同。

白盒测试方法主要有逻辑覆盖、基本路径测试等，它主要用于验证测试的充分性，白盒测试示意图如图8.3所示。

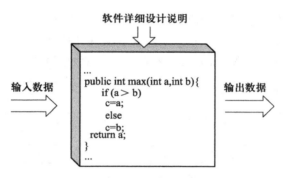

图 8.3 白盒测试的示意图

（3）灰盒测试

灰盒测试结合了白盒测试和黑盒测试的特点，既关注输出对于输入的正确性，同时也关注内部结构。灰盒测试可以避免完全的黑盒测试所带来的测试遗漏问题，又可以解决完全细致的白盒测试降低测试效率的问题。灰盒测试将应用程序的内部结构和与之交互的环境用于黑盒测试，以增强错误发现和错误分析的效率，同时灰盒测试也涉及输入和输出，将这些信息加入到只关注代码和程序操作的白盒测试方法中，可以提高测试用例的质量。

2．软件测试过程

软件测试的过程影响软件的质量和测试的成败。传统的软件测试模型如图8.4所示，V模型是软件开发瀑布模型的衍生和扩展，左边依次下降的是开发过程各阶段，与此相对应，右边依次上升的是测试过程的各个阶段。如图8.4所示，测试过程中存在不同级别的测试阶段，这些测试阶段和开发过程各阶段相对应：需求分析与系统测试对应，概要设计与集成测试对应，详细设计与单元测试对应。

V模型定义了软件测试的测试级别，是软件测试初期广泛采用的测试模型，但是，V模型存在以下几点不足。

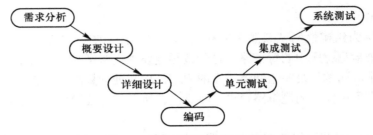

图 8.4 软件测试的传统 V 模型

① 模型说明软件测试只能在开发结束后才能进行，软件测试严格地处于编码阶段之后。

② 软件测试的对象就是程序本身。

③ 实际应用中，容易导致需求阶段的错误一直到最后系统测试阶段才被发现。

W 模型由 Evolutif 公司提出，相对于 V 模型，W 模型增加了软件各开发阶段应同步进行的验证（Verification）和确认（Validation）活动，W 模型如图 8.5 所示。

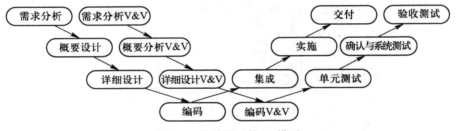

图 8.5 软件测试的 W 模型

由图 8.5 可知，W 模型由两个 V 模型组成，分别代表测试与开发过程，测试与开发是并行的关系。W 模型强调软件测试应贯穿于整个软件开发周期，而且测试的对象不仅仅是程序，需求、设计等阶段的文档同样要测试，测试与开发是同步进行的。

因此，W 模型比 V 模型的测试效率高，对于软件质量的控制更有效。但是，W 模型也存在局限性，由于需求、设计、编码等活动均按串行组织，且保持着一种线性的前后关系，上一阶段完全结束才能够开始下一阶段的工作，这样就无法支持迭代的开发模型。

规范化的软件测试过程通常包括制定软件测试计划、编制软件测试大纲、设计和生成测试用例、实施测试、生成软件缺陷报告等基本活动，如图 8.6 所示。

图 8.6 规范的软件测试过程

在需求分析阶段，就应该开始制定测试计划、制定测试大纲、测试数据的生成、测试工具的选择和测试脚本的开发等工作。软件设计完成后，进一步完善测试大纲和测试用例，供软件系统实现后测试使用。开发小组在完成编码任务后，应向项目负责人提交任务完成报告。

一般在测试前，测试人员要做一些测试前的准备工作。首先仔细阅读相关资料，包括软件需求规格说明书、设计文档、使用说明书和设计过程中产生的测试大纲、测试内容及测试的验收标准，接着测试人员开始系统地熟悉、了解软件，然后进行测试。

8.3.3　软件测试级别

根据软件测试模型，测试分为单元测试（Unit Testing）、集成测试（Integration Testing）和系统测试（System Testing）三个级别。

1．单元测试

单元测试是集成测试和系统测试的基础。单元测试是对软件中的基本组成单位，如一个类、类中的一个方法、一个函数或过程、一个模块等进行测试的活动。由于必须了解程序内部设计和编码的细节，所以单元测试一般由程序员而非测试人员完成。

在单元测试时，由于被测试的模块或组件处于整个软件结构的中间层位置，一般是被其他模块、组件调用，或调用其他模块、组件，其本身不能单独运行。所以，在单元测试时，需要为被测模块、组件设计驱动程序（Driver）和桩程序（Stub）模拟该模块的运行环境。

2．集成测试

集成测试又称为组装测试或联合测试，完成对每个模块的单元测试之后，按照模块结构将模块或组件按照一定顺序组装起来进行测试，其主要目标是发现与接口有关的问题，即模块或组件之间的协调与通信是否正确。实践表明，模块能够单独正常工作，并不能保证组合起来后也能正常工作，程序在某些局部反映不出的问题，在模块集成后很可能暴露出来。

按照模块集成的顺序，系统集成主要有两种方式：非渐增式集成和渐增式集成。

（1）非渐增式集成

非渐增式集成又称为大爆炸集成（Big-bang Integration），这种方式是所有单个模块的单元测试完成后，把所有模块一次性全部集成在一起，作为一个整体来进行测试。大爆炸的方式看似简单，但对于大规模的软件项目测试不合适。首先，要对所有单独的模块或构件进行测试，需要编写大量的驱动程序和桩程序，编写工作量较大；其次，所有模块集成在一起后，如果发现问题，很难判断问题是因为哪个模块的缺陷而引起，对缺陷很难定位。实际上，在一些小型软件项目中，可以使用非渐增方式进行系统集成测试，而在大型软件项目中，这种集成测试策略一般很少采用，而是采用渐增式集成来进行测试。

一个软件系统的结构如图 8.7 所示，按照非渐增式集成测试的顺序如图 8.8 所示。

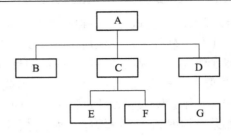

图 8.7   一个软件系统的结构图

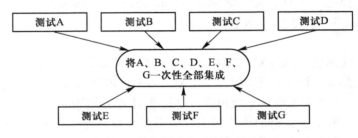

图 8.8   非渐增式集成测试示意图

由图 8.8 可知，A 模块的所有子模块 B、C、D、E、F、G，全部一次性地和 A 集成为一个整体后进行测试。

（2）渐增式集成

渐增式集成又称为增殖式组装集成，该方式以软件系统结构图为依据，按照一定顺序将某个模块集成到另外一个模块中，并且集成范围逐步扩大，集成测试也是逐步完成的。

按不同的顺序，渐增式集成分为自顶向下集成、自底向上集成和三明治集成。

① 自顶向下集成。从最顶层的模块开始，所有被最顶层模块调用的下层单元都被桩程序代替，由测试人员开发桩程序，一旦提供了主程序的所有桩程序以后，可开始测试主程序，然后，沿着软件的控制层依次向下移动，逐渐把各个模块结合起来。

在集成过程中，可以使用深度优先策略或宽度优先策略。深度优先策略是首先集成一个主控路径下的所有模块，主控路径的选择具有任意性，它依赖于应用程序的特性；宽度优先策略是将每一层中所有直接隶属于上层的模块集成起来测试。根据选定的结合策略（深度优先或宽度优先），每次用一个实际模块代替一个桩程序（新结合进来的模块往往又需要新的桩程序），将模块连接好后进行测试。为了保证加入模块没有引进新的错误，可能需要进行回归测试，不断重复上述过程，直至所有模块或构件测试完成。

按照宽度优先策略对图 8.7 所示软件进行自顶向下集成测试，过程如图 8.9 所示。

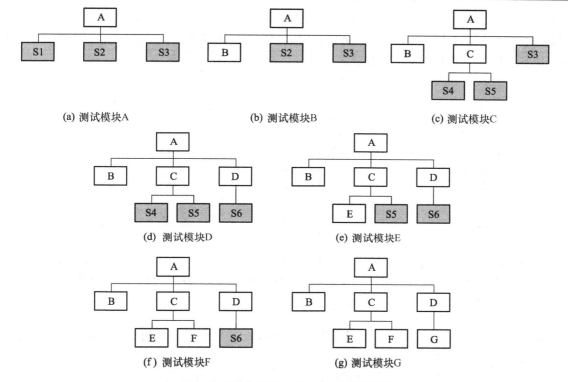

图 8.9 自顶向下宽度优先集成测试示例

首先，单独测试最顶层的模块 A，为模块 B、C、D 分别编写桩程序 S1、S2、S3；测试完 A 后，将 B 的桩程序 S1 用 B 模块来代替；测试完 A、B 后，将 C 的桩程序 S2 用 C 模块来代替，由于 C 模块有下属模块，所以要为 C 模块编写桩程序；测试完 A、B、C 模块后，将 D 的桩程序用 D 模块来代替，这时要为 D 模块编写桩程序；测试完 A、B、C、D 模块后，再依次用同样方法将下一层各模块 E、F 和 G 模块加入，从而完成整个软件系统的测试。

② 自底向上集成。首先单独测试位于软件系统最底层的模块或构件，然后将最底层模块或构件与那些直接调用最底层模块或构件的上一层模块或构件集成起来一起测试。这个过程一直持续下去，直到将软件系统所有的模块或构件都集成起来，形成一个完整的软件系统进行测试。显然，自底向上集成是从最底层的模块开始集成，所以不需要使用桩程序来辅助测试。

对图 8.7 所示软件进行自底向上集成测试，过程如图 8.10 所示。

如图 8.10 所示，树状结构图中处于叶子节点的模块为 B、E、F 和 G，在自底向上的集成测试中，测试应从最下层的叶子节点开始。由于模块 B、E、F 和 G 不再调用其他的模块，则对它们进行测试时，需要配以驱动程序 D1、D2 和 D3，模拟模块 A、C 和 D 对 B、E、F 和 G 的调用。完成这 4 个模块的测试以后，按图 8.10（d）和图 8.10（e）形式，将模块 E 和 F 集成到模块 C，并被模块 C 调用，将模块 G 集成到模块 D，并被模块 D 调用，同时对模块 C 和 D 配以驱动程序 D4 和 D5 进行集成测试。完成所有下层模块的测试后，再按照图 8.10（f）形式，将所有的下层模块集成到模块 A。

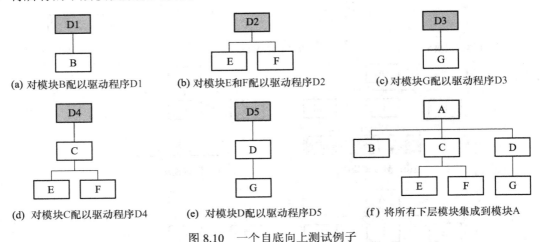

(a) 对模块B配以驱动程序D1   (b) 对模块E和F配以驱动程序D2   (c) 对模块G配以驱动程序D3

(d) 对模块C配以驱动程序D4   (e) 对模块D配以驱动程序D5   (f) 将所有下层模块集成到模块A

图 8.10   一个自底向上测试例子

③   混合法或三明治集成。对软件结构中的较上层，使用自顶向下集成测试，对软件结构中的较下层，使用自底向上集成测试，两者结合完成测试。这种方法兼有两种策略的优缺点，当被测试的软件中关键模块比较多时，这种混合法是最好的折中方法。

3. 系统测试

系统测试是在单元测试和集成测试完成后进行的测试，系统测试的目的是保证所实现的软件系统符合用户的需求。如果单元测试和集成测试属于白盒测试的范畴，那么系统测试属于黑盒测试。系统测试主要包括功能测试、性能测试、验收测试和安装测试。

（1）功能测试（Function Test）

功能测试也称为特性测试，测试系统的功能是否达到用户的需求，即检查软件系统是否完成了需求规格说明书中指定的功能。在功能比较复杂的软件系统中，一般不可能根据所有的有效和无效输入测试所有数据，测试人员的目标是选择那些与用户相关、更有可能找出故障的测试数据。

仔细检查测试方案，测试方案应该完全与需求规格说明书保持一致，以保证软件能满足需求规格说明书中所有功能要求。

（2）性能测试（Performance Test）

性能测试主要测试系统非功能性的其他表现，即检查软件系统是否完成了需求规格中所指定的性能要求，如安全性、计算的精确程度、运行速度以及软件系统稳定程度等。性能测试期间要进行很多项测试活动，下面是一些主要的性能测试活动。

① 压力测试：在各种极限情况下，对产品进行测试（如很多人同时使用该软件，或者反复运行该软件），以检查产品的长期稳定性。

② 安全性测试：测试、验证系统内的保护机制是否能够确实保护软件系统不受到非法侵入。

③ 恢复测试：检查软件系统的容错性和软件系统出错后恢复的能力。

④ 软件配置测试：检查所有可能的软件配置，保证每一种配置都能够满足需求。软件配置审查的目的是保证软件配置的所有成分都齐全。

⑤ 兼容性测试：主要考虑兼容性问题，例如，同一个产品的不同版本间的兼容问题、不同厂家的同一个产品之间的兼容问题以及不同类型软件之间的兼容问题等。

（3）验收测试（Acceptance Test）

验收测试的目的是使得用户能够确认所开发的软件系统已经满足了预先的需求，并确认软件系统符合接受条件。在此阶段，开发人员提供必要的支持和帮助，由用户自己设计和运行测试数据，验收测试一般采用黑盒测试。

验收测试包括文档和帮助文件测试、Alpha 和 Beta 测试。

① 文档和帮助文件测试：用户通常通过文档和帮助文件学习使用软件产品，如果文档和帮助文件存在错误，可能导致用户无法正常使用产品。

② Alpha 测试：在开发者的指导下，由用户在开发环境下进行的测试，开发者负责记录发现的错误和使用中遇到的问题。Alpha 测试是在受控的环境中进行的，其目的是评价软件产品的 FLURPS，即功能（Function）、局域化（Localization）、可使用性（Usability）、可靠性（Reliability）、性能（Performance）和支持（Support），同时也关注产品的界面和特色。

③ Beta 测试：由软件的最终用户在一个或多个用户的实际使用环境下进行的测试。与 Alpha 测试不同，开发者通常不在 Beta 测试的现场。因此，Beta 测试是软件在开发者不可控的真实环境中的应用，由用户记录在 Beta 测试过程中遇到的一切问题，并把问题反馈给开发人员。

8.3.4　软件测试技术

软件测试的主要工作是设计测试用例，不同的测试方法，其测试用例的设计思想不同。在功能性测试中，测试人员对于软件系统如何实现是未知的，应设计测试用例对需求规格说明书中的每个功能进行检测，不能有遗漏，同时又要尽量减少测试用例的冗余；在结构性测试中，已知软件系统的源代码，可以避免遗漏的问题，但是由于程序的流程太复杂，不可能将所有程序可能执行的流程全部覆盖；在白盒测试中，测试用例的设计必须从测试的充分性角度出发，尽量保证在有限的测试用例范围内，对程序的测试是充分的。

通常，运用一种测试用例设计方法不能获得理想的测试用例集。在设计测试用例时，比较实用的方法是综合运用几种设计技术，取长补短。

1．黑盒测试技术

进行黑盒测试的主要依据是软件系统的需求规格说明书，因此，在进行黑盒测试设计之前，需要确保需求规格说明书是经过评审的，其质量达到了既定的要求。此外，如果没有说明书，可以选择探索式测试。

黑盒测试思想不仅可以用于测试软件的功能，也可用于测试软件的非功能，如性能、安全、可用性等。

常用的黑盒测试技术包括边界值分析、等价类划分、决策表测试等，采用这些方法生成测试用例，可以在软件系统未完全实现以前，即在需求分析阶段或设计阶段就可以开始设计测试用例，同时能发现白盒测试不易发现的其他类型错误。

（1）边界值分析

边界值分析关注输入值取值范围的边界，其基本原理是错误更有可能出现在输入变量的极值附近，其基本思想是使用在最小值、略高于最小值、正常值、略低于最大值和最大值处取得的值作为输入变量值进行测试，将上述在边界值分析中取得的输入变量值分别记作：min、min+、nom、max-和max。

边界值分析方法的另一种关键假设是：失效极少是由两个（或多个）缺陷的同时发生引起的。因此，通过使所有变量取正常值，而只使一个变量取极值来获得边界值分析的测试用例。

例如，对于具有两个变量 x1 和 x2 的函数 F，其边界值分析的测试用例如下：{<x1nom, x2min>, <x1nom,x2min+>, <x1nom,x2nom>, <x1nom,x2max>, <x1nom,x2max->, <x1min,x2nom>, <x1min+,x2nom>, <x1max-,x2nom>, <x1max,x2nom>}。

健壮性测试是边界值分析的一种简单扩展，在边界值分析的基础上，考虑变量取边界以外的值。除了变量的 5 个边界值分析取值，还要采用一个略超过最大值（max+）的取值和一个略小于最小值（min-）的取值，测试超过极值时系统的表现。此时，输入变量值可取：min-、min、min+、nom、max-、max 和 max+。

如果函数 F 实现为一个程序，则输入变量 x1、x2 的输入范围如下：a≤x1≤b，c≤x2≤d，对函数 F 的边界值分析、健壮性测试、最坏情况测试、最坏情况下健壮性测试的测试用例分布情况分别如图 8.11 至图 8.14 所示。

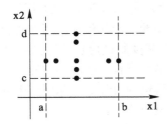

图 8.11　边界值分析的测试用例分布

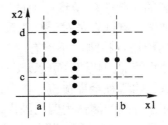

图 8.12　健壮性测试的测试用例分布

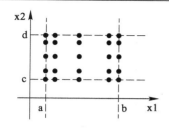

图 8.13 最坏情况测试的测试用例分布

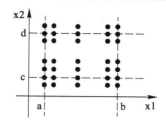

图 8.14 最坏情况下健壮性测试的测试用例分布

（2）等价类测试

边界值分析可能会发生测试用例的冗余，出现未测试的功能漏洞。由于等价类具有完备性和无冗余的特点，使用等价类作为功能性测试方法就是希望可以进行完备且无冗余的测试。等价类测试的关键因素与边界值测试相同，即健壮性和单/多缺陷假设。

等价类测试的基本思想是将程序所有可能的输入数据（有效与无效的）划分为若干等价类，从每个等价类中取一个值作为测试数据，如果该组数据可以检查出错误，根据等价类中数据之间的等价性，认为该组中其他数据可以产生同样的错误；反之，如果该组数据没有查出错误，则认为使用该等价类中其他数据组执行程序也是正确的。因此，当程序输入数据集合的等价类确定以后，从每个等价类任取一个值就可以产生一个测试用例。

与边界值分析相比，等价类测试的测试用例数量会大幅地减少。

为了便于理解，仍然以具有两个变量 x1 和 x2 的函数 F 为例讨论等价类测试。如果 F 实现为一个程序，则输入变量 x1、x2 的输入范围如下：$a \leqslant x1 \leqslant b$，$e \leqslant x2 \leqslant g$，假设将 x1、x2 的取值范围分别划分出以下的区间：

x1：[a,b)，[b,c)，[c,d]

x2：[e,f)，[f,g]

则 x1 和 x2 在以下情况取无效值：$x1 < a$、$x1 > d$ 和 $x2 < e$、$x2 > g$。

① 弱一般等价类测试：弱一般等价类测试通过至少使用每个等价类（区间）的一个变量作为测试用例的数据，来实现测试用例的生成。

② 强一般等价类测试：强一般等价类测试基于多缺陷假设，因此需要将有效的等价类做笛卡儿积运算，从每个组合的等价类中取值，作为测试用例的数据。

③ 弱健壮等价类测试：也称为"传统等价类测试"，对于有效输入，使用每个有效类的一个值；对于无效输入，测试用例将拥有一个无效值，并保持其余的值都是有效的。

④ 强健壮等价类测试：从所有输入变量等价类的笛卡儿积中取值，从而获得测试用例。

对于函数 F，变量 x1 具有三个有效的等价类：[a,b)、[b,c)、[c,d] 和两个无效的等价类：$(-\infty,a)$、$(d,+\infty)$，变量 x2 具有两个有效的等价类：[e,f)、[f,g] 和两个无效的等价类，对函数 F 的弱一般等价类测试、强一般等价类测试、弱健壮等价类测试、强健壮等价类测试的测试用例分布情况分别如图 8.15 至图 8.18 所示。

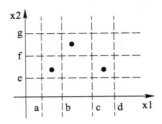

图 8.15　弱一般等价类的测试用例分布

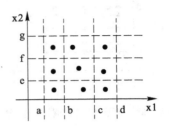

图 8.16　强一般等价类测试的用例分布

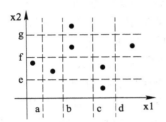

图 8.17　弱健壮等价类测试的用例分布

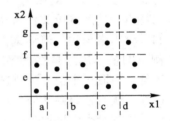

图 8.18　强健壮等价类测试的用例分布

　　对输入变量的取值范围划分等价类，其意思是：有效等价类代表了根据软件的需求规格说明所取的合理、有意义的输入数据集合。使用有效等价类构造测试用例，主要检测程序是否实现了需求规格说明预先规定的功能和性能；无效等价类则代表相对于软件的需求规格说明来说，不合理、无意义的输入数据集合，使用无效等价类构造测试用例，主要检测程序是否能够有效地判断无效数据输入，以及被测程序的健壮性和在非正常情况下的可靠性。

　　例如，"图书借阅管理系统"中，借阅图书时，需要根据读者的身份以及职称，来决定该读者能够借阅的图书数量、借阅天数等。假设在对借书证的需求描述中，有如下的描述："借书证在有效期内使用，过期即自行失效；具有副高以上专业技术任职资格的本校职工，每人限借 15 册，借期 90 天，可续借 1 次。"试采用弱一般等价类测试方法设计测试用例，以验证借阅图书功能是否能正确地对副高以上的教师借阅条件进行判断。

　　通过分析需求规格说明中对副高以上教师借阅条件的说明，可以知道，约束条件应该有以下 4 个。

　　A：借书证是否在有效期内　　　　　B：当前借阅的图书是否超过 15 册

　　C：是否有借期超过 90 天的图书　　　D：是否已续借 1 次

　　上述 4 个条件的有效等价类分别如下。

　　A1 = {借书证有效}　　　　　　　　　B1 = {当前借阅的图书小于等于 15 册}

C1 = {没有借期超过 90 天的图书}　　D1 = {未续借}

无效等价类如下。

A2 = {借书证无效}　　　　　　　　　B2 = {当前借阅的图书大于 15 册}

C2 = {有借期超过 90 天的图书}　　　D2 = {已续借过 1 次}

根据弱一般等价类测试的要求，选择所有的有效等价类作为测试用例的数据，在本例中只需提供一个借书证号，该读者满足 A1、B1、C1 和 D1 的条件。若系统校验为有效，可以继续借阅，则说明对这个合法条件的验证是正确的。

测试用例如表 8.3 所示。

表 8.3　借书条件判断的弱一般等价类测试表

用例编号	测试数据	所使用的等价类	期望结果
1	选择一个借书证号，该读者借书证有效，当前借阅的图书小于等于 15 册，没有借期超过 90 天的图书且未续借过	等价类 A1、B1、C1、D1	系统校验为有效，可以继续借阅

例如，某城市电话号码组成规则如下：地区码+区内编码。地区码：空白或者三位数字；区内编码：非 0 或者 1 开头的三位数字。某程序可以按照编码规则校验电话号码的合法性，试采用弱健壮等价类测试方法设计测试用例。

通过分析需求规格说明，划分等价类，建立输入等价类表，并编号如表 8.4 所示。

表 8.4　电话号码组成规则的等价类表

输入条件	有效等价类	无效等价类
地区码	① 空白 ② 三位数字	④ 有非数字字符 ⑤ 少于三位数字 ⑥ 多于三位数字
前缀	③ 200 到 999 之间的三位数字	⑦ 有非数字字符 ⑧ 起始数字为 0 ⑨ 起始数字为 1 ⑩ 少于三位数字 ⑪ 多于三位数字

根据弱健壮等价类测试用例的设计思想，设计测试用例如表 8.5 所示。

表 8.5   等价类划分法测试用例表

用例编号	测试数据	所使用的等价类	期望结果
1	-276	等价类（1）、（3）	有效
2	635-805	等价类（2）、（3）	有效
3	3A2-567	等价类（4）	无效
4	22-234	等价类（5）	无效
5	4 538-234	等价类（6）	无效
6	634-2E3	等价类（7）	无效
7	270-8 239	等价类（8）	无效
8	253-123	等价类（9）	无效
9	563-23	等价类（10）	无效
10	345-2 236	等价类（11）	无效

（3）决策表测试

所有功能性测试方法中，基于决策表的测试方法是最严格的，因为决策表具有逻辑严格性。

决策表，又称为判定表，一直被用来表示和分析复杂逻辑关系。决策表适合描述不同条件集合下，采取行动的若干组合的情况。决策表的一列表示一条规则，规则是指在条件环境下要采取什么行动，如果有二叉条件（真/假、是/否、0/1），则决策表的条件部分是旋转了 90° 的真值表。

为了方便设计测试用例，假设决策表的条件解释为输入，决策表的行动解释为输出。构造决策表的过程如下。

① 通过等价类分析，确定条件的所有取值。

② 归纳出所有的动作。

③ 将条件组合起来，确定每一组条件下应该采取何种动作，构造完所有的规则后，对决策表化简。

例如，假设 Prevdate()是一个可以接收某个日期并输出该日期前一天的函数，试采用决策表测试方法，设计可以测试 Prevdate()函数功能的测试用例。

由于日期由年、月、日三部分组成，则决策表应该以年、月、日的取值为条件。考虑到前一天的问题并不是将所有的日期都减 1，因为不同的月份以及是否为闰年对某个日期的前一天都有影响，例如，2015 年 3 月 1 日的前一天是 2015 年 2 月 28 日，而 2016 年 3 月 1 日的前一天是 2016 年 2 月 29 日。

① 分析求前一天问题，可以归纳出对日期处理的动作包含如下 9 种。

A1：不可能　　　　　A2：日期减 1　　　　A3：日期为 28

A4：日期为 29　　　　A5：日期为 30　　　　A6：日期为 31

A7：月份减 1　　　　A8：月份为 12　　　　A9：年减 1

② 结合对日期的处理动作，将年、月、日划分等价类，年有两个等价类，月份有 6 个等价类，日期有 5 个等价类。

Y1={年：闰年}

Y2={年：不是闰年}

M1={月份：前一个月为 30 天，且本月为 31 天的月份}

M2={月份：前一个月为 31 天，且本月为 30 天的月份}

M3={月份：前一个月为 31 天，且本月为 31 天的月份，1 月份除外}

M4={月份：1 月}

M5={月份：2 月}

M6={月份：3 月}

D1={日期：2≤日期≤28}

D2={日期：日期=1}

D3={日期：日期=29}

D4={日期：日期=30}

D5={日期：日期=31}

③ 根据动作和条件的等价类，组合成决策表。

依据笛卡儿积性质，Prevdate()函数的决策表应包含 2×5×6=60 条规则，表 8.6 只列出了其中第 1～12 条规则。

表 8.6　Prevdate()函数的部分决策表

	1	2	3	4	5	6	7	8	9	10	11	12
C1：月份在	M1	M1	M1	M1	M1	M2	M2	M2	M2	M2	M3	M3
C2：日期在	D1	D2	D3	D4	D5	D1	D2	D3	D4	D5	D1	D2
C3：年在	—	—	—	—	—	—	—	—	—	—	—	—
A1：不可能					√					√		
A2：日期减 1	√		√	√		√		√	√		√	
A3：日期为 28												
A4：日期为 29												

续表

	1	2	3	4	5	6	7	8	9	10	11	12
A5：日期为 30		√										
A6：日期为 31							√					√
A7：月份减 1		√					√					√
A8：月份为 12												
A9：年减 1												

2．白盒测试技术

白盒测试是一种基于系统或者组件的内部实现结构和逻辑寻找缺陷的测试技术。白盒测试是在清楚地知道了程序的内部结构和处理算法的基础上，进行测试用例设计，检验代码的内部结构是否正确。

常用的白盒测试用例设计方法包括逻辑覆盖法、路径覆盖法、程序插桩法等。下面以逻辑覆盖设计技术为例，介绍白盒测试的 6 种覆盖准则。

逻辑覆盖要求对某些程序的结构特性做到一定程度的覆盖，或者说是"基于覆盖的测试"，即有选择地执行程序中某些最有代表性的通路，并以此为目标，朝着提高覆盖率的方向努力，找出那些已被忽视的程序错误。

以下列伪代码为例，该段代码的程序图如图 8.19 所示。

1.　　Input(X)

2.　　If A>6 and B=0 then

3.　　　X=X/A

4.　　End if

5.　　If A=10 then

6.　　　X=X+1

7.　　else

8.　　　X=X-1

9.　　End if

10.　Output(X)

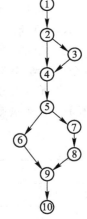

图 8.19　程序图

（1）语句覆盖（Statement Coverage）

语句覆盖就是设计若干个测试用例，使得被测程序的每一个可执行语句至少执行一次。在上述代码片段中，编号为 3、6、8 的分别是三条赋值语句，为了保证所有的语句至少执行一次，所设计测试用例的执行路径如下：1-2-3-4-5-6-9-10 和 1-2-3-4-5-7-8-9。测试用例如表 8.7 所示。

表 8.7 语 句 覆 盖

用例 ID	输入值			执行路径	预期输出		
	A	B	X		A	B	X
1	10	0	2	1-2-3-4-5-6-9-10	10	0	6
2	8	0	2	1-2-3-4-5-7-8-9-10	8	0	3

（2）分支覆盖（Branch Coverage）

分支覆盖又叫判定覆盖，是指设计测试用例，使得被测程序中每个判定表达式取"真"和取"假"的每一个分支至少执行一次。

如图 8.19 所示，2 号选择语句处有两个分支，分别是向 3、直接到达 4；5 号条件语句处也有两个分支，分别是向 6、向 7 的分支。在每个分支至少执行一次的要求下，可以选择以下两组路径中的任意一组来实现分支覆盖的要求：1-2-3-4-5-6-9-10 和 1-2-4-5-7-8-9-10，或者是：1-2-4-5-6-9-10 和 1-2-3-4-5-7-8 -9-10。测试用例如表 8.8 所示。

表 8.8 分 支 覆 盖

用例 ID	输入值			执行路径	预期输出		
	A	B	X		A	B	X
1	10	0	2	1-2-3-4-5-6-9-10	10	0	6
2	8	1	3	1-2-4-5-7-8-9-10	8	1	2

由上可见，分支覆盖的测试用例并不唯一，覆盖路径的取法可以是多种方式。从程序图中节点和边被覆盖的充分性来比较，分支覆盖比语句覆盖的测试充分性要强一些，它不仅要求每个语句必须至少执行一次，且每个判定的每个分支都至少执行一次。

（3）条件覆盖（Condition Coverage）

条件覆盖不仅要求每个语句至少执行一次，而且还要求判定表达式中每个条件取"真"或"假"的情况都至少执行一次。

对于语句 2 中的条件，分别为 $A>6$ 和 $B=0$：

当 $A>6$ 取真时，条件为 $A>6$，记为条件①。

当 $A>6$ 取假时，条件为 $A\leq6$，记为条件②。

当 $B=0$ 取真时，条件为 $B=0$，记为条件③。

当 $B=0$ 取假时，条件为 $B\neq0$，记为条件④。

对于语句 5 中的条件，为 $A=10$：

当 A=10 取真时，条件为 A=10，记为条件⑤。

当 A=10 取假时，条件为 A≠10，记为条件⑥。

根据条件覆盖的要求，每个条件取真或假的情况至少执行一次，则可以选择两组用例来覆盖所有的条件：条件①、条件③、条件⑤和条件②、条件④、条件⑥。

根据以上的条件取值，测试用例如表 8.9 所示。

表 8.9　条 件 覆 盖

用例 ID	输入值			执行路径	预期输出		
	A	B	X		A	B	X
1	10	0	2	1-2-3-4-5-6-9-10	10	0	6
2	5	1	4	1-2-4-5-7-8-9-10	5	1	3

同样，条件覆盖测试用例的取法也并不唯一，上述测试用例的取法只是满足要求中的一种取法，条件①、②和条件③、④可以组合起来。

（4）判定—条件覆盖（Condition Decision Coverage）

判定—条件覆盖要求设计测试用例，使得判定表达式中每个条件的所有可能取值至少出现一次，并使每个判定表达式所有可能的结果也至少出现一次。所以，判定—条件覆盖是分支覆盖和条件覆盖结合的覆盖准则，同时满足分支覆盖和条件覆盖的要求。

取上述条件覆盖的测试用例，可以满足判定—条件覆盖的要求。如表 8.8 所示，用例 1 和用例 2 既覆盖了所有条件的取值，也使得真或假分支都执行了一次。

（5）条件组合覆盖（Multiple Condition Coverage）

条件组合覆盖要求选取足够多的测试数据，使得每个判定表达式中条件的各种可能组合都至少执行一次。显然，满足条件组合覆盖的测试用例，也一定满足判定覆盖、条件覆盖和判定—条件覆盖标准。

根据上面列举的条件，将每个判定表达式中的条件组合起来，可以得到如下的组合及所对应的执行路径。

条件①、③、⑤：1-2-3-4-5-6-9-10

条件②、④、⑥：1-2-4-5-7-8-9-10

条件①、④、⑤：1-2-4-5-6-9-10

条件②、③、⑥：1-2-4-5-7-8-9-10

因此，对于以上的条件组合情况，需要三条路径加以覆盖。测试用例如表 8.10 所示。

表 8.10 条件组合覆盖

用例 ID	输入值			执行路径	预期输出		
	A	B	X		A	B	X
1	10	0	2	1-2-3-4-5-6-9-10	10	0	6
2	5	1	4	1-2-4-5-7-8-9-10	5	1	3
3	10	1	3	1-2-4-5-6-9-10	10	1	4

（6）路径覆盖（Path Coverage）

路径覆盖就是要求设计足够多的测试数据，可以覆盖被测程序中所有可能的路径。因此，对于示例程序，需要 4 条路径覆盖全部的可能路径，测试用例如表 8.11 所示。

条件①、③、⑤：1-2-3-4-5-6-9-10

条件②、④、⑥：1-2-4-5-7-8-9-10

条件①、④、⑤：1-2-4-5-6-9-10

条件②、③、⑥：1-2-3-4-5-7-8-9-10

表 8.11 路 径 覆 盖

用例 ID	输入值			执行路径	预期输出		
	A	B	X		A	B	X
1	10	0	2	1-2-3-4-5-6-9-10	10	0	6
2	5	1	4	1-2-4-5-7-8-9-10	5	1	3
3	10	1	3	1-2-4-5-6-9-10	10	1	4
4	7	0	4	1-2-3-4-5-7-8-9-10	7	0	3

8.3.5 面向对象的软件测试

软件的质量不仅体现在程序的正确性上，它和需求分析、软件设计密切相关。广义的软件测试是指在软件生命周期内所有的检查、评审、验证和确认活动，因此，软件测试的实施范围应该包括整个开发阶段的复查、评估和检测。由此，广义的软件测试实际是由确认、验证、测试三个方面组成。

① 确认（Verification）：评估将要开发的软件产品是否正确无误、可行和有价值。在确认的过程中，需要考虑将要开发的软件是否满足用户提出的要求，是否能在将来的实际使用环境中正确稳定地运行。确认一般在软件的可行性分析、需求分析和软件测试阶段进行。

② 验证（Validation）：检测软件开发每个阶段、每个步骤的结果是否正确无误，是否与软件开发各阶段的要求或期望的结果相一致。验证意味着确保软件可以正确地实现软件的需

求，开发过程是沿着正确的方向在进行。验证一般在概要设计、详细设计和编码阶段进行。

③ 测试（Test）：是前面所介绍的狭义的测试活动，是指在软件编码阶段实施的单元测试和软件系统完成后再实施的集成测试、系统测试。

面向对象设计较传统的软件设计具有封装、继承、多态等特点，随着面向对象设计越来越多地被人们使用，面向对象的软件不再由传统的功能模块组成，因此，传统的测试模型在面向对象软件的测试中不能提供足够的指导，需要从适应面向对象特点的角度出发，考虑测试的层次和方法、按照新的测试模型来组织面向对象测试。

1. 面向对象的测试模型

面向对象开发模型不同于传统的瀑布模型，面向对象的开发分为面向对象分析 OOA、面向对象设计 OOD 和面向对象编程（Object Oriented Program，OOP）三个阶段。分析阶段产生整个问题空间的抽象描述，在此基础上，进一步归纳出适用于面向对象编程语言的类和类结构，最后形成代码。

在面向对象的测试中，测试活动针对面向对象开发模型的三个阶段进行，即面向对象的测试包括软件系统设计阶段的面向对象分析的测试（OOA Test）、面向对象设计的测试（OOD Test）和面向对象编程的测试（OOP Test）。此外，软件系统开发完成以后，按照面向对象的层次进行面向对象单元测试（OO Unit Test）、面向对象集成测试（OO Integrate Test）和面向对象系统测试（OO System Test）。

2. 面向对象的测试过程

面向对象系统具有封装、继承等特性，使得软件开发变得容易，但同时使得测试变得更困难。例如，当增添了一个新的子类或修改一个已有的子类时，必须重新测试它的祖先超类中原始的方法。

面向对象测试的困难体现在面向对象的测试必须严格依据面向对象的测试模型展开，面向对象的测试过程应包括从面向对象分析测试开始到最后的面向对象系统测试的全部过程。

（1）面向对象分析的测试

面向对象分析 OOA 是把 E-R 图和语义网络模型，即信息造型中的概念，与面向对象程序设计语言中的重要概念结合在一起而形成的分析方法，最后通常得到问题空间图表的形式描述。OOA 的分析结果将问题空间中的实例抽象为对象，用对象的结构反映问题空间的复杂关系，用属性和操作表示实例的特性和行为。OOA 的测试就是针对描述的对象和结构进行确认和审查，主要分为对认定对象的测试、对认定结构的测试、对认定主题的测试、对定义属性和实例关联的测试以及对定义服务和消息关联的测试。

（2）面向对象设计的测试

面向对象设计 OOD 以 OOA 为基础归纳类，建立类结构或进一步构造成类库，实现分析结果对问题空间的抽象，是 OOA 的进一步细化和更高层的抽象。OOD 不仅要确定类和类结构是否满足当前需求分析的要求，更重要的是，通过重新组合或加以适当的补充，能方便地实现功能的重用和扩增，以适应用户的要求。因此，对 OOD 的测试主要是针对功能的实现和重用、对 OOA 结果的拓展，包括对认定类的测试、对构造的类层次结构的测试和对类库的支持的测试。

（3）面向对象编程的测试

面向对象编程把软件系统的功能分配在各类中实现，所以在面向对象编程 OOP 的测试阶段，忽略类功能实现的细则，将测试的重点集中在检验数据成员是否满足数据封装的要求、检测类是否实现了要求的功能。

（4）面向对象的单元测试

在传统的单元测试中，测试对象是某个单独的模块或函数，可以使用如等价类测试、边界值分析、逻辑覆盖等方法完成测试；在面向对象的单元测试中，测试的对象是封装的类或对象，不再孤立地测试某个方法，而是将方法作为类的一部分。因此，面向对象的单元测试可以被认为是面向对象的类测试。与传统的单元测试相同，面向对象的单元测试一般由程序员完成。

面向对象的类测试通常选择 UML 的类图或状态图作为测试用例生成的参考模型。基于状态图的测试准则有状态覆盖准则、迁移覆盖准则和 ZOT 循环准则等，通过测试准则的选择来保证测试的充分性。

① 状态覆盖准则：对状态图中的每个状态都要测试一次。

② 迁移覆盖准则：对状态图中的每个转移边都要测试一次。

③ ZOT 循环覆盖准则：当遇到状态图中的循环转移时，使循环分别执行 0 次、1 次、2 次，即 ZOT（Zero,One,Two）的循环覆盖准则。

"图书借阅管理系统"中，借书、还书时，借书证的状态图如图 8.20 所示。

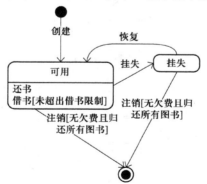

图 8.20 　借书证的状态图

根据借书证的状态图，如果采用状态覆盖准则，测试用例可按照下列序列设计。

S1：初始状态->[创建]->可用状态->[挂失]->挂失状态->[恢复]->可用状态->[注销：无欠费且归还所有图书]->终止状态

在测试用例 S1 的序列中包含了所有的状态。

如果采用迁移覆盖准则，测试用例需要取以下两个序列才能完成对所有转移边的覆盖。

S1：初始状态->[创建]->可用状态->[挂失]->挂失状态->[恢复]->可用状态->[注销：无欠费且归还所有图书]->终止状态

S2：初始状态->[创建]->可用状态->[挂失]->挂失状态->[注销：无欠费且归还所有图书]->终止状态

（5）面向对象的集成测试

传统的集成测试是根据模块之间的关系，按照自底向上或自顶向下的方式，将模块逐步集成起来以检测接口交互的正确性。与之相对应，面向对象的集成测试关注类之间相互调用的功能、消息发送和接收的正确性。面向对象的集成测试可以分两步进行：首先进行静态测试，然后进行动态测试。

① 静态测试：针对程序的结构，检测程序结构是否符合设计要求。

② 动态测试：一般以 UML 的协作图、活动图等动态视图为测试模型来进行测试，测试需要达到一定的覆盖标准（达到类所有的服务要求或服务提供的一定覆盖率；依据类间传递的消息，达到对所有执行线程的一定覆盖率；达到类的所有状态的一定覆盖率）。

"图书借阅管理系统"中描述借书用例的活动图如图 8.21 所示。

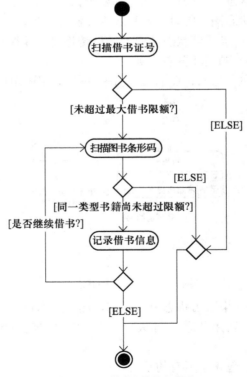

图 8.21　借书用例活动图

基于活动图的测试用例生成方法通常以活动覆盖、转移覆盖等为测试覆盖准则。例如，对借书用例，若按照活动覆盖的覆盖准则，可得到如下的测试用例序列。

S1：开始节点-扫描借书证号-[查询是否超过最大借书限额]-[若没有超过限额]-扫描图书条形码-[查询同一类型的书籍是否超过限额]-[若没有超过]-记录借书信息-[是否还需要借书]-[若不需要]-结束节点。

（6）面向对象的系统测试

面向对象的系统测试以 OOA 分析的结果为参考，验证对象、属性和各种服务的有效性，检测软件是否能够完全"再现"问题空间。系统测试不仅关注软件的整体行为表现，从另一个方面来说，也是对软件开发设计的再确认。具体测试内容包括功能测试、压力测试、性能测试、安全测试、恢复测试和可用性测试等。

8.3.6 软件测试文档

软件测试的基本原则之一就是要求测试过程必须严格按照计划实施。为了提高检查出软件缺陷的效率，使软件测试按计划有条不紊地进行，应该要编写软件测试文档。规范化、标准化的测试文档如同一个行为规范体系，既可以规范测试工作的开展，也可以方便测试人员与测试人员、测试人员与开发人员的互相交流。软件测试文档说明了测试工作实施的策略、步骤以及内容等重要信息，极大地提高了测试工作的可控性和可操作性。

1．软件文档

根据国家标准《计算机软件测试文档编制规范》（GB/T 9386—2008）对测试文档的规范，软件测试文档主要包括测试计划、测试说明和测试报告等文档。

测试计划描述测试活动的范围、方法、资源和进度，确定需要测试的项目、系统特性、应完成的测试任务、负责每项工作的人员以及有关的风险等。

测试说明包括以下三类文档。

① 测试设计说明：该文档详细描述测试方法，说明该测试设计和相关测试所覆盖的特征，还需要说明测试用例和测试准则。

② 测试用例说明：将用于输入的实际值以及预期的输出结果整理成文档，说明在使用具体测试用例时，对测试规格的约束。将测试用例与测试设计分开，可以使它们用于多个设计，并能在其他情况下重复使用。

③ 测试规格说明：该文档说明为实施相关测试而执行测试用例所要求的所有步骤及约束。

测试报告主要包括四类文档：测试项目传递报告、测试日志、测试事件报告和测试总结报告。

软件测试文档之间的关系如图 8.22 所示，其中软件项文档指描述源代码、目标代码和数据的文档。

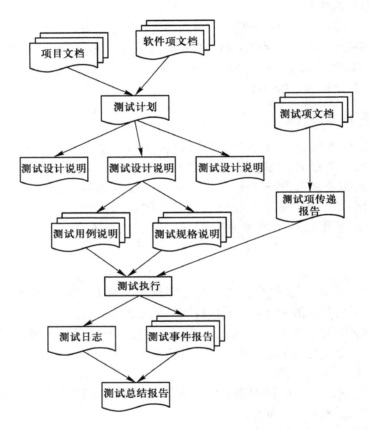

图 8.22　软件测试文档的关系图

2．测试计划

测试计划是描述测试活动的范围、方法、资源和进度的一种文档，它确定了哪些特性需要测试、测试任务的分配以及人员组织等关键内容。测试计划编写的内容与格式如表 8.12 所示。

表 8.12　测试计划内容

（1）测试计划标识符

每个测试计划都有一个唯一的标识符，即测试计划编号。

（2）引言

对测试的软件项和软件特征进行描述。

（3）测试项

标注测试项（其中包括版本、修订级别）。

（4）要测试的特征

标注所有要测试的软件特性与组合，并注明与每个特征或特征组合有关的测试设计说明。

（5）不要测试的特征

标注不要测试的所有特征和重要的特征组合及其理由。

（6）方法

描述测试的总体方法。对于每个主要的特征或特征组合，需要规定确保这些特征得到充分测试的方法。

（7）测试项通过准则

规定用来确定每个测试项是否能通过测试的准则。

（8）暂停准则和恢复要求

规定用于暂停与该计划有关的测试项的准则；规定恢复测试时必须重复的测试活动。

（9）测试交付项目

注明可以交付的文档类型。

（10）测试任务

描述准备和执行测试活动所需要的任务集合，同时也要描述各项任务间的依赖关系和特殊技能。

（11）环境要求

详细说明对测试环境的要求和约束，应包括各种设施的物理特征以及这些设施、系统软件的安全等级。

（12）职责

规定负责管理、设计、准备、执行、监督、检查和解决的各个小组。

（13）人员配备和培训要求

按技能等级提出测试人员的配备要求。

（14）进度

需要描述包含在软件项目进度中的测试里程碑以及所有的测试项传递事件。

（15）风险和应急

说明测试计划的高风险假设以及对各种风险提出的应急措施。

（16）批准

确定必须批准该计划的人员，为签名和填写日期留出位置。

8.3.7 软件测试工具

测试工具的应用是软件测试自动化的必然趋势。在测试过程中，采用测试工具可以提高测试的质量、测试的效率、减少测试过程中的重复劳动、实现测试自动化，测试工具可分为白盒测试工具、黑盒测试工具、性能测试工具以及用于测试管理的工具。

（1）白盒测试工具

白盒测试工具一般针对代码进行测试，测试中发现的缺陷可以定位到代码级，根据测试工具原理的不同，又可以分为静态测试工具和动态测试工具。静态测试工具一般对代码进行语法扫描，找出不符合编码规范的地方，根据某种质量模型评价代码的质量，生成软件系统的调用关系图等；动态测试工具一般采用"插桩"方式，向代码生成的可执行文件中插入一些监测代码，用来统计程序运行时的数据。

① Jtest。Jtest 是 ParaSoft 公司推出的一款针对 Java 语言的白盒测试工具，是一个集成的、易于使用和自动化的 Java 单元测试工具，它增强代码的稳定性，减少软件错误。

② C++ Test。C++ Test 是 ParaSoft 公司推出的一款针对 C/C++的自动化测试工具，支持编码策略增强、静态分析、全面代码走查、单元与组件的测试，为用户提供一个实用的方法来确保其 C/C++代码按预期运行。

（2）黑盒测试工具

黑盒测试工具适用于黑盒测试的场合，包括功能测试工具和性能测试工具。黑盒测试工具的一般原理是利用脚本的录制（Record）/回放（Playback），模拟用户的操作，然后将被测软件系统的输出记录下来，与预先给定的标准结果比较。黑盒测试工具可以大大减轻黑盒测试的工作量，迭代开发的过程中，能够很好地进行回归测试。

① WinRunner。WinRunner 是 Mercury Interactive 公司（现在已经被惠普收购）推出的一款企业级功能测试工具，用于检测应用程序是否能够达到预期的功能及正常运行。通过自动捕获、检测和模拟用户交互操作，WinRunner 能识别出绝大多数软件功能缺陷，从而确保那些跨越了多个功能点和数据库的应用程序在发布时尽量不出现功能性故障。与传统的手工测试相比，它能快速、批量地完成功能点测试；能针对相同测试脚本，执行相同的动作，从而消除人工测试所带来的理解上的误差。

② QTP（Quick Test Professional）。QTP 是 HP 公司推出的一款企业级功能测试工具，提供符合所有主要应用软件环境的功能测试和回归测试的自动化，采用关键字驱动的理念以简化测试用例的创建和维护，它让用户可以直接录制屏幕上的操作流程，自动生成功能测试或回归测试用例，专业的测试者也可以通过提供的内置脚本和调试环境来取得对测试和对象属性的完全控制。

③ LoadRunner。LoadRunner 是 HP 公司推出的一款预测软件系统行为和性能的负载测试工具，通过模拟上千万用户实施并发负载、实时性能监测的方式来确认和查找问题。LoadRunner 能够对整个企业架构进行测试，通过使用 LoadRunner，企业能最大限度地缩短测

试时间、优化性能和加速应用系统的发布周期。LoadRunner 是一种适用于各种体系架构的自动负载测试工具，它能预测系统行为，并评估系统性能。

本章小结

　　软件实现是以软件概要设计说明书和详细设计说明书为基础，对系统各模块和功能进行实现，并最终形成软件产品的过程。在软件编码的过程中，编写出技巧性高、算法复杂的程序，不是影响整个软件质量的关键因素，编码是否符合软件工程的规范、是否具有良好编程风格，才是影响软件质量的重要因素。

　　软件测试是软件实现中的一项重要工作，并非是编码阶段结束以后才开始的活动。软件测试贯穿整个软件开发周期，测试的对象包括需求分析、概要设计、详细设计等阶段的设计文档以及系统的源代码。软件测试的级别包括单元测试、集成测试和系统测试。软件测试的目标是找出系统中潜在的软件缺陷，除了对系统的功能进行检查，判断是否符合预期的设计以外，还需要进行性能测试、压力测试和兼容性测试等。

　　本章主要介绍了程序设计语言、编码规范和代码复审的方法，阐述了软件测试的概念与原则、软件测试方法、软件测试的过程，重点介绍了黑盒测试和白盒测试技术，最后介绍了面向对象的软件测试、测试文档的标准和软件测试工具。

习题

　　8.1　进行系统开发时，需要考虑哪些因素来选择高级语言？

　　8.2　软件编码规范的意义何在？

　　8.3　软件测试的目的是什么？软件测试中，应注意哪些原则？

　　8.4　软件测试要经过哪些步骤？这些测试与软件开发各阶段之间有什么关系？

　　8.5　什么是白盒测试法？有哪些覆盖标准？试对它们的检错能力进行比较。

　　8.6　什么是黑盒测试法？采用黑盒技术测试构造测试用例有哪几种方法？这些方法各有什么特点？

　　8.7　单元测试、集成测试和系统测试的主要目标是什么？它们之间有什么不同？相互间有什么关系？

　　8.8　什么是集成测试？非渐增式测试和渐增式测试有什么区别？渐增式测试如何组装模块？

　　8.9　简要说明面向对象的测试模型。

　　8.10　什么是验证和确认？

　　8.11　某程序的功能是输入代表三角形三条边长的三个整数，判断它们能否组成三角形，若能则输出等边、等腰或任意三角形的类型标记。请分别用黑盒法和白盒法设计该程序的测试用例。

　　8.12　变量的命名规则如下：变量名的长度不多于 40 个字符，第一个字符必须为英文字母，其他字符可以是英文字母、数字或下画线的任意组合。请用等价分类法设计测试用例。

第9章　软件维护

软件产品在经历分析、设计、编码、测试等阶段后，软件功能和质量均经过了确认、评审，软件产品将要发布、交付给用户。软件系统在交付后，进入了软件的维护阶段。软件维护是软件生命周期的最后一个阶段，工作量巨大，其主要任务是保证软件的正常运行。本章主要介绍软件维护的概念、特点和过程，影响软件可维护性的因素，以及提高可维护性的方法。

9.1　软件维护的概念

软件维护是指软件产品在交付用户使用后进入运行阶段，为了改正错误或满足新的需求而修改软件的过程。统计表明，软件前期开发设计的费用只占总成本的 20%，后期维护费用占总成本的 80%。随着软件规模的日益扩大，软件维护费用在总成本中的比重也越来越高。

软件维护一般不包括对软件系统结构上的重大修改，是针对软件缺陷的修复和新需求的改进，属于软件维护的范畴。根据软件变更的原因和性质不同，软件维护可以分成三种基本类型。

（1）改正性维护

由于软件测试不可能找出软件系统中潜在的所有错误，因此软件交付后，用户有可能碰到那些从未被发现的错误，他们把问题反馈给技术人员，技术人员必须对软件系统本身的错误进行维护。为了识别和修改软件错误，避免软件错误影响软件的正常使用，把诊断和改正错误的维护过程称为改正性维护。通常，改正代码错误的费用相对较低，修改设计错误的费用要高得多。

（2）适应性维护

随着技术的不断发展，软件系统所在的外部环境和数据环境也在不断地升级和更新，同时软件规模、功能的增加也要求外部环境进行相应的升级或变更，如硬件设备、操作系统或数据库系统的升级或变更。因此，为了使软件系统能够适应新的外部环境，需要对软件产品进行相应的维护，这种维护活动称为适应性维护。适应性维护是既必要又经常的维护活动。

（3）完善性维护

在使用软件的过程中，遇到机构改变或业务变更时，用户往往会提出增加新功能或修改已有功能的要求，或提出一般性的修改意见。为了满足用户需求，进一步修改或再开发软件，以扩充软件功能、增强软件性能的维护活动就是完善性维护。这时软件系统变更的范围要比其他类型的维护更大，并且，完善性维护一般是有计划、分阶段地开发。

软件交付后运行期间，三类维护活动涉及的工作量各有不同。软件运行初期，改正性维护的工作量较大；当软件中的错误逐渐被发现后，软件进入一个较为稳定的正常使用状态；在后期长时间的使用过程中，由于计算机新技术的出现和新需求的提出，适应性维护和完善性维护的工作量逐步增加。

如图 9.1 所示，调查表明，在整个软件生命周期所需要的全部维护工作量中，约 65%的维护工作用于实现新需求，即属于完善性维护；18%的维护工作属于适应性维护，与适应新的操作系统和外部环境有关；剩下 17%的维护是为了改正软件系统缺陷，即改正性维护。因此，软件维护的主要工作是完善和增强软件的功能。

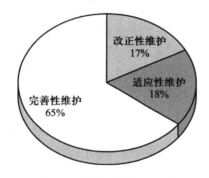

图 9.1 维护工作量分布图

9.2 软件维护的特点

软件维护在整个软件生命周期中较容易受到忽视，许多软件开发商和机构将软件维护视为辅助性的活动。当软件交付运行后，软件维护成本越来越突出的时候，人们才逐步认识到软件维护的重要性。

软件维护的特点如下。

（1）软件开发方法是影响软件维护工作量的重要因素

软件维护的对象是软件产品，而软件产品是前期软件开发过程的结果，因此，软件开发过程在很大程度上会影响软件维护的工作量。若采用软件工程方法进行软件开发，保证各阶段文档的完备、详细，形成一个完整的软件配置，则后期的维护工作相对容易，称该过程为结构化维护，这是采用软件工程方法学开发软件的自然结果；反之，若缺乏软件工程各阶段的设计文档，只有软件的源代码可作为参考，维护工作只能从理解源程序开始，则维护工作会变得十分困难，称这种维护过程为非结构化维护。

所以，是否严格执行软件工程方法学的各项规范进行软件开发是影响软件维护工作量的重要因素之一。在非结构化的维护过程中，技术人员只能直接通过阅读的方式来理解源代码、分析软件系统功能、数据结构等信息，严重浪费人力物力等资源，且无法进行回归测试；在结构化的维护过程中，维护活动将从阅读设计文档开始，开发人员从分析需求规格说明开始，按照设计文档有针对性地修改源代码，既减少了工作量又能降低成本，提高了维护质量。

（2）软件维护的费用高、成本开销大

在过去的几十年中，软件维护的费用不断增加。据统计，20 世纪 70 年代用于维护已有软件的费用只占软件总预算的 35%~40%，20 世纪 80 年代上升到 40%~60%，20 世纪 90 年代上升到 70%~80%，如图 1.1 所示。到目前为止，软件维护的费用依然高昂，并没有降低。

维护费用是软件维护带来的直接开销。软件维护时所产生的改动，很有可能在软件中引入新的潜伏错误，从而影响软件的整体质量；当软件工程师从事维护工作时，固然会影响软件开发的进程，这些都是软件维护所带来的无形代价。

软件维护工作主要分为生产活动和辅助活动。生产活动包括分析评价、修改设计、编写程序代码等工作，辅助活动包括理解程序功能、分析数据结构、接口规范和设计约束等工作。

软件维护工作量的估算模型可以表示如下。

$$M = P + Ke^{(c-d)}$$

其中，M 表示维护的总工作量，P 表示生产活动的工作量，K 表示经验常数，c 表示复杂程度，非结构化维护以及设计文档缺少都会增加软件的复杂度，d 表示维护人员对软件的熟悉程度。

这个公式说明，若未按照软件工程的规范进行开发，或者维护人员对软件熟悉程度低，维护工作量的规模将成指数级增加。

（3）软件维护还面临着版本控制困难、人员变更频繁等其他复杂问题

软件维护中所遇到的大部分问题是软件需求分析和开发方法的缺陷造成的。一旦软件开发过程没有严格按照软件工程的标准来规划和执行，软件维护就会出现困难，典型的问题主要表现在以下几个方面。

① 软件产品缺乏版本管理，产生缺陷以后很难或者不可能追踪软件版本的演化过程，并且对于软件设计阶段各文档的演化过程也很难跟踪。

② 需要维护的软件往往没有完善、规范的文档，导致阅读并理解原来的代码非常困难，当开发文档严重不足的时候，会极大地影响软件维护的工作效率。

③ 通常软件系统开发完成并交付使用后，原来的开发团队会重新调整，把人员分配到其他新项目中去，负责原软件系统的新团队或个人既不了解该软件系统，也不了解软件系统设计的背景，因此在进行软件维护时效率较低。

④ 软件在设计时，很少考虑将来维护时的可修改性，软件耦合度高、关联性强，在修改软件时既困难又容易发生差错。

⑤ 许多软件开发商和机构至今仍然将软件系统开发和软件系统维护区别对待，认为软件维护的重要性不如软件开发，所以软件维护不是一项吸引人的工作，形成这种观念很大程度上

是因为维护工作经常遭受挫折。

上述问题或多或少地存在于没有采用软件工程思想开发的软件中。虽然软件工程的思想不能解决所有的问题，但至少可以部分地解决与维护有关的一些问题。

9.3 软件维护的过程

软件维护过程中的主要工作包括：建立维护团队、提交与评估维护申请报告、确定维护活动的流程并实施等。

（1）建立维护团队

当软件出现缺陷和面临新需求而需要修改时，建立维护团队是开展软件维护工作的第一个步骤。由于软件维护阶段相对来说比较漫长，一般不会建立正式、固定和专门的维护团队。但是，对于非正式的维护团队来说，即使团队的性质不是正式的，也需要为团队中的每个人员分配相应的岗位，并明确岗位的职责，避免在软件维护过程中出现互相推诿、维护混乱和盲目等现象。

（2）提交与评估维护申请报告

软件维护过程中，需要加强文档管理，所有的软件维护申请都必须按照标准化的格式进行定制。当用户发现软件系统错误时，应填写维护申请单或问题报告单，完整地记录出错的详细信息；当用户提出适应性或改善性维护请求时，需要提交一份简单的需求规格说明书。

当维护申请提出后，维护人员首先应判断维护的类型，评价维护所带来的质量影响和成本开销，决定是否接受该维护请求，并确定维护的优先级；其次，根据维护的优先级，决定哪些变更在下一个版本完成，哪些变更在更后的版本中完成；最后，制定一份软件修改报告，对如何展开软件维护活动进行安排。

（3）确定维护活动的流程并实施

在实施具体维护活动之前，需要根据维护类型选择对应的维护策略。对于改正性维护，首先要估计错误的严重程度，若是非常严重的错误，应由系统管理员分配技术人员开始着手分析错误，并完成所要求的维护工作；若错误不严重，则改正错误的工作可以和其他软件的开发任务统筹考虑，根据轻重缓急统一安排。

对于适应性维护要求或完善性维护要求，处理过程与改正性维护不同，首先应对所申请的维护进行评估，根据其重要性及严重程度确定优先级，并在维护请求队列中排队，并非所有的改善性维护都要予以维护，企业自身的条件、目前的资源以及软件未来的发展趋势等原因都可能使维护请求遭到拒绝。如果某个维护请求经评估后置于请求队列中予以排队，它就像是一个新的开发任务，需要开始规划、设计维护的开发任务从而展开维护工作。

9.4　软件的可维护性

软件的可维护性是指维护人员理解、掌握和修改被维护软件的难易程度。

提高可维护性是软件工程方法论中所有方法的出发点和关键目标，也是延长软件生命周期的最好方法。

1．影响软件可维护性的因素

影响软件可维护性的原因是多方面的，9.2 节中介绍了结构化维护和非结构化维护的可维护性具有明显的差异。当软件设计的文档详尽、规范时，维护人员可以迅速地理解软件本身的结构和特点，固然可以提高软件的可维护性，因此，可维护性好的软件必须在软件结构、软件配置、设计语言等各方面都有要求，影响软件可维护性的因素主要体现在以下几个方面。

（1）软件的可理解性

软件的可理解性表现为其他人员理解软件的结构、接口、功能和内部过程的难易程度。软件系统设计模块化、完整规范的设计文档、结构化的程序设计、与源代码一致的内部文档以及良好的高级设计语言等，这些因素都能够极大地提高软件的可理解性。

（2）软件的可测试性

软件的可测试性主要取决于软件可理解的程度。良好的文档对软件测试也是至关重要的，此外，软件结构、测试工具、调试工具、测试用例也都是非常重要的。维护人员可以使用在开发阶段设计的测试用例进行回归测试。

（3）软件的可修改性

软件容易修改的程度与软件的设计原则、设计思想有直接关系。模块之间的耦合程度、模块内部的内聚性、变量使用的局部特性以及控制工作域的独立性等，都会影响到软件的可维护性。例如，若模块之间的耦合度较高、模块之间的关联性较紧密，当修改某一个模块的时候，可能影响到其他模块，因此会增加软件维护的难度。

（4）软件的可移植性

当把软件系统从一个运行环境转移到另一种运行环境时，为了使软件能够正常运行所需要做出的修改工作量反映了软件的可移植性。软件移植是软件适应性维护的主要工作，软件的可移植性直接影响适应性维护的难度，同时对完善性维护也有影响。

（5）可复用性

软件的可复用性是指对同一个软件或者软件的某个组成部分不需要做修改或稍加修改，就可以在不同环境下重复使用的特性。使用可复用的构件来开发软件系统，一方面可以提高软件的开发效率，另一方面也可以提高软件的可维护性。

2．提高可维护性的方法

从影响软件可维护性的各因素着手，如加强质量和文档的管理、规范开发过程等，可提高软件的可维护性，具体方法包括以下几个方面。

（1）以软件可维护性为基本要求指导软件的设计

可维护性是所有软件应该具备的基本要求。一个可维护的软件应该是可理解的、可修改的、可测试的和可移植的。例如，在软件的开发阶段，应该尽量保证软件具有可理解性、可移植性和可复用性；在软件的设计阶段，应该尽量保证软件的可修改性。总之，在软件开发的每一个阶段，应尽力考虑软件的可维护性，以保证软件的质量。

（2）采用规范的编程风格进行软件编码

采用规范、清晰和容易理解的方式进行编码是保证软件可维护性的重要因素。软件源码的逻辑简明清晰、易读易懂，能够提高软件维护的效率，是产生高质量软件代码的重要前提。

（3）保证软件开发文档的规范性、完整性

软件文档是影响软件可维护性的一个决定因素，对提高程序的可理解性有着重要的作用。由于软件系统在使用和测试过程中会经历多次修改和变更，即使是一个相对简单的程序，如果要对它进行有效、迅速的维护，也需要编制文档对它的目的和任务进行解释。总的来说，软件文档应该满足以下要求。

① 必须描述如何使用该软件系统，否则，即使是软件系统中最简单的操作也可能无法进行。

② 必须说明如何安装和管理这个软件系统。

③ 必须对软件系统的需求和设计内容作详细的描述。

④ 必须描述软件系统的实现和测试过程。

（4）在软件工程各阶段，对软件可维护性进行评审

虽然软件维护工作是从软件编码、测试结束后开始的，但为了提高软件的可维护性，在软件工程过程的每个阶段，包括需求分析、概要设计、详细设计以及编码、测试等都应该特别注重对软件可维护性的评审。在每个阶段的确认和复审中，要增加对可维护性的审查。复审的主要意义在于确保所有软件配置是完整、一致和无误的，确保所有的变更记录都已归入相应的文档。

9.5 软件再工程

软件产品不像其他工业产品会随着使用时间的推移而逐步老化，许多大型和复杂的软件系统都会有一个非常长的生存期。当软件技术和硬件设备不断发展、更新时，老的软件系统往往还是依赖于以前旧的硬件和软件技术。所以，早期开发的软件系统面临着为了满足新技术和新需求而需要改进的问题，常将这些软件系统称为遗留系统。

为了解决遗留系统的更新问题，采用软件工程方法对整个软件或者软件的一部分进行重新设计、编码和测试，以提高软件的可维护性和可靠性，保证软件系统正常运行的活动就是软

件再工程（Software Re-engineering）。

1．正向工程与再工程

在软件工程过程各阶段的传统演化过程中，软件的开发起始于对软件系统的抽象描述，经过具体的设计、详细的编码，将软件系统抽象的描述形式转换为可以执行的软件系统，这种传统的开发过程称为正向工程。

正向工程和再工程的过程有显著区别，如图 9.2 所示。

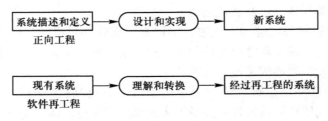

图 9.2　正向工程和再工程过程示意图

正向工程过程开始于软件系统描述，包括设计与实现；再工程过程开始于已有的软件系统，过程的输入是一个已有的软件系统，经过再工程输出的是一个结构化和模块化的新软件系统，开发过程基于对原软件系统的理解和进一步转换。

2．软件再工程模型

软件再工程也称为预防性维护，软件再工程以理解软件系统为基础，结合逆向工程、重构和正向工程等方法，将原软件系统重新构造成新软件系统。软件再工程包括库存目录分析、文档重构、逆向工程、代码重构、数据重构和正向工程等步骤。

软件再工程模型是一个螺旋模型，如图 9.3 所示。

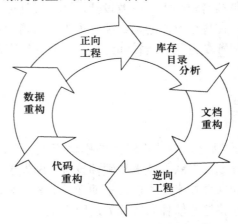

图 9.3　软件再工程过程模型

一般情况下，模型表示从遗留软件系统中选择再工程对象，经过文档重构、逆向工程、代码重构等活动，最后产生再工程后的新软件系统的演进过程，同时每个部分的活动也可能重复地迭代进行，直至再工程后的新软件系统符合设计需求为止。

（1）库存目录分析

软件再工程的基础是理解软件系统，需要对原软件系统的源代码、设计与分析等文档进行全面理解，但是对软件机构所拥有的每个应用系统都进行再工程是不现实的，也没有必要。所以，应该仔细地分析库存目录，按照业务重要程度、软件系统寿命、当前可维护性等要求，对应用系统排序，从中选择再工程对象，然后合理分配再工程所需要的资源。

分析的内容包含每个应用系统的基本信息，例如，应用系统的名字、最初构建它的日期、已做过的实质性修改次数、过去 18 个月报告的错误、用户数量、安装它的机器数量、它的复杂程度、文档质量、整体可维护性等级、预期寿命、未来 36 个月内的预期修改次数、业务重要程度等。

（2）文档重构

很多老软件系统的特点是缺乏有效的文档，为了方便再工程后新软件系统的维护，需要对软件文档进行更新或重建。文档重构并非将应用系统的所有文档都重建起来，而是按照"使用则建"的原则，只需要建立软件系统中目前正在修改的那部分文档。

（3）逆向工程

逆向工程是一种恢复设计的过程，它是从现有的程序或源代码中抽取数据结构、设计模型和开发思想等信息的过程。一般认为，在软件生命周期内，将软件某种形式的描述转换为更为抽象形式的活动，都称为逆向工程。在逆向工程中，开发人员可以通过 CASE 工具或人工分析源代码，得到软件系统设计的数据结构，逐步建立软件系统的抽象设计模型。

（4）代码重构

代码重构是在软件再工程过程中常出现的活动。简单地说，代码重构就是重新编写软件系统代码。当原软件系统的体系结构设计合理，而程序代码难以理解、测试和维护的时候，通常开发人员会对某个单个模块重新改写其实现的代码，用新的、易于理解的代码代替原有程序。代码重构一般不改变软件的体系结构和软件系统构架。

（5）数据重构

若遗留软件系统中的数据结构较差，以至于很难对软件系统做修改和完善，此时，需要修改原来的数据结构，对其进行重新设计或扩展，以适应新的需求，然后再将原有的数据导入到新的数据存储中。对遗留软件系统的数据结构进行重新设计或扩展，并将原有的数据迁移至新软件系统的过程叫做数据重构。数据重构有可能导致原软件系统的体系结构或源代码的较大变更。

（6）正向工程

在软件再工程的过程中，通过文档重构、逆向工程和代码重构等步骤的处理，遗留软件系统的设计文档和代码都已经恢复，并重新建立起来。正向工程的作用是从新构造的设计文档开始重新开发软件系统，按照新需求实现软件系统的新功能，提高系统的整体性能。

本章小结

软件维护是软件生命周期的最后一个阶段，也是持续时间最长、工作量最大、花费代价最多的阶段。软件维护的主要任务是保证软件的正常运行，使得软件能够满足用户的需求，以适应新的软硬件环境。

本章主要介绍了软件维护的概念、特点以及软件维护的过程。重点介绍了软件维护的类型、软件的可维护性以及软件正向工程和再工程等内容，说明了影响软件可维护性的因素和提高可维护性的方法。

习题

9.1 什么是软件维护的副作用？

9.2 什么是软件维护？软件维护的目的是什么？

9.3 软件维护有哪几种基本类型？

9.4 软件维护的特点是什么？

9.5 软件维护的流程是什么？

9.6 什么是软件可维护性？影响软件可维护性的因素有哪些？

9.7 提高可维护性的方法有哪些？

9.8 软件正向工程与再工程的区别是什么？

第 10 章　软件项目管理与质量保证

　　一个高质量软件项目的成功开发必须以良好的项目管理为保证。软件项目管理是对软件项目开发过程进行全面的组织与管理、合理配置资源，充分保证项目实施的质量，实现既定的软件系统目标，达成用户的根本需求。本章从项目管理角度探讨如何开发出高质量的软件系统，内容主要包括人员管理、组织结构、软件配置项管理、软件质量保证体系等，并给出软件工程领域所涉及的软件工程标准。

10.1　软件人员组织

　　在软件开发的各种资源中，人员是最重要的资源。事实表明，优秀的软件人才和高效的项目组织管理是软件项目成功的关键所在。

　　大多数软件产品规模很大，单个或少数几个软件开发人员无法在给定期限内完成开发工作，因此，必须把多名软件开发人员组织起来，使他们分工协作共同完成开发工作。为了成功地完成软件开发工作，项目组成员必须以一种明确且有效的方式彼此交互和通信。如何组织项目组是一个管理问题，管理者必须合理地组织项目组，使项目组有较高的生产率，能够按预定的进度计划完成所承担的工作。经验表明，项目组组织得越好，生产效率越高，产品的质量也越高。

　　在大多数软件项目中，民主制程序员组、主程序员组、综合程序员组是三种典型的开发组织方式。

1．民主制程序员组

　　民主制程序员组方式中小组成员完全平等，名义上的组长与其他成员没有任何区别。小组成员享有充分的民主，项目工作由全体人员讨论协商决定，并根据每个人的能力和经验进行适当分配。小组的组织结构如图 10.1 所示。

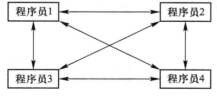

图 10.1　民主制程序员组的组织结构

　　由于小组的人员地位平等，通信可以在小组成员内任意进行，因此，小组的规模一般较小，以 2~8 名成员为宜。如果小组成员人数过多，则组员间彼此通信的时间将多于程序设计的时间。

民主制程序员组的优点是：同等的项目参与权能够激发组内成员的创造力，有利于攻克技术难关，特别适合于规模小、能力强、习惯于共同工作的软件开发组。

民主制程序员组的缺点是：缺乏明确的权威领导，很难解决意见分歧，无法应用于大规模开发的情况。

2. 主程序员组

《人月神话》的作者 Frederick P. Brooks. Jr.建议采取类似外科手术队伍的方式组织软件开发小组，它不是由每个成员同等地承担问题的某个部分，而是由一个人全面负责，其他人员给予他必要的支持，以提高效率和生产力，这种开发小组称为主程序员组。典型的主程序员组包括主程序员、后备程序员、秘书以及 1~3 名程序员，如图 10.2 所示。

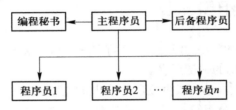

图 10.2　主程序员组的组织结构

（1）主程序员

主程序员既是成功的管理人员，又是经验丰富、能力强的高级程序员，负责软件体系结构的设计和关键部分的详细设计，并且负责指导其他程序员完成详细设计和编码工作。程序员之间没有通信渠道，所有接口问题都由主程序员处理，所以他还要对其他成员的工作成果进行复查。

（2）后备程序员

后备程序员应该技术熟练而且富有经验，协助主程序员工作，在必要的时候接替主程序员的工作。因此，后备程序员必须在各个方面和主程序员一样优秀，对本项目的了解与主程序员一样多。平时，后备程序员的主要工作是设计测试方案、测试用例、分析测试结果及其他独立于设计过程的工作。

（3）秘书

秘书是主程序员的助手，必须负责完成与项目有关的全部事务性工作。例如，维护项目资料和项目文档，编译、连接、执行程序和测试用例。

（4）程序员

程序员具有一定的分析能力和编程能力，在主程序员的指导下，完成指定部分的详细设计和编程工作。

在这种组织结构中，主程序员是一个关键性的角色，必须同时具备高超的管理才能和技术才能。这种方式的优点是主程序员占主导地位，不会出现意见上的分歧，在其他角色的配合下，能充分发挥自己的特点。但是，由于现实社会中这种"全才"凤毛麟角，通常是既缺乏成功的管理员，也缺乏优秀的技术人员，因此这种方式实现较为困难。

3. 综合程序员组

综合程序员组方式结合了民主制程序员组和主程序员组两种结构的优点，将技术开发工作与行政管理工作分离，分别由两个人承担，一个人负责小组技术活动，另一个人负责小组的所有非技术活动，其组织结构如图10.3所示。

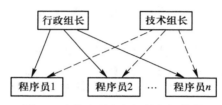

图10.3 综合程序员组的组织结构

技术组长只对技术工作负责，不处理诸如预算和法律之类的问题，也不对组员业绩进行评价；行政组长全权负责非技术事务，但无权对产品的交付日期做出承诺，这类承诺只能由技术组长来做。技术组长需要参与全部代码审查工作，因为他的职责是对程序员的业绩进行评价。

当产品规模较大时，通常把程序员分成若干个小组，其技术管理组织的结构如图10.4所示，非技术管理组织的结构与此类似。

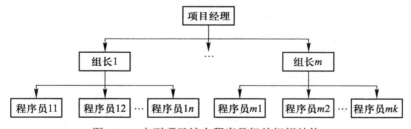

图10.4 大型项目综合程序员组的组织结构

从图10.4中可以看出，在项目经理指导下进行整个项目的开发，程序员向各自的组长汇报工作，组长向项目经理汇报工作，中间的管理层次可根据产品规模的需要适当增加。

10.2 软件配置管理

软件开发过程中，变化是不可避免的。如果不能有效地控制和管理变化，将会造成软件开发的混乱，其至会导致项目文档的丢失。软件配置管理是一种标识、组织和控制修改的技术，它作用于整个软件生命周期，目的是减少错误的发生、有效提高生产率。

软件配置管理不同于软件维护，维护在软件交付给用户后才发生，而软件配置管理是在软件项目启动时就开始，并且一直持续到软件退役才终止的一组跟踪和控制活动。

10.2.1　软件配置

软件开发过程的输出信息主要包括计算机程序（源代码和可执行程序）、程序文档（供技术人员或用户使用）和数据（程序内包含的或程序外的），这些信息是在软件开发过程中产生的主要内容，统称软件配置，其中的内容项称为软件配置项。

1．软件配置项

随着软件开发过程的进展，软件配置项的数量迅速增加。但由于下述种种原因，软件配置项的内容随时可能发生变化。为了开发出高质量的软件产品，软件开发人员不仅要努力保证每个软件配置项正确，而且必须保证一个软件的所有配置项是完全一致的。

导致开发过程中软件配置项发生变化的主要原因如下。

① 新的外部环境导致产品需求或业务规则变化。

② 新的客户需求导致产品功能或服务变化。

③ 预算或进度限制导致对目标软件系统重定义。

④ 开发过程中发现了前期所犯的错误，必须及时改正。

2．基线

IEEE 把基线定义为：已经通过了正式复审的规格说明或中间产品，它可以作为进一步开发的基础，并且只有通过正式的变化控制过程才能改变它。实际上，基线就是通过了正式复审的软件配置项。在软件配置项变成基线之前，可以迅速而非正式地修改它。一旦建立了基线之后，原则上不允许变化。虽然在某些特殊情况下需要实现变化，但必须应用特定的、正式的过程来评估、实现和验证每个变化。常规软件基线如图 10.5 所示，它将软件开发各个阶段的工作划分得更加明确，有利于阶段性成果的检查和确认。

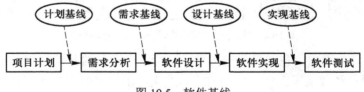

图 10.5　软件基线

3．版本

版本是一个软件系统的具体实例，它记录了软件配置项的深化过程。软件的新版本可能有不同的功能和性能，或者修改了旧版本的错误。有些版本可能在功能上没有任何区别，而是针对不同的硬件环境或软件环境设置的。

通常意义上的版本表示交付给用户使用的产品版本，也称为软件的发布版本，如 Windows 2000、Office 2007、Tomcat 5.0.17。除正式发布的版本以外，还有很多版本只在内部使用，用于内部的测试或开发，与最终用户无关。

10.2.2 软件配置管理过程

软件配置管理是软件质量保证的重要一环，主要任务是控制变化，同时也负责各个软件配置项和各版本的标识、软件配置审计以及对软件配置发生的任何变化的报告。

1. 标识配置项

为了便于配置项的控制和管理，需要对配置项采用合适的方式进行命名组织。许多配置项之间存在内在的联系，诸如不同模块的层次分解关联、设计文档与程序代码之间的关联等。通常采用分层命名的方式对相关的配置项进行组织。

2. 版本控制

版本控制是对软件系统不同版本进行标识和跟踪的过程，它可以保证软件技术状态的一致性。随着软件开发的进行，配置的版本也在不断地演变，由此形成了该配置项的版本空间。在实际应用中，版本的演变可以是串行的，也可以是并行的。

版本中的分支可能代表着不同的软件开发过程，主要包括：不同的软件开发路线、可能的实验性路线、适应各种平台的不同版本开发、同一内容的不同界面开发、可能出现的多个开发人员并行开发。

一个软件版本演化的示例如图 10.6 所示。

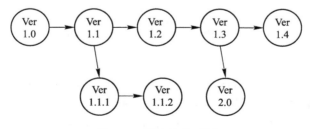

图 10.6 版本演化示例

3. 变更控制

对于大型软件开发项目来说，无控制的变化将迅速导致混乱。变更控制把人的规范和自动工具结合起来，以提供一个控制变更的机制。

变更管理的一般流程如下。

① （获得）提出变更请求。

② 由配置控制委员会审核并决定是否批准。

③ （被接受）修改请求分配人员，提取软件配置项，进行修改。

④ 复审变化。

⑤ 提交修改后的软件配置项。

⑥ 建立测试基线，并测试。

⑦ 重建软件的适当版本。

⑧ 复审（审计）所有软件配置项的变化。

⑨ 发布新版本。

"提取"和"提交"过程实现了变化控制的两个主要功能——同步控制和访问控制。访问控制决定哪个软件工程师有权访问和修改一个特定的配置对象，同步控制有助于保证由两名不同的软件工程师完成的并行修改不会相互覆盖，控制流程如图 10.7 所示。

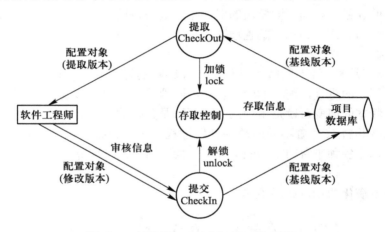

图 10.7　版本的同步控制和访问控制流程

4．配置审计

软件的完整性是指开发后期的软件产品能够正确地反映用户提出的对软件的要求。配置审计的目的是证实整个软件生存期中各项产品在技术上和管理上的完整性，同时确保所有文档的内容变动不超出当初确定的软件要求范围，使得软件配置具有良好的可跟踪性。

软件配置审计通常提出并解答以下问题。

① 是否已经做了在工程变更顺序中规定的变更？是否已经纳入每个附加修改？

② 正式技术评审是否已经评价了技术正确性？

③ 是否正确遵循了软件工程标准？

④ 在软件配置项中是否强调了变更？是否说明了变更日期和变更者？配置对象的属性是否反映了变更？

⑤ 是否遵循了标记变更、记录变更、报告变更的软件配置管理过程？

⑥ 所有相关的软件配置项是否都已正确地做了更新？

5．状态报告

为了清楚、及时地记载软件配置的变化，不至于到后期造成贻误，需要对开发的过程作出软件系统的记录，以反映开发活动的历史情况，这就是配置状态报告的任务。对于每一项变更，报告需要记录以下问题。

① 发生了什么？

② 为什么会发生？

③ 谁做的变更？

④ 什么时候发生的？

⑤ 会有什么影响？

配置状态报告的信息流如图 10.8 所示。每次新分配一个软件配置项或更新一个已有软件配置项的标识，或者一项变更申请被变更控制负责人批准，并给出了一个工程变更顺序时，在配置状态报告中需增加一条变更记录。一旦进行了配置审计，其结果也应该写入报告中。配置状态报告可以放在一个联机数据库中，以便软件开发人员或维护人员可以随时进行查询或修改。

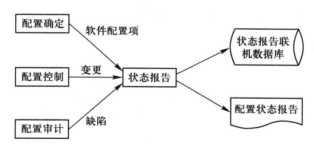

图 10.8　配置状态报告信息流

配置状态报告对于大型软件项目的成功起着至关重要的作用。当大量人员在一起工作时，可能一个人并不知道另一个人在做什么，例如，两名开发人员可能试图按照相互冲突的想法去修改同一个软件配置项；软件工程小组可能耗费几个月的工作量，根据过时的硬件规格说明开发软件；察觉到所建议的修改有严重副作用的人可能还不知道该项修改正在进行。配置状态报告通过改善所有相关人员之间的通信，帮助消除这些问题。

10.2.3　配置管理工具

使用 CASE 工具支持软件配置管理至关重要。目前，市场上有很多应用广泛的软件配置管理工具，如并发版本系统（Concurrent Version System，CVS）、Visual SourceSafe、SVN（Subversion）等。本节主要介绍当前较为流行的 SVN。

　　SVN 是一个自由/开源的版本控制系统，适用于软件企业在开发过程中管理软件配置项，保证软件人员对软件配置项访问控制的一致性。

　　SVN 在 CVS 的基础上发展而来，目标是成为一个更好的版本控制软件。SVN 的主要开发人员是业界知名的 CVS 专家，SVN 支持绝大部分的 CVS 功能/命令，SVN 的命令风格和界面与 CVS 非常接近，不同之处在于 SVN 针对 CVS 的不足之处做了相应的改进。

　　SVN 版本控制系统将源代码文件放在软件配置库中。开发人员修改文件时，首先将配置库中的文件提取到自己的工作空间中，然后独立实施修改，修改完成后提交到软件配置库中，并更新文件的版本信息。

　　SVN 允许多个开发人员同时获取同一个文件的同版本源文件。开发人员提取一个文件时，将在自己的工作空间建立一个与其他开发人员相互独立的副本。在开发过程中，开发人员也可通过 update 命令从软件配置库中获取最新版本的文件。如果开发人员同时修改某一文件而发生冲突，可通过手工的方式进行修改。

　　SVN 支持 Linux 和 Windows，与 Apache 和 MySQL 等开源软件结合较好，还可以安装邮件服务器，以配合 SVN 的邮件通知功能。客户端有 Web 方式和专用客户端方式，Web 方式可直接通过浏览器存取文件，专用客户端（如 TortoiseSVN）可直接嵌入到 Windows 平台的资源管理器中，文件存取方式与资源管理器的文件操作方式相似，方便用户操作。

10.3　软件质量保证

　　软件质量是"软件与明确的和隐含的定义的需求相一致的程度"。具体地说，软件质量是软件符合明确叙述的功能和性能需求、文档中明确描述的开发标准，以及所有专业开发的软件都应具有的隐含特征的程度。上述定义强调了以下三点。

　　① 软件需求是度量软件质量的基础，与需求不一致就是质量不高。

　　② 指定的标准定义了一组指导软件开发的准则，如果没有遵守这些准则，一般会导致质量不高。

　　③ 通常有一组没有显式描述的隐含需求（如期望软件是容易维护的）。如果软件满足明确描述的需求，但却不满足隐含的需求，那么软件的质量仍然是值得怀疑的。

10.3.1　软件质量度量

　　质量度量贯穿于软件工程的全过程。软件交付之前，软件质量度量为软件设计和测试软件质量的好坏提供了一个定量依据，这一类度量包括：程序复杂性、有效的模块性和总的程序规模；软件交付之后，软件质量度量的注意力集中于残存的差错数和软件系统的可维护性方面。特别要强调的是，运行期间的软件质量度量可向管理者和技术人员表明软件工程过程的有效性达到什么程度。

1. 影响软件质量的因素

McCall 和 Cavano 定义了一组影响软件质量的因素，如图 10.9 所示。

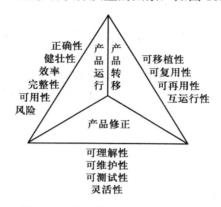

图 10.9 影响软件质量因素的构成

由图 10.9 可知，这些因素是从管理角度度量软件质量，分别从三个不同的方面评估软件质量：产品的运行（使用），即正确性、健壮性、效率、完整性、可用性、风险；产品的修正（变更），即可理解性、可维护性、可测试性、灵活性；产品的转移，即可移植性、可复用性、可再用性、互运行性。

2. 软件质量的度量

已经有许多软件质量度量方法，其中使用最广泛的是事后度量或验收度量，它包括对正确性、可维护性、完整性和可使用性的度量。

（1）正确性

正确性要求软件正确地执行所要求的功能。对于正确性，最一般的度量是每代码行 KLOC 的差错数，其中差错定义为已被证实是不符合需求的缺陷。差错在程序交付用户普遍使用后由程序的用户报告按标准的时间周期（典型情况是一年）进行计数。

（2）可维护性

软件维护比起其他的软件工程活动，需要更多的工作量。目前，还没有一种方法可以直接度量可维护性，因此，必须采取间接度量。一种简单的基于时间的度量称为平均变更等待时间（Mean Time To Change，MTTC），即从分析变更要求开始，经历设计合适的修改、实现变更，并测试它，一直到将这种变更发送给所有用户为止。

一般地，对于相同类型的变更，一个可维护的程序与那些不可维护的程序相比，应有较低的 MTTC。

日本日立公司提出一种面向成本的可维护性度量，叫做"故障损失"（Spoilage），即在软件交付给终端用户之后，为了改正错误所需的成本。这种度量把故障损失对总项目成本的比率看作是一个时间函数，通过管理这个函数，可以确定软件开发组织所生产软件的总可维护性是否正在改进。

（3）完整性

在计算机犯罪和病毒困扰的时代里，软件的程序、数据和文档都会遭到攻击，完整性越来越重要，该属性度量一个软件系统抗击被病毒攻击的能力。

为了度量完整性，先定义两个子属性：危险性和安全性。危险性是特定类型的攻击将在一给定时间内发生的概率，可以估计或从经验数据中导出它；安全性是排除特定类型攻击的概率，也可以估计或从经验数据中导出它。

一个软件系统的完整性可定义如下。

$$完整性 = \sum (1 - 危险性 \times (1 - 安全性))$$

其中，对每一个攻击的危险性和安全性都要进行累加。

（4）可使用性

在关于软件产品的讨论中，"用户友好性"这个词汇使用得越来越普遍。如果一个程序不具有"用户友好性"，即使它所执行的功能很有价值，也常常会失败。可使用性力图量化"用户友好性"，并依据以下 4 个特征进行度量：为学习软件系统所需要的体力上和智力上的技能、为达到适度有效使用软件系统所需要的时间、当软件被某些人适度有效地使用时所度量的在生产率方面的净增值、用户角度对软件系统的主观评价，其中最后一项可以通过问题调查表得到。

10.3.2　软件质量保证体系

软件的质量保证活动是涉及各个部门的部门间活动。例如，在用户处发现了软件故障，产品服务部门应听取用户的意见，再由检查部门调查该产品的检验结果，还要调查软件实现过程的状况，并根据情况检查设计是否有误，对不当之处加以改进，防止再次发生问题。为了顺利开展以上活动，事先明确部门间的质量保证业务、设立部门间联合与协作的机构十分重要，这个机构就是质量保证体系，它的主要工作如下。

① 明确反馈途径。

② 在体系图的纵向写明开发阶段，横向写明组织机构，明确各部门的职责。

③ 确定软件系统运行的方法、工具、有关文档资料，以及软件系统管理的规程和标准。

④ 必须明确可向下一阶段进展的评价项目和评价准则。

⑤ 不断总结软件系统管理的经验教训，并改进软件系统。

仅靠质量保证体系很难明确具体工作，因此必须制定质量保证计划，在这个计划中确定质量目标，确定在每个阶段为达到总目标所应达到的要求，对进度做出安排，确定所需的人力、资源和成本等。

质量保证计划的框架如表 10.1 所示，包括软件质量保证规程和技术准则。

表 10.1　质量保证计划框架

1. 管理概述	
1.1	计划的目标：质量管理计划的具体目标、对象软件项目的名称和用途
1.2	参考资料
2. 管理	
2.1	机构：质量保证机构的组成，包括项目委托单位、项目承担单位、软件开发单位、用户单位中负责质量保证的各个成员在机构中的关系
2.2	协作：用户单位中负责质量保证的各个成员在机构中的关系
2.3	职责：各任务的负责单位或成员的责任
3. 说明书或文档	
3.1	需求规格说明：以可验证或确认的方式描述软件的每一项基本需求
3.2	设计规格说明：包括概要设计说明与详细设计说明
3.3	验证与确认计划：描述软件验证与确认方法，如评审、检查、分析、演示或测试方法，验证需求是否已设计，设计是否已编码，编码的执行是否与需求一致
3.4	软件验证与确认报告：描述计划规定的所有评审、检查和测试的结果
3.5	用户文档：指明运行软件所需的数据、控制命令、运行条件；指明所有出错信息、含义和修改方法；描述与项目承担单位或项目委托单位的通信方式
3.6	其他文档：包括开发计划、配置管理计划、项目进展报表、各阶段的评审报表及项目总结报告
4. 标准、条例和约定：列出开发过程中的标准、条例和约定，列出监督、保证执行的措施	
5. 评审和检查：规定要进行的技术评审和管理评审工作；编制或使用有关的评审和检查规程、通过与否的技术准则。要进行的技术评审和管理评审工作包括：需求评审、概要设计评审	
6. 软件配置管理：编制有关软件配置管理的条款	
7. 工具、技术和方法：指明用以支持质量保证的工具、技术和方法，指出其用途	
8. 媒体控制：指出保护程序媒体的方法和措施，以防止非法存取、意外损坏	
9. 对供货单位的控制：指明供货单位，规定对供货单位的控制规程，以保证得到的软件能满足规定的要求	
10. 记录的收集、维护和保存：指明需要保存的质量保证活动的记录，指明用于汇总、保护和维护这些记录的方法和设施，并指明要保存的期限	

10.3.3　软件的可靠性

可靠性（Reliability）是产品在规定的条件下和规定的时间内完成规定功能的能力，其概率度量称为可靠性。

软件可靠性（Software Reliability）是软件系统在规定的时间内及规定的环境条件下，完成规定功能的能力。软件可靠性是软件系统固有特性之一，它表明一个软件系统按照用户的要求和设计的目标，执行其功能的正确程度。软件可靠性与软件缺陷、软件系统输入和软件系统使用有关。理论上，可靠的软件系统应该是正确、完整、一致和健壮的；实际上，任何软件都不可能达到百分之百的正确，而且也无法精确度量。一般情况下，只能通过对软件系统进行测试来度量其可靠性。

软件可靠性的三个要素描述如下。

（1）规定的时间

软件可靠性只是体现在其运行阶段，所以将"运行时间"作为"规定的时间"的度量。"运行时间"包括软件系统运行后工作与挂起（开启但空闲）的累计时间。由于软件运行环境与程序路径选取的随机性，软件的失效为随机事件，所以运行时间属于随机变量。

（2）规定的环境条件

环境条件指软件的运行环境，涉及软件系统运行时所需的各种支持要素，如支持硬件、操作系统、其他支持软件、输入数据格式和范围以及操作规程等。

不同环境条件下软件的可靠性是不同的。具体地说，规定的环境条件主要指软件系统运行时，计算机的配置情况以及对输入数据的要求，并假定其他一切因素都是理想的。有了明确规定的环境条件，还可以有效判断软件失效的责任在用户方还是开发方。

（3）规定的功能

软件可靠性还与规定的任务和功能有关。由于要完成的任务不同，软件的运行剖面会有所区别，调用的子模块就不同（即程序路径选择不同），其可靠性也就可能不同。所以要准确度量软件系统的可靠性必须首先明确它的任务和功能。

在进行可靠性评估的时候，还需要用到软件可靠性模型（Software Reliability Model，SRM），即为预计或估算软件的可靠性所建立的可靠性框图和数学模型。建立可靠性模型是为了将复杂软件系统的可靠性逐级分解为简单软件系统的可靠性，以便于定量预计、分配、估算和评价复杂软件系统的可靠性。

10.4　软件工程标准

根据制定的机构和标准适用的范围，可以将软件工程标准分为 5 个层次：国际标准、国家标准、行业标准、企业标准和项目标准。

（1）国际标准

国际标准是由国际联合机构制定和公布，提供各国参考的标准。

国际标准化组织（International Standards Organization，ISO）有着广泛的代表性和权威性，它所颁布的标准也有较大的影响。20 世纪 60 年代初，该机构成立了"计算机与信息处理技术委员会"，简称 ISO/TC 97，专门负责与计算机有关的标准化工作。该机构提出的标准通常标有 ISO 字样，例如，ISO 8631-86（Information Processing-program Constructs and Conventions for Their Representation）是《信息处理——程序构造及其表示法的约定》，现已被我国收入国家标准。

（2）国家标准

国家标准是由政府或国家级的机构制定或批准，适用于全国范围的标准。例如，

① GB：中华人民共和国国家技术监督局公布实施的标准，简称"国标"。目前已批准了若干软件工程标准。

② ANSI（American National Standards Institute）：美国国家标准协会，这是美国一些民间标准化组织的领导机构，具有一定的权威性，制定了一系列的软件标准。

③ FIPS（Federal Information Processing Standards）：美国商务部国家标准局联邦信息处理标准。

④ BS（British Standard）：英国国家标准。

⑤ DIN（Deutsches Institut für Nor-mung）：德国标准协会。

⑥ JIS（Japanese Industrial Standard）：日本工业标准。

（3）行业标准

行业标准是由行业机构、学术团体或国防机构制定，适用于某个业务领域的标准。

IEEE：美国电气与电子工程师学会。该学会专门成立了软件标准分技术委员会（SESS），负责软件标准化活动。IEEE 公布的标准常冠有 ANSI 的字头，例如，ANSI/IEEE Str 828-1983《软件配置管理计划标准》。

GJB：中华人民共和国国家军用标准。这是由中国国防科学技术工业委员会批准，适合于国防部门和军队使用的标准。例如，GJB 437—1988《军用软件开发规范》。

DOD-STD（Department Of Defense-sTanDards）：美国国防部标准，适用于美国国防部门。

MIL-S（MILitary-Standard）：美国军用标准，适用于美军内部。

（4）企业标准

一些大型企业或公司，由于软件工程工作的需要，制定适用于本企业或公司的规范标准。例如，美国 IBM 公司通用产品部 1984 年制定的《程序设计开发指南》，仅供该公司内部使用。

（5）项目标准

项目标准是由某一科研生产项目组织制定，为该项任务专用的软件工程规范。

10.4.1 ISO 9000.3 质量标准

ISO 9000.3 是 ISO 9000 质量体系认证中关于计算机软件质量管理和质量保证标准部分，它从管理职责、质量体系、合同评审、设计控制、文件和资料控制、采购、顾客提供产品的控制、产品标识和可追溯性、过程控制、检验和试验、检验/测量和试验设备的控制、检验和试验状态、不合格品的控制、纠正和预防措施、搬运/储存/包装/防护和交付、质量记录的控制、内部质量审核、培训、服务、统计系统等方面对软件质量进行了要求。

ISO 9000.3 叙述了需求方和提供方应如何进行有组织的质量保证活动，才能得到较为满意的软件；规定了从双方签订开发合同到设计、实现以至维护整个软件生存期中应当实施的质量保证活动，但没有规定具体的质量管理、质量检验方法和步骤。

ISO 9000.3 标准的主要内容如下。

① 标准不适用于面向多数用户销售的程序包软件，仅适用于依照合同进行的单独订货开发的软件，即 ISO 9000.3 标准是用于按照双边合同进行软件开发的过程中，需求方彻底要求提供方进行质量保证活动的标准。

② 标准对供需双方领导的责任都做了明确的规定，并没有单纯把义务全部加在提供方。

③ 在包括合同在内的全部工序中进行审查，并彻底文档化，文档成为质量保证体系实施的"证据"。

④ ISO 9000.3 标准中，最重要的是质量保证"体系"。标准叙述了需求方与提供方应如何合作进行有组织的质量保证活动，才能制作出完美的软件，规定了从合同到设计、制作以至维护的整个生存期的全过程中应实施的质量保证活动。

⑤ 提供方应实施内部质量审核制度。包括：提供方为了进行质量保证活动需调整组织机构、提供方内部必须建立可以监督质量体系的体制、对于每一软件活动须编制"质量计划"等。

⑥ 标准规定了提供方应对每项合同进行审查，保证各项要求已足够明确。

⑦ 其他过程管理。例如，需求规格说明、开发计划、质量计划、设计与实现、测试和验证、验收、复制交付与安装、维护等。

10.4.2 IEEE 1058 软件项目管理计划标准

IEEE 1058 描绘了软件项目管理计划的框架，它是由许多主要软件开发组织代表共同拟定的一个标准，是对他们丰富实践经验的总结。该标准主要由以下几个部分组成。

（1）引言

这部分主要描述要开发的项目和产品的概况，由 5 个部分组成。

① 项目概览：简要地描述项目目标、要交付的产品、有关活动及其工作产品。此外，还要列出里程碑、所需的资源、主要的进度及主要预算。

② 项目交付：列出所有要交付给客户的软件配置项和交付的日期。

③ 软件项目管理计划的演变：描述改变计划所需的正式规程和机制。

④ 参考资料：列出软件项目管理计划引用的所有参考文档。

⑤ 术语定义和缩写词：描述软件中用到的术语和缩写，以确保对这些术语理解上的一致性。

（2）项目组织

这部分从软件过程的角度和开发者组织结构的角度，说明了产品是如何开发的，主要包括以下 4 个部分。

① 过程模型：根据活动和项目职责确定过程模型。过程模型的关键内容包括里程碑、基线、评审、工作产品以及可交付性。

② 组织机构：描述开发组织的管理结构。在组织中划定权限和明确责任非常重要。

③ 组织的边界：必须制定出项目本身与其他实体之间在行政上和管理上的边界。

④ 针对每个项目职责和每项活动，必须明确地指定个人的责任。

（3）管理过程

该部分描述组织或机构如何对软件项目进行管理，主要包括以下 5 个部分。

① 管理的目标和优先级：描述管理的原理、目标和优先级，包括提交报告的频率和机制、不同需求的相对优先关系、项目的进度和资金预算，以及风险管理过程。

② 假设、依赖性和约束：列出在需求规格说明文档及其他文档中包含的所有假设、依赖性和约束。

③ 风险管理：列出项目中存在的多种风险因素和跟踪风险的机制。

④ 监督和控制机制：详细地描述项目报告机制，包括复查和审计机制。

⑤ 人员计划：列出所需人员的类型和数量，并指明需要参加工作的时间。

（4）技术过程

指明该项目技术方面的相关内容，主要包括以下 3 个部分。

① 方法、工具和技术，即详细描述有关软件和硬件，主要内容包括：开发产品所用的计算机系统、产品运行的目标系统。其他需要描述的内容有：所用的开发技术、测试技术、开发小组的结构、编程语言和 CASE 工具。此外，也应该包括：技术标准（如文档标准和编码标准）、可能参考的其他文档、开发和修改工作产品的过程。

② 软件文档：描述文档需求，即文档编制标准、里程碑、基线和对软件文档的复查。

③ 项目支持功能：给出关于支持功能（如配置管理和质量保证）的详细计划，包括测试计划。

（5）工作包、进度和预算

着重描述工作包、它们之间的相互联系、资源需求和相关的预算分配，主要包括以下 5 个部分。

① 工作包：详细说明工作包，并把与之相关的工作产品分解为活动和任务。

② 依赖性：模块编码是在设计之后、集成测试之前进行的。一般来说，工作包之间有相互依赖性，并且依赖于外部事件。

③ 资源需求：完成项目需要各种各样的资源，一般来说，应该把资源需求表示为时间的函数。

④ 预算和资源分配：描述分配给各个项目职责、活动和任务的资源和预算。

⑤ 进度表：对项目的各个部分都制定一个详细的进度表，然后确定主计划，以便在预算之内按时完成项目。

10.4.3　能力成熟度集成模型 CMMI

能力成熟度集成模型（Capability Maturity Model Integration，CMMI）是能力成熟度模型（Capability Maturity Model，CMM）的改进版本。

自从 1994 年 SEI（Software Engineering Institute）正式发布软件 CMM 以来，相继又开发出了系统工程、软件采购、人力资源管理以及集成产品和过程开发方面的多个能力成熟度模型。虽然这些模型在许多组织都得到了良好的应用，但对于一些大型软件企业而言，经常会出现需要同时采用多种模型来改进企业自身多方面过程能力的情况，改进时通常遇到如下问题。

① 各个模型的改进过程相对分散和独立，不能集中其不同过程改进的能力以取得更大成绩。

② 对于各个改进过程者，需要进行一些重复的培训、评估和改进活动，因而无形增加了许多成本。

③ 经常会遇到不同模型中对相同事物的定义或含义不一致，或活动不协调，甚至相抵触的情形。

因此，希望整合不同 CMM 模型的需求产生了。1997 年，美国联邦航空管理局（Federal Aviation Administration，FAA）开发了联邦航空管理局的集成 CMM 模型，即 FAA-iCMMSM 模型，该模型集成了适用于系统工程的 SE-CMM、软件获取的 SA-CMM 和软件的 SW-CMM 三个模型中的所有原则、概念和实践，该模型被认为是第一个集成化的模型。

CMMI 的提出基于这样的设想：把现在所有的以及将被发展出来的各种能力成熟度模型集成到一个框架中去。该框架有两个功能：一是软件采购方法的改革，二是建立一种从集成产品与过程发展的角度出发、包含健全的软件系统开发原则的过程改进。

因此，CMMI 为工业界和政府部门提供了一个集成的产品集，其主要目的是消除不同模型之间的不一致和重复，降低基于模型改善的成本。CMMI 以更加系统和一致的框架指导、组织改善软件过程，提高产品和服务的开发、获取与维护能力。

（1）CMMI 的 5 个层次

CMMI 的 5 个层次如图 10.10 所示。

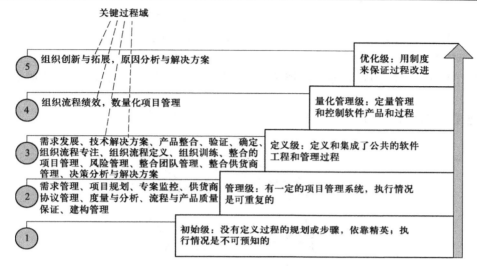

图 10.10　CMMI 层次图

① CMMI 一级，即初始级（Initial）。在初始级水平上，企业对项目的目标与付出的努力很清晰，项目的目标得以实现。但是由于任务的完成带有很大的偶然性，企业无法保证在实施同类项目的时候仍然能够完成任务，因此，企业在一级水平上的项目实施对实施人员有很大的依赖性。

② CMMI 二级，即管理级（Managed）。在管理级水平上，企业在项目实施上能够遵守既定的计划与流程，有资源准备，权责到人，对相关的项目实施人员有相应的培训，对整个流程有监测与控制，并与上级单位对项目与流程进行审查。企业在二级水平上体现了对项目的一系列管理手段，排除了企业在一级时完成任务的随机性，保证了企业的所有项目实施都会得到成功。

③ CMMI 三级，即定义级（Defined）。在定义级水平上，企业不仅能够对项目的实施有一整套的管理措施，并保障项目的完成；而且，企业能够根据自身的特殊情况以及自己的标准流程，将管理体系与流程予以制度化。这样，企业不仅能够在同类项目上得到成功的实施，在不同类的项目上一样能够得到成功的实施。科学的管理成为企业的一种文化，是企业的组织财富。

④ CMMI 四级，即量化管理级（Quantitatively Managed）。在量化管理级水平上，企业的项目管理不仅形成了一种制度，而且实现了数字化管理。对管理流程要做到量化与数字化，通过量化技术实现流程的稳定性，实现管理的精度，降低项目实施在质量上的波动。

⑤ CMMI 五级，即优化级（Optimizing）。在优化级水平上，企业的项目管理达到了最高的境界。企业不仅能够通过信息化手段与数字化手段实现对项目的管理，而且能够充分利用信息资料，对企业在项目实施过程中可能出现的次品予以预防，能够主动地改善流程，运用新技术，实现流程的优化。

由上述 5 个层次可以看出，每一个层次都是上面一个层次的基石，要提升上一个层次必须首先踏上较低的一个层次。企业在实施 CMMI 的时候，循序渐进，逐步完成，一般而言，应该先从二级入手，不断提高管理水平，争取最终实现 CMMI 的第五级。

（2）CMMI 的实施方法

CMMI 有两种不同的实施方法：连续式与阶段式，不同的实施方法，其级别表示不同的内容。

① 连续式实施方法。连续式实施方法的模型如图 10.11 所示。

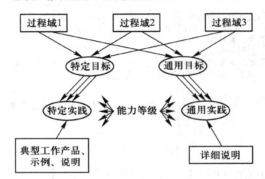

图 10.11　连续式实施方法

该方法主要衡量一个企业的项目能力。企业在接受评估时，可以选择自己希望评估的项目来进行评估，因为是企业自己挑选项目，其评估通过的可能性较大，但是，它反映的内容比较窄，仅表示企业在该项目或类似项目的实施能力达到了某一等级。

② 阶段式实施方法。阶段式实施方法的模型如图 10.12 所示。

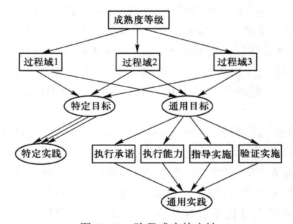

图 10.12　阶段式实施方法

该方法主要衡量一个企业的成熟度，亦即企业在项目实施上的综合实力。企业在进行评估时，由评估师挑选企业内部的任何项目，甚至于任何项目的任何部分。一般来说，一个企业要想在阶段性评估中得到三级，其企业内部的大部分项目要达到三级，小部分项目可以在二级，但绝不能够有一级。阶段式实施方法的难度要大一些。

（3）CMMI 的实施意义

实施 CMMI，可以帮助企业对软件/系统工程过程进行管理和改进，增强开发与改进能力，从而能按时地、不超预算地开发出高质量的软件和系统集成项目，提高企业的管理水平，增强企业的国际竞争能力。

CMMI 的实施意义主要体现在以下几个方面。

① 能保证软件开发的质量与进度，能对"杂乱无章、无序管理"的项目开发过程进行规范。

② 有利于成本控制。因为质量有所保证，浪费在修改、解决客户抱怨方面的成本会降低很多。目前，大多数情况是缺少过程管理规范，只是盲目追求速度，项目完成后，花费了很多时间进行软件维护，预算经常被突破。

③ 有助于提高软件开发者的职业素养。每一个具体参与其中的员工，无论是项目经理，还是工程师，甚至一些高层管理者的做事方法逐渐标准化、规范化。

④ 能够解决人员流动所带来的问题。通过过程改进，建立财富库以共享经验，而不是单纯依靠某些管理或技术人员。

⑤ 有利于提升公司和员工绩效管理水平，以持续改进效益。通过度量和分析开发过程和产品，建立企业的效率指标。

CMMI 的逐步实施将全面提升企业的管理水平，大大增强产品的质量和生产率，企业自身的综合实力也将得到极大的提高。

本章小结

项目管理是保证软件项目实施的重要措施，是提高软件产品质量的重要保证，通过对软件开发过程中的人员、软件配置项进行正确管理、合理配置，制订可行的软件质量保证计划，遵循相关的软件工程标准，有效地提高软件可靠性，提升软件产品的质量，达到最初设定的系统目标。

习题

10.1 软件人员组织方式通常有几种？分别有什么特点？

10.2 什么是软件配置项？什么是基线？什么是版本？

10.3 软件质量保证体系主要包括哪些内容？

10.4 软件可靠性包含哪些要素？具体内容有哪些？

10.5 CMMI 是什么？CMMI 与 CMM 有何关系？CMMI 分为几个层次？

参考文献

[1] FREDERICK P，BROOKS JR. 人月神话[M]. 汪颖，译. 北京：人民邮电出版社，2007.

[2] FREDERICK P. BROOKS JR. 设计原本：计算机科学巨匠 Frederick P. Brooks 的思考 [M]. 王海鹏，高博，译. 北京：机械工业出版社，2011.

[3] 孙家广，刘强. 软件工程——理论、方法与实践[M]. 北京：高等教育出版社，2010.

[4] 齐治昌，谭庆平，宁洪. 软件工程[M]. 3 版. 北京：高等教育出版社，2012.

[5] 许家珆. 软件工程：方法与实践[M]. 2 版. 北京：机械工业出版社，2011.

[6] 刘伟. 设计模式[M]. 北京：清华大学出版社，2011.

[7] 张海藩. 软件工程导论[M]. 5 版. 北京：清华大学出版社，2012.

[8] SCHACH S R. 软件工程：面向对象和传统的方法[M]. 邓迎春，韩松，译. 北京：机械工业出版社，2012.

[9] 殷人昆，郑人杰，等. 实用软件工程[M]. 3 版. 北京：清华大学出版社，2010.

[10] 刘超，张莉. 可视化面向对象建模技术——标准建模语言 UML[M]. 北京：北京航空航天大学出版社，2001.

[11] PRESSMAN R S. 软件工程：实践者的研究方法[M]. 6 版. 郑人杰，马素霞，白晓颖，译. 北京：机械工业出版社，2007.

[12] BARAGRY J. Understanding software engineering: from analogies with other disciplines to philosophical foundations [D]. Victoria: La Trobe University, 2000.

[13] 计算机软件工程规范国家标准汇编[M]. 2 版. 北京：中国标准出版社，2011.

[14] SCHMULLER J. UML 基础、案例与应用[M]. 3 版. 李虎，赵龙刚，译. 北京：人民邮电出版社，2005.

[15] 教育部高等学校计算机科学与技术教学指导委员会. 高等学校计算机科学与技术专业核心课程教学实施方案[M]. 北京：高等教育出版社，2009.

[16] 教育部高等学校软件工程专业教学指导分委员会. 高等学校软件工程专业规范[M]. 北京：高等教育出版社，2012.